Introduction to the
Theory of Coherence and
Polarization of Light

エミール・ウォルフ 著
光のコヒーレンスと
偏光理論

白井智宏 訳

京都大学
学術出版会

Introduction to the Theory of Coherence and Polarization of Light
by Emil Wolf
Copyright © 2007 by E. Wolf

Japanese translation rights arranged with Cambridge University Press
through Japan UNI Agency, Inc., Tokyo.

Introduction to the
Theory of Coherence and Polarization of Light

EMIL WOLF
Wilson Professor of Optical Physics
University of Rochester, Rochester, NY 14627, USA
and
Provost's Distinguished Research Professor
CREOL & FPCE, College of Optics and Photonics, University of Central Florida,
Orlando, FL 32816, USA

Translated into Japanese

by

TOMOHIRO SHIRAI
Leader of Advanced Optical Imaging Group
National Institute of Advanced Industrial Science and Technology,
1-2-1 Namki, Tsukuba 305-8564, Japan

CAMBRIDGE
UNIVERSITY PRESS

光のコヒーレンスと偏光理論

　光の場はすべてランダムなゆらぎを受けている．それは多くのレーザーの出射光のように小さい場合もあれば，熱光源から発する光のようにかなり大きい場合もある．ゆらぎをもつ光の場の基礎となる理論は，コヒーレンス理論として知られる．一方，ゆらぎが引き起こす重要な現象に部分偏光がある．実際には，コヒーレンス理論はゆらぎ以上のことをかなり扱っている．コヒーレンス理論では，通常の取り扱いとは異なり，光の場を観測可能な量で記述し，例えば，光のスペクトルなどの可観測量が，光の伝搬に伴いどのように変化するかを明らかにする．

　本書はコヒーレンスと偏光の現象について，統一的な取り扱いを提供する最初のものである．その統一はごく最近の発見によって可能になったが，それは本書の著者に負うところが大きい．

　本書で取り扱うテーマは，例えば，光通信，ファイバー中や擾乱大気中のレーザービームの伝搬，顕微鏡を中心とした光学的像形成，医学診断などにかかわる物理学および工学分野の大学院生や研究者にとって，かなり重要である．各章には独習の手助けとなる演習問題がついている．

EMIL WOLF はロチェスター大学の Wilson Professor of Optical Physics であり，物理光学分野の業績で名声を博している．彼は米国光学会(Optical Society of America)の Ives Medal，フランクリン協会(Franklin Institute)の Albert A. Michelson Medal，イタリア学術研究会議(Italian Research Council)の Marconi Medal をはじめとする多くの賞を受賞している．また，彼は世界各地の大学から7つの名誉学位を授与されている．Wolf 教授は有名な教科書 *Principles of Optics* (Max Born との共著，第7版，Cambridge University Press, 1999) および *Optical Coherence and Quantum Optics* (Leonard Mandel との共著，Cambridge University Press, 1995) を共同執筆している．彼は有名なシリーズである *Progress in Optics* の創刊以来の編集者でもある．現在までに，50巻の *Progress in Optics* が出版されている．

40 年以上にわたる親友であり同僚であった
亡き Leonard Mandel に捧ぐ

Thomas Young[1]
（1773-1829）

Gabriel Stokes[2]
（1819-1903）

Frits Zernike[3]
（1888-1966）

本書に記載した理論の基礎を築いた3人の先駆者たち

---

1 Gallery of Legendary Optical Scientists, The Institute of Optics, University of Rochester から複写.
2 AIP Emilio Segrè Visual Archives の好意による複写.
3 Universiteitsmuseum Groningen の好意による複写.

目次

日本語版への序文 　　　　　　　　　　　　　　　　　　　xi

訳者序文 　　　　　　　　　　　　　　　　　　　　　　　xiii

序文 　　　　　　　　　　　　　　　　　　　　　　　　　xvii

第 1 章　基本的コヒーレンス現象　　　　　　　　　　　　1

1.1　干渉と統計的類似性 1
1.2　時間的コヒーレンスとコヒーレンス時間 5
1.3　空間的コヒーレンスとコヒーレンス領域 7
1.4　コヒーレンス体積 11
　　問　題 13

第 2 章　数学的準備　　　　　　　　　　　　　　　　　　15

2.1　確率過程の理論の基本的概念 15
2.2　エルゴート性 23
2.3　実信号の複素表示と狭帯域信号の包絡線 25
2.4　自己相関関数と相互相関関数 29
　　2.4.1　ランダムな振幅をもつ周期成分の有限和の自己相関
　　　　　　関数 32
2.5　スペクトル密度とウィーナー - ヒンチンの定理 33
　　問　題 38

第 3 章　空間-時間領域における 2 次のコヒーレンス現象　　41

3.1　定常な光の波動場の干渉法則．相互コヒーレンス関数と複素コヒーレンス度 41

3.2　インコヒーレント光源からの空間的コヒーレンスの生成．ファン・シッター - ゼルニケの定理 49

3.3　具体例 60

 3.3.1　星の直径を測定するためのマイケルソンの方法 ... 61

 3.3.2　スペクトル線のエネルギー分布を決定するためのマイケルソンの方法 67

3.4　相互強度の伝搬 69

3.5　自由空間中の相互コヒーレンスの伝搬を記述する波動方程式　72

問　題 74

第 4 章　空間-周波数領域における 2 次のコヒーレンス現象　　77

4.1　コヒーレントモード表示と相関関数としての相互スペクトル密度 78

4.2　スペクトル干渉法則とスペクトルコヒーレンス度 82

4.3　具体例: 干渉におけるスペクトル変化 91

4.4　狭帯域光の干渉 95

問　題 99

第 5 章　異なるコヒーレンス状態の光源からの放射　　103

5.1　異なるコヒーレンス特性をもつ光源によって生成される場 . 103

5.2　遠方場における相関とスペクトル密度 106

5.3　モデル光源からの放射 114

 5.3.1　シェルモデル光源 115

 5.3.2　準均一光源 118

5.4	同一の放射強度分布を生成する異なる空間的コヒーレンス状態の光源	125
5.5	ランバート光源のコヒーレンス特性	130
5.6	伝搬に伴うスペクトル変化．スケーリング則	132
	問　題	139

第6章　散乱におけるコヒーレンスの効果　　143

6.1	決定論的媒質による単色平面波の散乱	144
6.2	決定論的媒質による部分的コヒーレント波の散乱	148
6.3	ランダム媒質による散乱	153
	6.3.1　一般的な公式	153
	6.3.2　例題	156
	6.3.3　準均一媒質による散乱	160
	問　題	164

第7章　高次のコヒーレンスの効果　　167

7.1	はじめに	167
7.2	電波による強度干渉法	169
7.3	ハンブリー・ブラウン-トゥイス効果と光による強度干渉法	174
7.4	黒体放射のエネルギーゆらぎに対するアインシュタインの公式と波動-粒子の二重性	182
7.5	光のゆらぎの光電検出に関するマンデルの理論	186
	7.5.1　光子計数の統計に対するマンデルの公式	186
	7.5.2　単一の光検出器による計数の分散	188
	7.5.3　2つの検出器による計数ゆらぎの間の相関	191
7.6	光子計数の測定による光の統計的特性の決定	194
	問　題	196

第 8 章　確率論的電磁ビームの偏光の基本理論　　199

- 8.1　準単色電磁ビームの 2×2 の同時刻相関行列 199
- 8.2　偏光した光, 偏光していない光, および部分偏光した光. 偏光度 204
  - 8.2.1　完全に偏光した光 204
  - 8.2.2　自然(偏光していない)光 207
  - 8.2.3　部分偏光した光と偏光度 209
  - 8.2.4　完全偏光の幾何学的重要性. 完全に偏光した光のストークスパラメーター. ポアンカレ球 214
- 問　題 222

第 9 章　偏光とコヒーレンスの統一理論　　225

- 9.1　確率論的電磁ビームの 2×2 の相互スペクトル密度行列 ... 226
- 9.2　確率論的電磁ビームのスペクトル干渉法則, スペクトルコヒーレンス度, およびスペクトル偏光度 227
- 9.3　実験による相互スペクトル密度行列の決定 233
- 9.4　ランダムな電磁ビームの伝搬に伴う変化 235
  - 9.4.1　確率論的電磁ビームの相互スペクトル密度行列の伝搬 – 一般的な公式 236
  - 9.4.2　電磁ガウス型シェルモデルビームの相互スペクトル密度行列の伝搬 237
  - 9.4.3　伝搬する確率論的電磁ビームの相関に誘起される変化の例 241
  - 9.4.4　ヤングの干渉実験におけるコヒーレンスに誘起される偏光度の変化 247
- 9.5　一般化されたストークスパラメーター 253
- 問　題 256

付録 I	位相空間のセルと縮退パラメーター	**261**
	(a) 準単色光波の位相空間のセル (1.4 節)	261
	(b) 共振器内の放射の位相空間のセル (7.4 および 7.5 節) .	264
	(c) 縮退パラメーター	267
付録 II	光子計数の統計に対するマンデルの公式の導出 [**7.5.1 節の式 (2)**]	**269**
付録 III	電磁ガウス型シェルモデル光源の偏光度	**273**
付録 IV	重要な確率分布	**277**
	(a) 二項 (ベルヌーイ) 分布とその極限的場合のいくつか . .	277
	(b) ボーズ-アインシュタイン分布	280
人名索引		**283**
事項索引		**288**

日本語版への序文

　最近出版された光のコヒーレンスと偏光の現象に関する著書について，その日本語版の読者に挨拶できることを嬉しく思う．このテーマは，現代光学においてはかなり重要である．それは医療用および工業用のイメージング機器や光ファイバー通信など，有益な応用が非常に多くあるからであり，本書でもそのいくつかを議論している．日本の科学者はこの分野に貢献してきており，今もなお大いに貢献し続けている．

　本書が，友人であり長年の共同研究者の一人である白井智宏氏によって日本語に翻訳されたことは，私にとって望外の喜びである．白井氏は本書のテーマに精通しており，この翻訳の仕事については最も適任であろう．これは本書において，彼の学術論文のいくつかが引用されていることからも明らかである．

　本書の原著英語版はつい1年前に出版されたにもかかわらず，それはすでにロチェスター大学の大学院の輪講(reading course)用のテキストとして使用されている．これを選択した学生諸氏は積極的に輪講に参加し，その過程で本文と多数の数式を注意深くチェックしてくれた．その後，彼らは誤りやミスプリントのリストを提供してくれた．これらの箇所は，この日本語版では修正されている．その中でも多数の修正点を記載したリストを提供してくれた Seongkeun Cho 氏には，特に感謝している．しかしながら，白井氏はさらに多くの修正点を含むリストを提供してくれた．これは彼が翻訳の過程で，

いかに注意深く本文をチェックしていたかを物語っている．このように面倒で時間のかかる仕事を行ってくれたことに，私は大いに感謝している．

　最後に，この翻訳書が質の高い出版で名高い京都大学学術出版会より刊行されることを大変嬉しく思う．

Emil Wolf

物理・天文学科
ロチェスター大学
ロチェスター，ニューヨーク州 14627，アメリカ合衆国

2008 年 9 月

訳者序文

　本書は，米国ロチェスター大学の Emil Wolf 教授による最新の著書 "Introduction to the Theory of Coherence and Polarization of Light" の邦訳である．原著者の Wolf 教授といえば，Born & Wolf として世界各国で親しまれている光学分野の名著 "Principles of Optics" の共著者として，また光のコヒーレンスと偏光の理論を含む物理光学理論の基礎を築いた著名な物理学者として広く知られていることと思う．

　光のコヒーレンス理論では光波のゆらぎに関係する諸現象を扱うが，その理解には少なからず数学的な知識が要求されるため，大学院生をはじめとする初学者にとってはあまり親しみやすい学問分野ではなかったと思われる．また，この分野では，内容的に優れた定評のある教科書がすでに何冊か出版されてはいるものの，やはり初学者に対しては，ややハードルが高いといわざるを得ないものとなっている．

　これらの問題を解決する目的で執筆されたのが，本書の原著英語版 "Introduction to the Theory of Coherence and Polarization of Light" である．その特徴を簡単に述べると，理論の厳密さを失うことなく，コヒーレンスと偏光の概念を初学者にも理解しやすいように，さらに最新の成果を含む一連の理論体系を過不足なくコンパクトにまとめあげた教科書ということができよう．事実，原著英語版(の著者)は，2008 年に OSA/SPIE 共催の "Joseph W. Goodman Book Writing Award" を受賞するという高い評価を受けている．

訳者と原著英語版とのかかわりは，その出版よりも 6 年以上も前にさかのぼる．Wolf 教授とは 1995 年頃から共同研究を進めており，それ以来，ほぼ隔年のペースで同教授の研究室に滞在し共同研究の総括を行うとともに，米国内外で開催された学会や講演会等でもお会いし親交を深めてきた．また，Wolf 教授とは，研究室内でじっくりと議論することはもちろんあるが，どちらかというと大学キャンパス内のファカルティークラブや同教授のご自宅，そしてお互いにお気に入りのスターバックス・カフェで，さらに学会や講演会への参加中は会場の片隅で，ちょっとの時間を見つけてはコヒーレンス理論を含むいろいろな話題について議論することが多かった．そのような会話のなかで，おそらく 2001 年頃に原著英語版の構想を初めて聞き，さらにその後の滞在の際に執筆中の原稿の一部を読ませて頂き，光のコヒーレンスの概念が体系的に非常にわかりやすく整理されていることに感銘を受けたのを記憶している．

　その後，日本語への翻訳について Wolf 教授よりご快諾を頂き，同教授およびMarlies（Wolf 教授夫人）より直接的および間接的に多くのご支援を頂きながらこの一連の翻訳作業がスタートした．特に，Wolf 教授は原著英語版のミスプリント等の一覧を提供してくださり，さらに訳者が気づいたミスプリントや記述が曖昧な部分については，可能な限りお互いに顔を合わせながらひとつずつ確認する作業を行った．これらのミスプリント等は日本語版ではすべて修正したつもりである．また，Wolf 教授との議論を通して，原著英語版の理解を助けると思われる情報を得ることができたので，日本語版では，その一部を【訳者注】として脚注に記載した．なお，この【訳者注】には，対応する訳語の選択や日本語の言い回しなど，訳者独自の見解もあわせて記載している．

　本書の構成については原著者による序文にも詳しく述べられているので，ここではその最も注目すべき特色についてのみ簡単に触れておきたい．第 1 章から第 8 章には，いわゆる古典的コヒーレンス理論に関係する標準的な内

容が網羅されているため，表現方法に違いはあるものの，同様の内容を他の教科書から見つけ出すことも不可能ではない．一方，最終章の第9章には，最近になって構築されたコヒーレンスと偏光を統一的に扱うための新しい理論体系が整理されている．この内容が書籍として出版されるのは本書（原著英語版）が初めてであり，これこそが他書に類を見ない本書のユニークな特色のひとつとなっている．

ここで，本書の組版上のスタイルについて簡単に説明しておこう．本書では，人名はすべて原つづりのまま記載した．ただし，定理や法則名に人名が含まれている場合には，慣用の読み方に基づいて片仮名表記にした．また，初学者が次のステップで原著英語版や原著論文を参照する際の手助けとなるように，主要な学術用語については丸括弧内に（すでに原著に丸括弧がある場合には，脚注に）英語を併記した．日本語の文章としての体裁上，原著英語版でイタリック体が使われていた部分はゴシック体に，引用符 "…" は括弧「…」に変更した．

本書の出版にあたっては，京都大学学術出版会のスタッフの皆さまに大変お世話になった．特に，編集長の鈴木哲也氏には，その企画から出版に至るまでの長い期間，多大なご支援を頂いた．心より感謝の意を表したい．

最後に，訳者の理解の浅薄さ，訳文の拙劣さが，Wolf 教授本人が読者に直接語りかけるための妨げにならなかったことを祈りたい．

訳者しるす

2009 年 3 月

序文

> 『... 写真機の中で形成される像 — すなわち感光層の強度分布 — は，目に見えない神秘的なかたちでレンズの開口内に存在している．そこでは，強度分布はすべての点で等しくなっている．』
>
> F. Zernike, *Proc. Phys. Soc.* (London), **61** (1948), 158
> に掲載の講義においてコヒーレンスを議論する

　本書で取り扱う光のコヒーレンスと偏光の現象は，自然界で直面しようと実験室で作り出されようと，光の場にはすべてそれに付随するランダムなゆらぎがあるという事実に由来している．たいていの光学の教科書で議論される単色光源と単色場は，実際の生活で出くわすことはない．

　熱放射光(thermal light)[1]おいては，そのゆらぎは主に場を生み出す原子からの自然放出によるものである．レーザー光においては，そのゆらぎは共振器端のミラーの機械的振動や温度ゆらぎなどの制御不能な要因によるものであり，同様に自然放出からの寄与が常に存在することによっても生じる．十分に安定化されたレーザーでは，これらの効果は主として振幅のゆらぎや十分に長い時間にわたり検出されるレーザー出力の無秩序な振る舞いにではなく，位相のゆらぎに現れる．電磁スペクトルの光学領域では，場のゆらぎは非常にすばやく直接観測することはできない．そのため，コヒーレンスと偏光の理論には，測定可能な平均量が必要となる．したがって，この理論では

---

[1]【訳者注】"thermal light" を熱的光もしくは熱幅射光と記述する翻訳書もある．本書では「熱放射による光」の意味を強調するために熱放射光とした．

観測可能な量を扱うことになる．

　本書を書きはじめたときは，古典的なコヒーレンス理論のみを扱う入門書を提供するつもりだった．現在では，コヒーレンスを扱う書籍や章節がいくつも出ているが，そのいずれもが初等的な光学の知識をそこそこもった読者に対して適切といえるレベルの取り扱いをしておらず，そしていずれもがコヒーレンス理論の基本的な概念と結果をしっかりとしたかたちで，しかしあまり抽象化し過ぎないように著してはいないと思われたからである．しかし，数章を書き上げるまでに新しい進展があった．すなわち光のコヒーレンスと偏光は密接に関係し，さらに統一した方法で取り扱うことのできる統計光学の2つの側面であるという発見である．それまでは，コヒーレンスと偏光は本質的にお互いに独立したものと考えられてきた．唯一の明らかなつながりは，「コヒーレンシー行列(coherency matrix)」という用語であった．これは，1930年代から初等的な偏光の問題の解析に利用されてきた2×2の相関行列である．しかし，この用語は実は誤った呼称である．なぜなら，現在では正しく理解されているが，その行列はコヒーレンスとはまったく関係がないからである．コヒーレンスは本質的には2つ(もしくはそれ以上)の点におけるゆらぎをもつ電場の成分間の相関の結果であり，それはヤング(Young)の干渉実験における干渉縞の鮮明さによって明らかにされる．一方，偏光はある1点におけるゆらぎをもつ電場の成分が関係する相関の現れであり，偏光子，回転子，位相板を使ってその状態が決定される．両概念は，電磁場における「秩序の程度(degree of order)」を反映しているが，それらは少しばかり異なる統計的側面をもっている．しかし，コヒーレンスと偏光の理論は，光の場における秩序と無秩序だけに関係しているわけではない．この理論における基本的な道具は，光のスペクトルのような直接測定できる諸量とは異なり，正確な伝搬法則に従う相関関数と相関行列である．これらの法則の助けを借りて，自由空間であろうと，(ガラスファイバーのような)決定論的もしくは(擾乱をもつ大気のような)ランダムな媒質中であろうと，例えば，光

の伝搬に伴うスペクトルと偏光の変化を求めることができる．これらの法則に基づき数々の結果が得られることは，この理論の最も有用な側面のひとつである．

ごく最近まで，偏光にはベクトル的な取り扱いが要求されるものの，コヒーレンス現象はかなりの部分でスカラー理論に基づいて研究されてきた．光のコヒーレンスと偏光は異なる現象ではあるが，統計光学の2つの密接に関連した側面である．そしてゆらぎをもつ電磁場の特性の多くは，それらが密接な関係のもとで取り扱われたときにのみ十分に理解される[2]．これらのことを明らかにしたのは，実際には，ほんの数年前に導入されたコヒーレンスの概念のスカラー場からベクトル場への一般化であった．この発見は2つのテーマの重要性を高めたばかりではなく，すでに統計光学の多くの側面に新しい洞察を提供している．最終章で議論されるこの分野の進展では，例えば，光通信，レーザーレーダーによるイメージング，医学診断におけるイメージングと関連して有用な応用を見出すと思われるが，他の応用もやがて現れることは確かであろう．

あまり数学的な要求をせずに，読者が実用的な知識を得られるように配慮したため，詳しい証明を省略したところもある．それらの大部分は，M. Born and E. Wolf, *Principles of Optics* (Cambridge University Press, Cambridge, 7th (expanded) edition, 1999) および L. Mandel and E. Wolf, *Optical Coherence and Quantum Optics* (Cambridge University Press, Cambridge, 1995)[3] に記載されている．またこれらの書籍では，十分な参考文献とともに，その内容がより詳しく論じられている．コヒーレンス理論の歴史的進展については，*Selected Works of Emil Wolf with Commentary* (World Scientific, Singapore, 2001), pp. 620-633 に掲載の論文で概説されている．偏光理論の進展につ

---

2 コヒーレンスと偏光の現象の間に密接な関係が存在することを認識させるに至る進展が，*Progress in Optics* の第 50 巻 (Amsterdam, Elsevier, 2007), 251-273 において，E. Wolf, "Young's interference experiment and its influence on the development of statistical optics" により議論されている．

3 本書では，これらの書籍を参照する際に，それぞれ B&W および M&W と略記する．

いては，E. Collett, *Polarized Light*（M. Dekker, New York, 1993）および C. Brosseau, *Fundamentals of Polarized Light*（J. Wiley, New York, 1998）に記載されている．

表現の一部が，B&W と M&W に与えられている取り扱いにかなり似ていることに気づく読者もいるかもしれない．これは主に，異なる構成を提供することがむずかしかったことによるものである．しかし本書では，特に，教師や学生などの非専門家を対象として，より初歩的であり，かつあまり厳密ではない解析を採用していることをはっきりさせておきたい．各章の最後に演習問題が掲載されているが，それはおそらく対象とする読者諸氏にとって役立つことであろう．追加となる演習問題は，M&W から入手できる．

ウィルソン山天文台にある，1920 年代に建設された 20 フィートのマイケルソン（Michelson）天体干渉計の写真を提供してくれた Gale Gant 博士と Don Nicolson 博士に感謝する．その写真は 2000 年頃に撮られたものであるが，それは本書では図 3.12 として複製されている．

本書の執筆の際に，原稿の草案を読み，間違いを削除し本文を改善する手伝いをしてくれた多くの同僚と学生に大変お世話になった．特に，Taco Visser 教授からの重要な助言に対して，また Jannick Rolland 教授，Nicole Carlson-Moore 氏，David Fischer 博士，Olga Korotkova 博士，Mircea Mujat 博士，Jonathan Petruccelli 氏，Mohamed Salem 氏，Thijs Stegeman 氏，Tomohiro Shirai 博士，Mayukh Lahiri 氏，そして Thoman van Dijk 氏からの有益な提案に対して感謝したい．校正刷りのチェックを手伝ってくれた Mohamed Salem 氏と Sergei Volkov 博士にも感謝したい．

ロチェスター大学の Physics-Optics-Astronomy 図書室のスタッフは，特に，論文を探したり参考文献をチェックしたりなど，大いに手助けしてくれた．司書長の Patricia Sulouff 氏，Sandra Cherin 氏，Miriam Margala 氏の援助には大変感謝している．

図の大部分をすばらしい線画で表し，表紙を飾る美しい図を準備してくれ

た Greg Gbur 博士にとても感謝している．

　本書に記述したいくつかの研究，特に，第9章で議論したコヒーレンスと偏光の統一理論に関する研究は，Air Force Office of Scientific Research (AFOSR) から援助を受けた．長年にわたり継続して支援し私たちの研究に興味をもって頂いた，AFOSR の Arje Nachman 博士にとても感謝している．

　不平も言わず原稿の莫大な改訂版を何度もタイプし，さらに人名索引を準備してくれた秘書の Ellen Calkins 氏によるとても重要な支援に対しては，大いに感謝しお礼申しあげたい．

　原稿を準備している間，長きにわたり孤独に過ごした辛抱強い妻 Marlies に感謝の意を表したい．

　本書に含まれる題材の多くは，ロチェスター大学と中央フロリダ大学の物理学および光学専攻の大学院生に対する講義のなかで使用したものである．しかし，本文のかなりの部分は，米国光学会の年次会議にて長年にわたり担当した短期講座の講義録の拡張版となっている．講義録を書籍に展開することを提案し，またそうするように勧めてくれたケンブリッジ大学出版局の物理科学担当の出版ディレクター Simon Capelin 博士に感謝する．

　最後に，ケンブリッジ大学出版局のスタッフ，特に，プロダクションエディターの J. Bottrill 氏とプロダクションマネージャーの K. Howe 氏，原稿を整理してくれた S. Holt 博士の協力と，不完全な原稿をすばらしい最終作品に仕上げてくれたことに対して感謝の意を表したい．

Emil Wolf

物理・天文学科
ロチェスター大学
ロチェスター，ニューヨーク州 14627，アメリカ合衆国

2007 年春

第1章 基本的コヒーレンス現象

1.1 干渉と統計的類似性

　光の波動場中の異なる点における光の振動間のコヒーレンスを，最も簡単に現すものは干渉の現象である．実際あとで学ぶように，干渉パターンの特徴から，空間の2点および時間の2点における光の振動間のコヒーレンスを表す定量的な評価量がわかる．

　最初に，光の波動場中の点 P における光の振動を考えよう．単純化のために，まず最初に光の偏光特性を無視すると，波動場中のある点における光の振動はスカラー $U(t)$ で記述できる．もしその光が単色であれば，その振動は

$$U(t) = a\cos(\phi - \omega t) \tag{1}$$

と表現されるであろう．ここで，a と ϕ はそれぞれ（定数の）振幅と位相，ω は周波数，t は時間である．しかし，すでに述べたように，単色光は理想化であり自然界や実験室で決して直面することはない．いくつかの点で単色光に最もよく似ている光は，いわゆる**準単色光**(quasi-monochromatic light)である．それは，その実効的スペクトル幅 $\Delta\omega$ がその平均周波数 $\bar{\omega}$ に比べて十

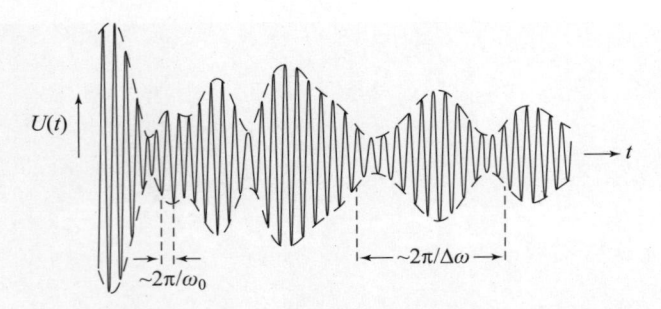

図 1.1 空間のある 1 点における準単色光の振動 $U(t)$ の振る舞いの説明.

分に小さいという,すなわち

$$\frac{\Delta\omega}{\overline{\omega}} \ll 1 \tag{2}$$

で表される性質によって定義される.このような光については振幅と位相はもはや定数ではなく,その振動は空間上のある点において式(1)を一般化した

$$U(t) = a(t)\cos[\phi(t) - \overline{\omega}t] \tag{3}$$

によって記述される.ここで,振幅 $a(t)$ と位相 $\phi(t)$ は時間に依存し,一般的にはランダムにゆらぐ.初等的なフーリエ解析を利用すると,準単色光については,$a(t)$ と $\phi(t)$ は光の帯域幅の逆数に比べて短い時間間隔 Δt,すなわち

$$\Delta t \ll \frac{2\pi}{\Delta\omega} \tag{4}$$

において,図 1.1 に示すように非常にゆっくりと変化することが示される (M&W の 3.1 節,特に,pp. 99-100).なお,$a(t)$ は図中では破線で描かれている.

私たちは暗黙のうちに「定常状態(steady-state)」の場を取り扱うことを仮定してきた.このことは,場のゆらぎの根底にある統計的な振る舞いが,時間の経過に伴い変化しないことを意味する.あとで簡単に考察する統計理

論の言葉では(2.1 節を参照せよ)，このような場は**統計的に定常**(statistically stationary)である[1]といわれる．

さて，準単色場中の 2 点 P_1 および P_2 における振動 $U_1(t)$ および $U_2(t)$

$$U_1(t) = a_1(t) \cos[\phi_1(t) - \overline{\omega}t] \tag{5a}$$

$$U_2(t) = a_2(t) \cos[\phi_2(t) - \overline{\omega}t] \tag{5b}$$

を考えよう．例えば，P_1 および P_2 の位置にピンホールのついた遮光スクリーンをこの波動場中に設置することによって，これらの振動を別の点 P で重ね合わせるものとする．ピンホールの大きさと入射角や回折角は小さいと仮定するが，これらに依存する本質的でない幾何学的な係数を除くと，重ね合わせの点における振動は，

$$\begin{aligned} U(t) &= U_1(t) + U_2(t) \\ &= a_1(t) \cos[\phi_1(t) - \overline{\omega}t] + a_2(t) \cos[\phi_2(t) - \overline{\omega}t + \delta] \end{aligned} \tag{6}$$

と表現される．ここで，δ はそれぞれ P_1 から P および P_2 から P に伝搬する 2 つのビームの間の位相差である．

点 P における瞬時強度 $I(t)$ は，適当な単位系を用いると，$U(t)$ の 2 乗

$$\begin{aligned} I(t) &= U^2(t) \\ &= I_1(t) + I_2(t) + I_{12}(t) \end{aligned} \tag{7}$$

で定義される．ここで，

$$I_1(t) = a_1^2(t) \cos^2[\phi_1(t) - \overline{\omega}t] \tag{8a}$$

$$I_2(t) = a_2^2(t) \cos^2[\phi_2(t) - \overline{\omega}t + \delta] \tag{8b}$$

---

[1]【訳者注】状況に応じて，「定常的である」もしくは「定常性をもつ」等とよばれることもある．

であり，

$$I_{12}(t) = a_1(t)a_2(t)\{\cos[\phi_1(t) + \phi_2(t) - 2\overline{\omega}t + \delta] + \cos[\phi_1(t) - \phi_2(t) - \delta]\} \quad (8c)$$

となる．式(8c)は初等的な三角関数の恒等式から導かれる．

　光の場は非常にすばやくゆらぐため，決して瞬時強度を測定することはできず，光の帯域幅の逆数よりも十分に大きい(つまり，$T \gg 1/\Delta\omega$ を満たす)時間間隔 $-T \leq t < T$ での平均値のみが測定される．あいまいさ避けるために，またエルゴート性について触れる際に明らかになる理由により(2.1節)，形式的に $T \to \infty$ とおき，時間平均強度を

$$\langle I \rangle_t = \lim_{T \to \infty} \frac{1}{2T} \int_{-T}^{T} I(t)\,\mathrm{d}t \quad (9)$$

で定義する．括弧 $\langle \ldots \rangle$ に添え字 t を付けているが，それはその括弧が時間平均を表していることを強調するためと，あとで扱う異なるタイプの平均とを区別するためである．

　点 P_1 および P_2 における場の振幅は実効的に時間に依存せず(よく安定化された単一モードレーザーの出射光が近似的にそうであるように)，そしてそれらは互いに等しいものとする．つまり，$a_1(t) = a_2(t) = a = $ 定数 とする．時間平均をとると，式(7)と(8)から，重ね合わせの点における平均強度の式

$$\langle I \rangle_t = \langle I_1 \rangle_t + \langle I_2 \rangle_t + \langle I_{12} \rangle_t \quad (10)$$

を得る．ここで，

$$\langle I_1 \rangle_t = \langle I_2 \rangle_t = \frac{1}{2}a^2 \quad (11a)$$

$$\langle I_{12} \rangle_t = a^2 \langle \cos[\phi_1(t) - \phi_2(t) - \delta] \rangle_t \quad (11b)$$

である．式(11)で与えられる平均を求める際に，関係式 $\langle \cos^2[\phi(t) - \overline{\omega}t] \rangle_t = 1/2$ と $\langle \cos[\phi_1(t) + \phi_2(t) - 2\overline{\omega}t + \delta] \rangle_t = 0$ を利用した．

　式(10)は，重ね合わせの点における平均強度がそれぞれのビームの平均強度 $\langle I_1 \rangle_t$ および $\langle I_2 \rangle_t$ と，2つのビームの**干渉の効果**を表す $\langle I_{12} \rangle_t$ の和となる

ことを示している．もしビームが厳密に単色であれば，位相 ϕ_1 と ϕ_2 はそれぞれ時間に依存せず，δ が余弦項を 0 にする値をとる場合を除き，干渉項 $\langle I_{12}\rangle_t$ は 0 以外となるであろう．しかし，式(11b)から，**位相 ϕ_1 と ϕ_2 が定数ではなく，実際にはランダムにゆらいでいても干渉項は存在し得る**ことが明らかである．例えば，$\phi_1(t)$ と $\phi_2(t)$ はランダムにゆらいでいるが，β を定数として

$$\phi_2(t) - \phi_1(t) = \beta \tag{12}$$

が成り立つとしよう．このとき干渉項 $\langle I_{12}\rangle_t$ は，明らかに，厳密に単色光という理想化された場合と同様に，δ の特別な値を除いては非負となる．この単純な関係式(12)は，2 つの点における振動の間の**統計的類似性**(statistical similarity)[2]の一例といえるかもしれない．このように，**干渉を得るために光は単色である必要はない**ことを示した．干渉するビームにはある種の統計的な類似性をもつことだけが必要であり，これがコヒーレンスの本質となる．この概念は，後に，いわゆる光のコヒーレンス度に基づく正確な定量的意味を獲得する．

1.2 時間的コヒーレンスとコヒーレンス時間

2 つのよく知られた実験を通して，コヒーレンスに関するいくつかの基本的概念を導入しよう．

最初に，光源 S からの定常状態(steady-state)[3]の準単色光ビームをマイケ

---

[2] 統計的類似性の概念の正確な意味は，定常確率過程の枠組みの中で与えられる．その概念はコヒーレンスばかりではなく，偏光にも関連して重要である[H. Roychowdhury and E. Wolf, *Opt. Commun.* **248** (2005) 327-332]．

[3] 定常状態とは，ここでは時間間隔 $2T \gg 1/\Delta\omega$ で平均された平均強度

$$\frac{1}{2T}\int_{-T}^{T} I(t_0 + t)\,dt$$

が t_0 の選択に依存しないことを意味する．より正確な定義には，2.1 節で触れる統計的定常性(statistical stationarity)の概念が必要となる．ごく普通の実験室にある光源や(例えば，星のような)自然界にある光源はこの種の性質をもつが，レーザーパルスはこのカテゴリーには入らない．

ルソン干渉計(図 1.2)の中で 2 本のビームに分割し,その 2 本のビームに行路遅延 $c\Delta t$ (c は真空中の光の速度)を導入したあとで結合するものとする.もし,Δt が十分に小さければ,干渉縞が検出面 $\mathcal{B}$ に形成される.干渉縞のコントラストは 2 本のビーム間に導入される時間遅延 Δt に依存するため,この干渉縞の出現はそれらのビーム間の**時間的コヒーレンス**(temporal coherence)の現れであるといわれる.干渉縞は

$$\Delta t \lesssim \frac{2\pi}{\Delta \omega} \tag{1}$$

を満たす限り観察されることが,実験を通して知られている.この結果は,理論的にはそれぞれのスペクトルの成分によって形成される干渉パターンを考え,各々の強度パターンにずれが生じ最終的には打ち消しあう時間遅延を見積もることによって理解される.この時間遅延は光の**コヒーレンス時間**(coherence time)とよばれ,対応する行路遅延は,$\overline{\lambda}$ を平均波長,$\Delta \lambda$ を実効的な波長範囲とすると

$$\Delta l = \frac{2\pi c}{\Delta \omega} = \left(\frac{\overline{\lambda}}{\Delta \lambda}\right)\overline{\lambda} \tag{2}$$

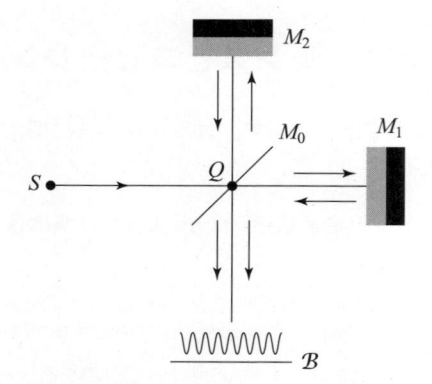

図 1.2 マイケルソン干渉計を使った光のコヒーレンス時間の概念の説明.M_1 および M_2 は反射鏡.M_0 はビームスプリッター(半透鏡).簡単化のために,補償板とコリメート用のレンズは描かれていない.干渉縞を得るためには,反射鏡の 1 つを軸に対して傾けなければならない.

となる.この量は光の**コヒーレンス長**(coherence length)とよばれる.

式(2)を簡単な例によって説明しよう.最初に,白熱物体やガス放電などによって発生される広いスペクトルをもった熱放射光(thermal light)を考える.帯域幅 $\Delta\omega$ は,一般に $10^8\,\mathrm{s}^{-1}$ 程度なので,コヒーレンス時間 Δt は $10^{-8}\,\mathrm{s}$ 程度,コヒーレンス長は $\Delta l \sim 2\pi \times 3 \times 10^{10}\,\mathrm{cm\,s^{-1}}/10^8\,\mathrm{s}^{-1} \sim 19\,\mathrm{m}$ となる.

この結果を,帯域幅が $\Delta\omega \sim 10^4\,\mathrm{s}^{-1}$ の十分に安定化されたレーザーからの出射光と比較してみよう.この場合の光のコヒーレンス時間は $10^{-4}\,\mathrm{s}$ 程度,コヒーレンス長は $\Delta l \sim 190\,\mathrm{km}$ であり,熱放射光よりも 10^4 倍長くなっている.

1.3 空間的コヒーレンスとコヒーレンス領域

コヒーレンスの性質を明らかにするもう1つの実験は,ヤングの干渉実験である.さしあたり熱光源 S から出射された準単色光を仮定し,その光が遮光スクリーン $\mathcal{A}$ 上にある2つのピンホールを照明するものとする(図1.3).簡単化のために光学的な配置は対称と仮定し,光源は1辺の長さが

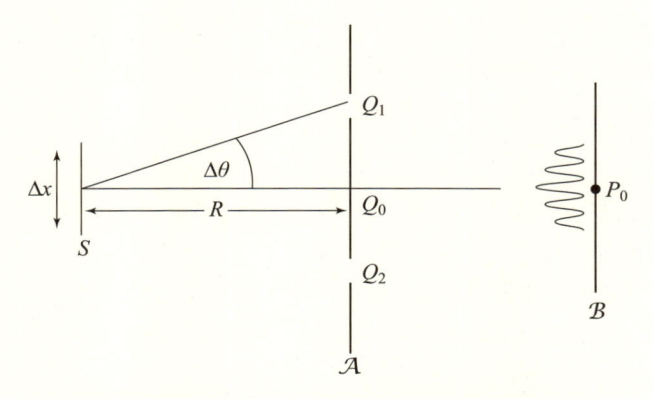

図 1.3 定常状態の光を利用したヤングの干渉実験による空間的コヒーレンス(spatial coherence)の概念の説明.

Δx の矩形とする．もし，Q_1 および Q_2 の位置にあるピンホールが互いに十分に接近しているならば，干渉縞は関係式

$$\Delta x\, \Delta \theta < \overline{\lambda} \tag{1}$$

を満たすときに，検出スクリーン $\mathcal{B}$ 上の光軸上の点 P_0 付近で観測される．ここで，$2\Delta\theta$ は光源から線分 Q_1Q_2 を見込む角である．式(1)を大ざっぱかつ簡単に導出するには，観測面 $\mathcal{B}$ 上の強度分布が独立した干渉縞の強度の重ね合わせによって生じており，それぞれの干渉縞は熱光源の異なる要素からの光によって形成されると考えればよい．そして，干渉縞のそれぞれが近似的に揃うことを要請すると関係式(1)がすぐに導かれる．

ピンホール面 $\mathcal{A}$ が光源面から距離 R の位置にあるならば，ピンホールが大きさ

$$\Delta A \sim (R\Delta\theta)^2 = \frac{R^2}{S}\overline{\lambda}^2 \tag{2}$$

の領域 ΔA 内におかれた場合に，干渉縞は観測面 $\mathcal{B}$ 内の光軸上の点 P_0 付近で観察される．ここで，$S = (\Delta x)^2$ は光源の面積であり，式(2)の導出に式(1)が使われた．この領域は平面 $\mathcal{A}$ における光軸上の点 Q_0 付近の光の**コヒーレンス領域**(coherence area)とよばれる．この領域は光源面からの距離 R の 2 乗に比例して増加することがわかる．しかし，光源からコヒーレンス領域を見込む立体角 $\Delta\Omega$ は距離に関係なく，

$$\Delta\Omega \sim \frac{\Delta A}{R^2} = \frac{\overline{\lambda}^2}{S} \tag{3}$$

で与えられる．

前述の議論は熱光源からの光に限定されてきたが，コヒーレンス領域の概念はより一般的に適用される．しかし，式(2)はピンホールが熱放射光によって照明される場合にのみ適用される．

コヒーレンス領域を，光軸上の点 Q_0 から光源を見込む立体角

$$\Delta\Omega' = \frac{S}{R^2} \tag{4}$$

を含む異なる形式で表現すると便利なことがある．式(4)と(2)から，すぐに

$$\Delta A = \frac{\overline{\lambda}^2}{\Delta \Omega'} \tag{5}$$

が導かれる．

いろいろな熱光源によって生成されるコヒーレンス領域を比較するとおもしろい．最初に，面積 1 mm^2 の平面熱光源を考えよう．この光源は，平均波長が $\overline{\lambda} = 5,000$ Å (500 nm)の準単色の熱放射光を放出し，光源と平行に距離 $R = 2$ m の位置に置かれた平面 $\mathcal{A}$ を照明する．式(2)によると，この平面上でのコヒーレンス領域は

$$\Delta A = \frac{(2 \text{ m})^2}{10^{-6} \text{ m}^2} \times (5 \times 10^{-7} \text{ m})^2 = 1 \text{ mm}^2 \tag{6}$$

となる．

この結果を，地球の表面を照明するフィルターを透過した太陽光のコヒーレンス領域と比較しよう．太陽光は，$\overline{\lambda} = 5,000$ Å 付近の狭い透過帯域をもつフィルターを通過するものとする．地球の表面上から太陽の外形を見込む角半径は，おおよそ $\alpha \approx 0°16' \approx 0.00465$ ラジアンである．したがって，もし周縁減光(limb darkening)[4]を無視すると，地球の表面から太陽の外形を見込む立体角 Ω' は

$$\Delta \Omega' \approx \pi \alpha^2 \approx 3.14 \times (4.65 \times 10^{-3})^2 \approx 6.79 \times 10^{-5} \text{ sr} \tag{7}$$

となる．したがって，式(5)により，地球の表面上での太陽光のコヒーレンス領域は

$$\Delta A = \frac{(5 \times 10^{-5} \text{ cm})^2}{6.79 \times 10^{-5}} \sim 3.68 \times 10^{-3} \text{ mm}^2 \tag{8}$$

となる．その結果，フィルターを透過した太陽光の地球の表面でのコヒーレンス領域の大きさは，$(3.68 \times 10^{-3})^{1/2}$ mm ~ 0.061 mm 程度となる．歴史的

---

4 【訳者注】太陽を観測したときに，その周縁部が中心部より暗く見える現象．

に興味深いことに，この値は1860年代にフランスの科学者 E. Verdet により，コヒーレンスの概念のごく初歩的な考え方だけを使って評価された見積値と一致する．

　地球の表面における太陽光のコヒーレンス領域と，遠方にある星によって作り出される光のコヒーレンス領域を比較しよう．この目的のために，式(5)に基づきコヒーレンス領域は，評価対象となる平面の光軸上の点 Q_0 から光源を見込む立体角 $\Delta\Omega'$ の逆数に比例することを思い出そう．地球の表面から見ると星の角直径は太陽に比べて何桁も小さいので，地球の表面における星の光のコヒーレンス領域は，太陽光に比べて格段に大きいと予想される．一例として，ベテルギウス(オリオン座 α 星)によって地球の表面に形成されるコヒーレンス領域を考えよう．この星は(3.3.1節で議論する)干渉技術によって角直径が求められた最初の星である．それは $2\alpha \sim 0.047$ 秒 (2.3×10^{-7} ラジアン)の角直径をもつことがわかっている．そのため，地球の表面上からこの星を見込む立体角は，$\Delta\Omega' = \pi\alpha^2 \sim 4.15 \times 10^{-14}$ sr となる．したがって中心波長 $\lambda = 5,000$ Å 付近の狭帯域フィルターを通したときの，この星からの光の地球の表面上でのコヒーレンス領域は，式(5)により

$$\Delta A \sim \frac{(5 \times 10^{-7} \text{ m})^2}{4.15 \times 10^{-14} \text{ sr}} \sim 6 \text{ m}^2 \tag{9}$$

となる．この見積値から，星から地球の表面に届くフィルターを透過した光には，約 $\sqrt{6 \text{ m}^2} \sim 2.45$ m の間隔まではかなりの「統計的類似性」(空間的コヒーレンス)があることが明らかである．多くの星はベテルギウスよりもかなり小さい角直径をもっており，その結果，それらの星から地球に届く光はより広い領域で空間的にコヒーレントである．

　これらの結果から，望遠鏡の焦点面に形成される星の像に，なぜ空間的にコヒーレントな光によって形成される回折像が現れるのかが明らかとなる．それは，この解析は，望遠鏡の開口に入る星の光には，一般にその開口よりもかなり大きい領域にわたり高い相関が存在することを示しているからで

ある.

1.4 コヒーレンス体積

近似的に平面,準単色,かつ定常状態[5]の(つまり統計的に定常な[6])波動場を考えよう.光の伝搬方向に垂直な面内にある底面がコヒーレンス領域であり,かつその高さがコヒーレンス長に相当する直円柱は**コヒーレンス体積**(coherence volume)とよばれる(図 1.4).それは体積が

$$\Delta V = \Delta l\,\Delta A \tag{1}$$

で与えられる空間領域を占める.コヒーレンス長 Δl は 1.2 節の式(2)で,コヒーレンス領域は熱放射光については 1.3 節の式(2)で与えられる.これらの関係式を式(1)に代入すると,熱放射光のコヒーレンス体積を表す式として

$$\Delta V = \frac{R^2}{S}\left(\frac{\overline{\lambda}}{\Delta\lambda}\right)\overline{\lambda}^3, \tag{2a}$$

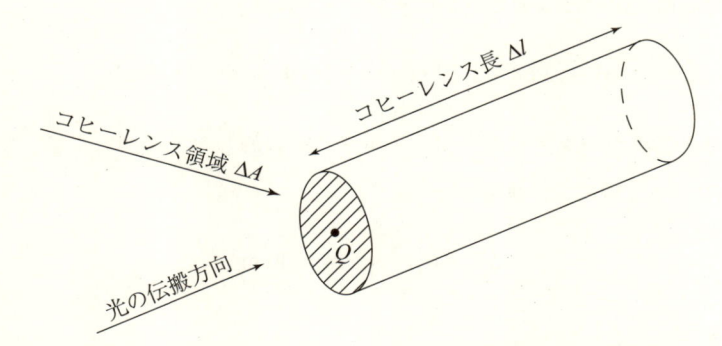

図 1.4 定常状態の場におけるコヒーレンス体積 ΔV の概念の説明.その場は,準単色熱光源からの近似的平面波によって実現されているものとする.

---

5 【訳者注】原文では,"steady-state".
6 【訳者注】原文では,"statistically stationary".

もしくは，1.3 節の式(4)を用いて

$$\Delta V = \frac{1}{\Delta \Omega'} \left(\frac{\overline{\lambda}}{\Delta \lambda} \right) \overline{\lambda}^3 \tag{2b}$$

を得る．

先ほど考察したコヒーレンス領域に関する例題について，コヒーレンス体積を評価しよう．それぞれにおいて，中心波長を $\overline{\lambda} = 5{,}000$ Å として，フィルターを透過した光の実効的な波長範囲を $\Delta \lambda = 5 \times 10^{-4}$ Å と仮定する．この場合，コヒーレンス長は 1.2 節の式(2)により約 5 m となる．面積が 1 mm^2 の平面熱光源については，距離 $R = 2$ m の位置にあり光源と平行な面上の光軸点 Q_0 付近のコヒーレンス領域は $\Delta A = 1$ mm^2 の大きさをもつことがわかった[1.3 節の式(6)]．したがって，式(1)によりコヒーレンス体積は

$$\Delta V \sim (10^{-1} \text{ cm})^2 \times (5 \times 10^2 \text{ cm}) = 5 \text{ cm}^3 \tag{3}$$

となる．地球に届くフィルターを透過した太陽光については，$\Delta A \sim 3.68 \times 10^{-3}$ mm^2 であることがわかったので[1.3 節の式(8)]，式(1)を利用すると地球の表面における太陽光のコヒーレンス体積は

$$\Delta V \sim 3.68 \times 10^{-3} \text{ mm}^2 \times 5 \times 10^3 \text{ mm} \sim 18 \text{ mm}^3 \tag{4}$$

となる．ベテルギウス星からのフィルターを透過した光については，$\Delta A \sim 6$ m^2 であったので[1.3 節の式(9)]，

$$\Delta V \sim 6 \text{ m}^2 \times 5 \text{ m} = 30 \text{ m}^3 \tag{5}$$

となる．

式(2)は熱光源からの放射に関係するものである．しかし，コヒーレンス体積の概念は，より一般的に適用される．例えば，実験室でよく使われるヘリウムネオンレーザーを考える．レーザービームの断面は 1 mm^2，平均波長は $\overline{\lambda} = 6 \times 10^{-5}$ cm と仮定しよう．数秒間程度の短い時間間隔では，

$\Delta \omega \sim 10^6$ Hz という狭い帯域幅を保証する安定性を簡単に実現することができる．これは，実効的な波長幅が $\Delta \lambda \sim 1.2 \times 10^{-13}$ cm であることを意味する．1.2 節の式(2)によると，そのような短い時間間隔でのコヒーレンス長は

$$\Delta l = 2\pi \times \frac{3 \times 10^8 \text{ m s}^{-1}}{10^6 \text{ s}^{-1}}$$
$$\approx 1900 \text{ m} \tag{6}$$

程度となる．レーザービームがその断面全体にわたり空間的に完全にコヒーレントであると仮定すると(レーザーが単一モードで動作した場合)，式(1)よりコヒーレンス体積は

$$\Delta V \sim 1900 \text{ m} \times 10^{-6} \text{ m}^2 = 1.9 \times 10^{-3} \text{ m}^3 \tag{7}$$

となることがわかる．

　コヒーレンス体積の概念には，放射の量子論において対応するものがある．いわゆる**位相空間のセル**(cell of phase space)である．それは 3 つの位置座標と 3 つの運動量座標で構成される 6 次元位相空間における領域であり，その領域では光子は識別不可能となる．これについては，あとで簡単に議論する［付録 I (a)］．

問　題

1.1　準単色の実スカラー波が，点 P において N 個重ね合わせられるとする．その波は定数の振幅と，等しい平均周波数をもっている．以下のそれぞれ条件で，点 P における時間平均強度を表す式を求めよ．
　(1) それぞれの波の位相が定数の場合．
　(2) それぞれの波の位相が協調して振動する場合．すなわち，それらが互いに定数だけ異なる場合．
　(3) それぞれの波の位相が互いにランダムかつ独立にゆらぐ場合．

1.2　黒体放射(blackbody radiation)のスペクトル密度は，プランクの法則(Planck's law)

$$S(\nu) = \frac{8\pi h \nu^2}{c^3} \frac{1}{e^{h\nu/(k_B T)} - 1}$$

によって与えられる．ここで，h はプランク定数(Planck's constant)，k_B はボルツマン定数(Boltzmann constant)，c は真空中での光の速度，T は絶対温度，$\nu = \omega/(2\pi)$ は周波数である．

そのスペクトルがプランクの法則によって与えられる放射ビームのコヒーレンス長を評価し，それを $k_B T$ の関数としてプロットせよ．

1.3 オリオン座のベテルギウスは角直径が測定された最初の星である．それは0.047 秒であることがわかっている．平均波長を $\bar{\lambda} = 5.75 \times 10^{-5}$ cm として，フィルターを透過したこの星からの光の地球の表面上におけるコヒーレンス領域を求めよ．

第2章 数学的準備

2.1 確率過程の理論の基本的概念

前節でかなり発見的に導入した基本的概念は，ランダム現象を解析するために発展した数学的手法を利用するともっと正確になる．数学のこの分野は，**ランダム過程の理論**(theory of random processes)もしくは**確率過程の理論**(theory of stochastic processes)として知られる[1]．入門的な本書では，数学の定理やそれらの証明にはあまり深く立ち入らない．それよりも光のコヒーレンスと偏光の効果についてより深い理解を得る手助けとなるように，理論の基礎概念と結果にのみなじむようにしたい．

場を表す実変数 $x(t)$ を考えよう．それは，例えば，空間のある点および時刻 t における定常状態の電場の直交座標成分を表すかもしれない．時間の経過に伴う $x(t)$ の正確な振る舞いを予想することはできない．それは序文で触れたように，現実の場はすべて，常にランダムなゆらぎを受けているからである．

$x(t)$ はよく似た一連の実験によって測定され，図 2.1 に示すように

---

[1]【訳者注】実際には，"random process" についても「確率過程」と訳されることが多い．原著では，この一文を除き，全般的に "random process" と記述されているが，本書ではそれをすべて「確率過程」と訳した．

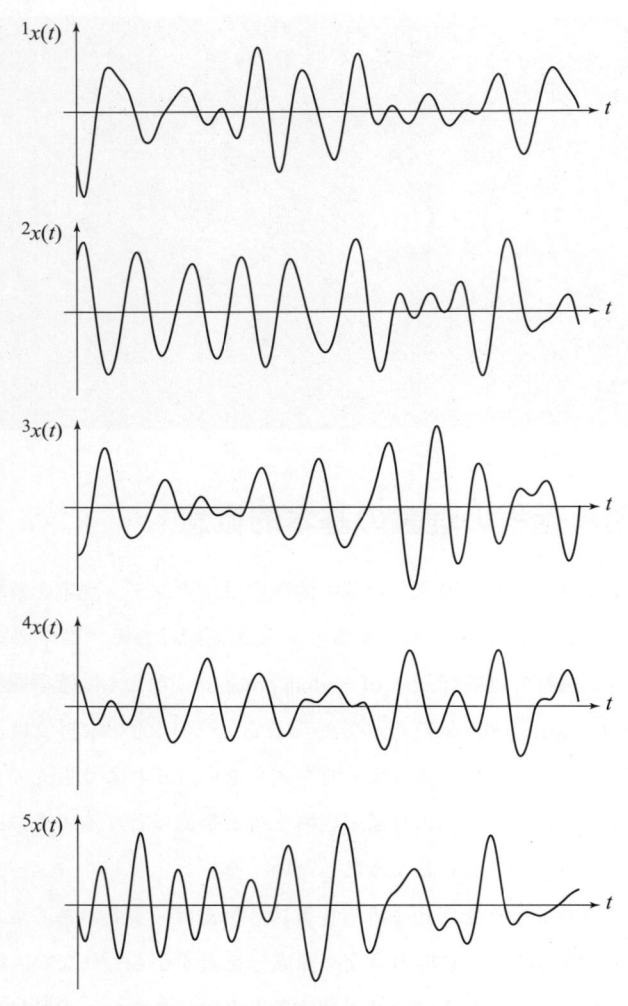

図 2.1 ランダム変数 $x(t)$ の実現要素(標本関数) $^j x(t)$ ($j = 1, 2, \ldots$) の集合.

$^1x(t)$, $^2x(t)$, $^3x(t)$, ... はその実験の結果であるとしよう.このとき,それをランダム関数 $x(t)$ の **実現要素の集合** (ensemble of realizations)[2] もしくはそ

---

[2]【訳者注】一般に,"realization" は「実現」と訳されるが,本書では日本語としての誤解を避けるべく

の**標本関数**(sample function)の集合とよぶ．もちろん，このような測定は場の変化が速いため光の周波数では実行できないが，概念的には集合の存在は明らかである．この種の実験はもっと低い周波数の放射を使って実行することができる．

すでに時間平均の概念に触れたが[1.1 節の式(9)]，集合の代表的な実現要素 $^k x(t)$ に対して，その時間平均は

$$\left\langle ^k x(t) \right\rangle_t = \lim_{T\to\infty} \frac{1}{2T} \int_{-T}^{T} {}^k x(t)\, dt \tag{1}$$

と定義される．同様に，ある決定論的関数 $F(x)$ の時間平均は，x を $x(t)$ の集合の標本関数 $^k x(t)$ とすると

$$\left\langle F[^k x(t)] \right\rangle_t = \lim_{T\to\infty} \frac{1}{2T} \int_{-T}^{T} F[^k x(t)]\, dt \tag{2}$$

と定義される．例えば，$F(x) = x^2$ のとき，

$$\left\langle F[^k x(t)] \right\rangle_t = \lim_{T\to\infty} \frac{1}{2T} \int_{-T}^{T} [^k x(t)]^2\, dt \tag{3}$$

となる．

確率過程の理論では，これまでとは異なるタイプの平均も定義する．それは，**アンサンブル平均**(ensemble average)[3] もしくは**期待値**(expectation value)とよばれ，以下のように導入される．最初に，相加平均

$$\frac{1}{N}[{}^1 x(t) + {}^2 x(t) + \cdots + {}^N x(t)] \tag{4}$$

を考え，形式的に極限 $N \to \infty$ を考えるとしよう．これを，

$$\langle x(t) \rangle_e = \lim_{N\to\infty} \frac{1}{N} \sum_{k=1}^{N} {}^k x(t) \tag{5}$$

文脈中での意味を考慮して「実現要素」と表記した．

3 【訳者注】 "ensemble average" を「集合平均」と表記する翻訳書もあるが，本書では確率統計論および統計光学の分野で広く認知されている「アンサンブル平均」を採用した．

と書く．これは $x(t)$ のアンサンブル平均（実現要素の集合全体の平均）の表し方のひとつであり，下つき文字 e のついた括弧 $\langle\ldots\rangle_e$ で表記される．

より抽象的には，和よりもむしろ積分を使ってアンサンブル平均を定義する．この目的のために，以下の意味をもつ確率密度（probability density） $p_1(x,t)$ を導入する．$p_1(x,t)\mathrm{d}x$ は，場を表すランダム変数が区間 $(x, x + \mathrm{d}x)$，時刻 t においてある値をとる確率を表す．確率密度 p_1 は $x(t)$ の実現要素の集合から推定することができる（図 2.1）．多数の実現要素 N 個の中で，x の値が区間 $(x, x + \mathrm{d}x)$ の範囲で n 回見つかるものとする．このとき，

$$p_1(x,t) \sim \frac{n}{N} \tag{6}$$

となる．$x(t)$ のアンサンブル平均は定義式(5)の自然な拡張とみなすことができ，これは式(6)を考慮すると

$$\langle x(t) \rangle_e = \int x p_1(x,t)\,\mathrm{d}x \tag{7}$$

と定義される．ここで積分範囲は，x のとり得るすべての範囲にわたる．ランダム変数 $x(t)$ は時間に依存するが，式(7)の右辺の積分に含まれている積分変数 x は時間に依存しないことを強調しておく．

式(7)は最も簡単な種類のアンサンブル平均，つまり $x(t)$ の平均（mean）を定義している．私たちは，例えば $F[x(t)]$ のアンサンブル平均のような，より一般的な平均も必要になる．ここで，$F(x)$ は再び，例えば，x^2 や $\sin x$ のような x に関する決定論的関数である．このときアンサンブル平均は，定義式(7)の明らかな拡張により

$$\langle F[x(t)] \rangle_e = \int F(x) p_1(x,t)\,\mathrm{d}x \tag{8}$$

と定義される．

確率過程の理論の基礎的な側面の説明に進む前に，熱放射光とレーザー光の確率密度の形について触れておく．例えば，白熱物体や気体放電から発生

する熱放射光については，場の変数を U とすると，その確率密度は

$$p_1(U) = \frac{1}{\sqrt{2\pi\langle I\rangle}} e^{-U^2/(2\langle I\rangle)} \tag{9}$$

となる[4]．ここで $\langle I\rangle = \langle U^2\rangle$ は平均強度であり，平均は統計的な集合に対して行われる．一方，単一モードレーザーの出力の確率密度 p_1 は，L. Mandel によって最初に示されたように[5]，式

$$p_1(U) = \begin{cases} \dfrac{1}{\pi\sqrt{\langle I\rangle - U^2}} & |U| < \sqrt{\langle I\rangle} \text{ のとき} \\ 0 & |U| > \sqrt{\langle I\rangle} \text{ のとき} \end{cases} \tag{10}$$

によって適切に近似される．

2 つの確率密度(9)および(10)をプロットしたものが図 2.2 に示されている．これらの確率密度の間の基本的な相違について記しておく．熱放射光においては，$U = 0$ の値が最も大きな確率値となる．一方，十分に安定化されたレーザーの出力では，その場合の値は最も小さな確率値となり，最も大きな確率値は安定化されたレーザー出力の強度の平方根 $U = \pm\sqrt{\langle I\rangle}$ の値である．さらに熱放射光では U がどのような値をとっても（非常に小さいかもしれないが）常に有限の確率をとるが，単一モードレーザーの出力では $|U| > \sqrt{\langle I\rangle}$ の際に確率は 0 となる．

---

4 これは，**中心極限定理**(central limit theorem)として知られる確率理論の一般的定理の結果である(M&W, 1.5.6 節を参照せよ)．この定理は，かなり一般的な条件の下で，N 個の独立なもしくは弱い依存性をもったランダム変数の和の確率分布が，N の増加に伴いガウス分布に近づくことを主張する．原子は通常の実験室の温度においては自然放出の過程で独立に放射するので，ランダム変数を異なる光源の要素(原子)に由来する全体の場への寄与とみなすと，式(9)が導かれる．

5 L. Mandel in *Quantum Electronics*, Proc. Third International Congress, N. Bloembergen and P. Grivet eds. (Columbia University Press, New York; Dunod, Paris, 1964), pp. 101-109. L. Mandel and E. Wolf, *Rev. Mod. Phys.* **37** (1965), 253 も見よ．J. W. Goodman, *Statistical Optics* (J. Wiley, New York, 1985), Section 4.4.1 では，同じ分布が少し異なるモデルから導出されている．
　確率密度(10)の $|U| = \sqrt{\langle I\rangle}$ における特異な振る舞いは，単一モードレーザーの出力のかなり理想化されたモデルによるものである．より現実的なモデルを使うと，そこでは，例えば，熱的ゆらぎやレーザー共振器ミラーの振動などによって引き起こされる位相ゆらぎの存在を考慮するが，確率分布は $|U| = \sqrt{\langle I\rangle}$ のときに無限大にはならず，むしろ鋭いピークをもつ．U の偏角の関数としてプロットすると，確率はよく知られたドーナツ状になる[例えば，O. Svelto, *Principles of Lasers*, third edition (Plenum Press, New York, 1989), Section 7.4 を参照せよ]．

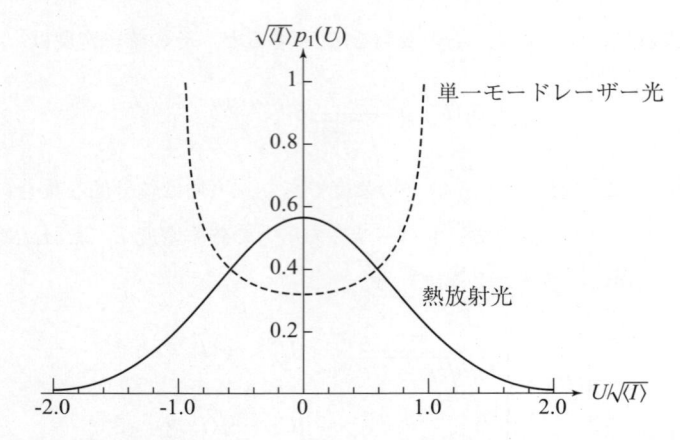

図 2.2 熱光源および単一モードレーザーからの光の場を表す変数 U の確率密度 $p_1(U)$. [L. Mandel in *Quantum Electronics*, Proc. Third International Congress, Eds. N. Bloembergen and P. Grivet (New York, Columbia University Press and Paris, Dunod, 1964, pp. 101-109) より改変]

　一般的な場合に戻ると，確率密度 $p_1(x,t)$ はいくつかのアンサンブル平均を定義するためには使えるが，ランダム関数の統計的特性を特徴づけるにはもはや適当ではない．なぜなら，$p_1(x,t)$ はたった 1 つの時間変数にしか依存していないからである．そのため，それは時刻 $t_1, t_2, \ldots, t_n$ におけるランダム変数の統計的振る舞いに関する問題や，その結果，$x(t_1)x(t_2)$ のような積の平均に関わる問題に答えを出すことはできない．確率過程を特徴づけるには，一連の確率密度

$$p_1(x_1; t_1), \quad p_2(x_1, x_2; t_1, t_2), \quad p_3(x_1, x_2, x_3; t_1, t_2, t_3), \ldots$$

が必要になる．$p_2(x_1, x_2; t_1, t_2)\mathrm{d}x_1\mathrm{d}x_2$ は，変数 x が区間 $(x_1, x_1 + \mathrm{d}x_1)$，時刻 t_1 においてある値をとり，かつ区間 $(x_2, x_2 + \mathrm{d}x_2)$，時刻 t_2 においてある値をとる確率を表している．より高次の確率密度 $p_3, p_4, \ldots$ も同様の意味をもつ．その結果，例えば，「積 $x(t_1)x(t_2)$ のアンサンブル平均は?」などという

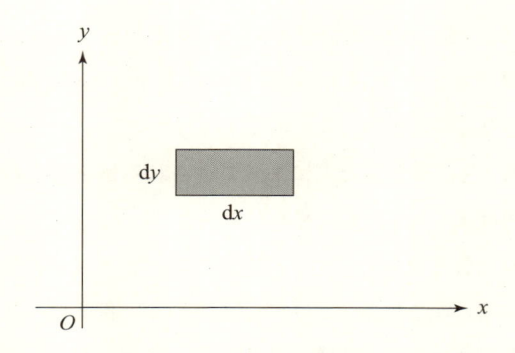

図 2.3　確率 $p_1(z,t)\mathrm{d}^2 z$ ($\mathrm{d}^2 z = \mathrm{d}x\,\mathrm{d}y$) に関係する要素 $\mathrm{d}^2 z$ の意味の説明.

問に答えることができる．その答えは，式

$$\langle x(t_1)x(t_2)\rangle_\mathrm{e} = \iint x_1 x_2 p_2(x_1, x_2; t_1, t_2)\,\mathrm{d}x_1\mathrm{d}x_2 \tag{11}$$

で与えられる．

これまでランダム関数は，t の実関数であると仮定してきた．今後は t の複素ランダム関数

$$z(t) = x(t) + \mathrm{i}y(t) \tag{12}$$

にしばしば直面することになる．ここで，$x(t)$ と $y(t)$ は実数である．これまで議論してきた概念は，これから示すように複素ランダム関数に簡単に拡張することができる．

複素確率過程 $z(t)$ の統計的特性は，

$$p_1(z_1; t_1),\quad p_2(z_1, z_2; t_1, t_2),\quad p_3(z_1, z_2, z_3; t_1, t_2, t_3),\ldots$$

という一連の確率密度によって特徴づけられる．最初の確率密度 $p_1(z_1; t_1)$ は，$\mathrm{d}^2 z_1 = \mathrm{d}x_1\mathrm{d}y_1$ をかけ算すると，時刻 t_1 において，ランダム変数 z が複素 z_1-平面上の $z_1 = x_1 + \mathrm{i}y_1$ の周りの要素 $\mathrm{d}^2 z_1 = \mathrm{d}x_1\mathrm{d}y_1$ 内に置かれた点によって示される値をとる確率を表す (図 2.3 を参照せよ)．2 番目の確率密度

$p_2(z_1, z_2; t_1, t_2)$ は，$d^2z_1 d^2z_2 \equiv dx_1 dy_1 dx_2 dy_2$ をかけ算すると，ランダム変数 z が時刻 t_1 において $z_1 = x_1 + iy_1$ の周りの要素 $d^2z_1 = dx_1 dy_1$ 内に置かれた点によって示される値をとり，かつ時刻 t_2 において $z_2 = x_2 + iy_2$ の周りの要素 $d^2z_2 = dx_2 dy_2$ 内に置かれた点によって示される値をとる確率を表す．より高次の確率密度 $p_3, p_4, \ldots$ も同様な意味をもつ．

複素ランダム変数を含むアンサンブル平均は，実ランダム変数を含むアンサンブル平均の明らかな拡張によって定義される．例えば，アスタリスクは複素共役を表し，積分は複素変数 z がとり得るすべての z_1 と z_2 の範囲で実行されるとすると，それは

$$\langle z^*(t_1) z(t_2) \rangle = \iint z_1^* z_2 p_2(z_1, z_2; t_1, t_2) \, d^2z_1 d^2z_2 \tag{13}$$

で与えられる．

以前，**定常状態**(steady state)について触れた．定常状態の過程(steady-state process)の概念は，**定常確率過程**(stationary random process)として知られるものの非専門的な用語と見なすことができる．これは，確率過程が時間の原点に依存しないことを意味する．より正確には，すべての確率密度 $p_1, p_2, p_3, \ldots$ が時間の原点を移動しても変化しない確率過程である．数学的に表現すると，これはすべての τ とすべての正の整数 n について

$$p_n(z_1, z_2, \ldots, z_n; t_1 + \tau, t_2 + \tau, \ldots, t_n + \tau) = p_n(z_1, z_2, \ldots, z_n; t_1, t_2, \ldots, t_n) \tag{14}$$

が成り立つことを意味する．このような状況の例は，星の像を形成する望遠鏡の焦点面上の点における光の振動である（ただし，星の寿命が有限であるかもしれないことを無視する）．

実定常場 $U(t)$ については，その平均強度 $\langle I(t) \rangle$ は時間に依存しない．なぜなら，

$$\langle I(t) \rangle_e = \langle U^2(t) \rangle_e = \int U^2 p_1(U, t) \, dU \tag{15}$$

であり，p_1 は時間の原点の移動に対して不変でなければならず t に依存しないからである．同様の説明が，複素定常ランダム変数 $V(t)$ に対しても成り立つ．この場合の平均強度は $\langle I(t) \rangle_e = \langle V^*(t)V(t) \rangle_e$ で与えられる．

私たちは今や時間平均とアンサンブル平均の 2 種類の平均になじんでいる．幸いなことに，定常場を扱う場合には，これらの 2 つの平均は通常は同じ値をもつことがわかっている．これは，いわゆる**エルゴート性**(ergodicity) の核心部分である．この概念について，これから簡単に議論しよう．

2.2 エルゴート性

広い意味で統計的に定常な過程は，確率過程の代表的な実現要素を $\xi = {}^k x(t)$ として，決定論的関数 $F(\xi)$ の時間平均がそれに対応するアンサンブル平均に等しければ，すなわち

$$\left\langle F[{}^k x(t)] \right\rangle_t = \left\langle F[x(t)] \right\rangle_e \tag{1}$$

であれば，**エルゴート的である**とよばれる．ここで，その時間平均は区間 $-\infty < t < \infty$ で実行される．より一般的には，$F(y_1, y_2, \ldots, y_n)$ を変数 $y_1, y_2, \ldots, y_n$ の決定論的関数であるとすると，エルゴート的である集合は

$$\left\langle F[{}^k x(t_1), {}^k x(t_2), \ldots, {}^k x(t_n)] \right\rangle_t = \left\langle F[x(t_1), x(t_2), \ldots, x(t_n)] \right\rangle_e \tag{2}$$

を満たす．このような恒等式は一見すると少し意外に見えるかもしれない．なぜなら，例えば，式 (1) の左辺は確率過程の実現要素の特定の選択 ${}^k x(t)$ に依存するように見え，時間には依存しないが，その右辺は特定の実現要素には依存せず時間に依存するように見えるからである．おそらく以下の例により，なぜこれら 2 つの種類の平均に等式が成り立つかを示すことができよう．

図 2.4 (a) に示されているような，定常確率過程のある特定の実現要素 ${}^k x(t)$ を考える．それを，それぞれが区間 $2T$ の長い切片に分けて，①，②，③，

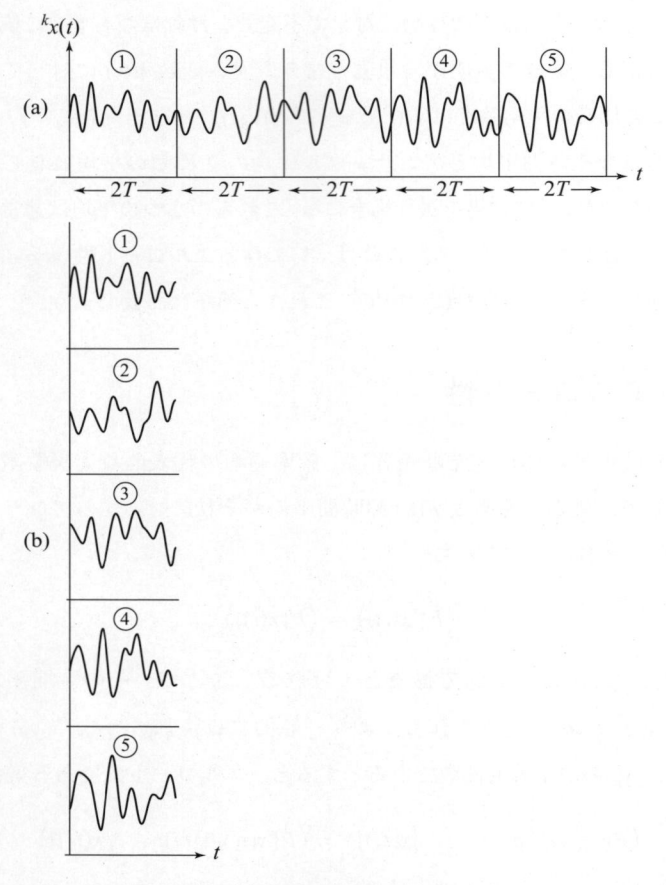

図 2.4 エルゴート性の意味の説明．定常確率過程 $x(t)$ の集合についての統計的な情報は，その過程の単一の標本関数 $^kx(t)$ に含まれている．その標本関数を多くの部分，①，②，③，...，に分割すると［(a)］，$x(t)$ の実現要素（標本関数）の有効な集合［(b)］となる．

...と名づけ，それぞれを図 2.4 (b) のように互いの下に配置することを想像しよう．エルゴート的である集合では，個々の切片すべてが $^kx(t)$ を要素とする $x(t)$ の集合の代表であると考えてよい．図 2.4 (b) に示される集合はもとの集合の 1 つの実現要素 $^kx(t)$ から導出されるので，1 つの実現要素 (a) か

ら導かれる統計的情報と，実現要素の集合(b)から導かれる統計的情報は等しくなると予想されよう．

今後は，定常かつエルゴート的である集合を扱うものと仮定する．その結果，時間平均とアンサンブル平均を区別する必要はなく，そのため今後は期待値を表す括弧 ⟨...⟩ の下つき文字 t と e を省くことにする．

2.3　実信号の複素表示と狭帯域信号の包絡線

通常の取り扱いでは，実単色場を扱うとき，それを複素単色場と関連づけると便利なことが多い（例えば，B&W の 1.4.3 節を参照せよ）．関連づけられた複素場を利用すると，特に，場の変数の 2 乗で与えられる量，例えば強度の平均が含まれる場合に計算が簡単になる．同様の手順をこれから説明するが，これは例えば熱光源から発生する波動場のような実ランダム場を扱う場合に役に立つ．

$U(t)$ をゆらぎをもつ実数の量とする．これは，例えば，ある点における電場の直交座標成分を表すかもしれない．この量をフーリエ積分形式

$$U(t) = \int_{-\infty}^{\infty} u(\omega) e^{-i\omega t} d\omega \tag{1}$$

で表現しよう．$U(t)$ は実数なので，それはその複素共役に等しく，これを利用すると

$$u(-\omega) = u^*(\omega) \tag{2}$$

となることがすぐにわかる．ここで，アスタリスクは複素共役を表す．この結果は，負の周波数成分には正の周波数成分に含まれない情報は存在しないことを意味している．そのため，負の周波数成分を省くことができ，関数 $U(t)$ の代わりに

$$V(t) = \int_{0}^{\infty} u(\omega) e^{-i\omega t} d\omega \tag{3}$$

を用いることができる．$V(t)$ は実信号 $U(t)$ に関連づけられた**複素解析信号**（complex analytic signal）として知られる．この名称は，関数 $V(t)$ を**複素数** t の関数とみると，それが複素 t-平面の下半分で解析的であることに由来している（B&W, 3.1 節）．さらに，

$$V(t) = \frac{1}{2}[V^{(r)}(t) + iV^{(i)}(t)] \tag{4}$$

を示すこともできる [M&W, 式 (2.1-57)]．ここで，関数 $V^{(r)}(t) = U(t)$ と $V^{(i)}(t)$ はいわゆるヒルベルト変換対（時には共役対ともよばれる）の関係となっている．さらに，$V^{(r)}(t)$ が定常ランダム変数であれば

$$\langle [V^{(r)}(t)]^2 \rangle = \frac{1}{2}\langle V^*(t)V(t) \rangle \tag{5}$$

となる．期待値はしばしば平均強度を表すため，期待値 $\langle V^*(t)V(t) \rangle$ もまた平均強度の評価量とみなされることを式 (5) は示している．

　解析信号は，狭帯域場の包絡線を表す際に特に便利である．これを確かめるために，最初に周波数 ω_0 の厳密に単色の実信号 $x(t)$

$$x(t) = a\cos(\psi - \omega_0 t) \tag{6}$$

を考えよう．ここで，a と ψ は信号の振幅と位相であり，共に定数である．式 (6) は

$$x(t) = \frac{1}{2}\xi_0 e^{-i\omega_0 t} + \frac{1}{2}\xi_0^* e^{i\omega_0 t} \tag{7}$$

と書き換えることができる．ここで，

$$\xi_0 = ae^{i\psi} \tag{8}$$

である．式 (7) は，$x(t)$ のフーリエスペクトルは，中心周波数が ω_0 と $-\omega_0$ の 2 つのデルタ関数によって構成されていることを意味している [図 2.5 (a) を参照せよ]．

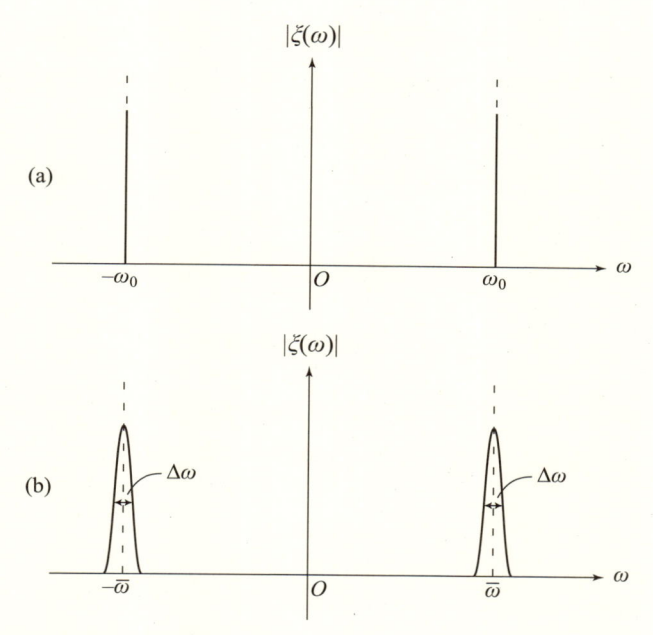

図 2.5　周波数 ω_0 の単色信号のフーリエスペクトルが(a)に示され，平均周波数 $\overline{\omega}$ および帯域幅 $\Delta\omega \ll \overline{\omega}$ の準単色実信号のフーリエスペクトルが(b)に示されている．

次に，$x(t)$ は厳密には単色ではなく，その平均周波数 $\overline{\omega}$ に比べて小さい狭い帯域幅 $\Delta\omega$ をもつと考えよう．すなわち

$$\frac{\Delta\omega}{\overline{\omega}} \ll 1 \tag{9}$$

を満たすと考える．このような狭帯域信号は，**準単色**であるといわれる．このような信号の代表的なフーリエスペクトルが図 2.5 (b)に示されている．しばしばこれを，式(6)を拡張した形式，つまり

$$x(t) = a(t)\cos[\psi(t) - \overline{\omega}t] \tag{10}$$

と表現する．このような信号の振幅と位相は，もはや単色信号のように定数とはならず時間と共に変動する．しかし，直観的におそらく明らかであり初

等的なフーリエ解析によって確認できるように，それらの変動は $\overline{\omega}t$ による変動に比べて非常に遅く，帯域幅の逆数 $1/\Delta\omega$ に比べて小さい間隔では本質的に一定のままである．しかし，式(10)の表示法はやや曖昧であることに注意すべきである．それは，式(10)は2つの実関数 $a(t)$ および $\psi(t)$ を実関数 $x(t)$ に関連づけており，このような関連づけは一意ではないからである．解析信号表示によって，この非一意性を避けることができる．解析信号

$$z(t) = \frac{1}{2}[x(t) + \mathrm{i}y(t)] \tag{11}$$

を $x(t)$ に関連づけることにより，複素包絡線を定義する[式(4)と比較せよ]．ここで，$y(t)$ は $x(t)$ の共役（ヒルベルト変換）である．$y(t)$ は

$$y(t) = a(t)\sin[\psi(t) - \overline{\omega}t] \tag{12}$$

と表現される．このように2つの方程式(12)および(10)を得たが，これらの式から $a(t)$ と $\psi(t)$ を(m を整数として，明らかに曖昧な相加的位相因子 $2m\pi$ を除いて)一意に決定することができる．

　関数

$$2z(t) = [x(t) + \mathrm{i}y(t)]$$
$$= a(t)\mathrm{e}^{\mathrm{i}[\psi(t) - \overline{\omega}t]} \tag{13}$$

は，**狭帯域信号 $x(t)$ の複素包絡線**と見ることができる．

　これまで $x(t)$ を決定論的関数とみなしてきた．それに代わって $x(t)$ を，そのスペクトル密度が平均周波数 $\overline{\omega}$ よりも十分に小さい実効的帯域幅 $\Delta\omega$ をもつ定常な準単色ランダム関数とする．そのようなランダム関数は，準単色信号の集合によって記述される．その統計的特性は，振幅関数 $a(t)$ と位相関数 $\psi(t)$ の統計的振る舞いに完全に反映されることは明らかである．

2.4 自己相関関数と相互相関関数

実確率過程 $x(t)$ に関係する最も重要な 2 つの期待値は，平均

$$m(t) \equiv \langle x(t) \rangle \tag{1}$$

と**自己相関関数**[6]（共分散関数[7]としても知られる）[8]

$$R(t_1, t_2) \equiv \langle x(t_1) x(t_2) \rangle \tag{2}$$

である．

統計的に定常な過程を仮定しよう．そのとき平均は時間変数 t に独立であり，自己相関関数は 2 つの時間変数 t_1 および t_2 の差 $\tau = t_2 - t_1$ にのみ依存する．そのため $R(t_1, t_2)$ の代わりに $R(\tau)$ と書くことができる．つまり，

$$R(\tau) = \langle x(t) x(t + \tau) \rangle \tag{3}$$

となる．この関数は，τ を固定した場合，2.1 節の終わりにかけて触れた**統計的類似性**という直観的概念に対する定量的な評価量となる．図 2.6 に示されるように，実現要素 $^k x(t)$ とそれを「シフトさせた」$^k x(t + \tau)$ をプロットしよう．ただし，単純化のために，$\langle ^k x(t) \rangle_t = 0$ が仮定されている．明らかに，$R(\tau)$ は $\tau = 0$ のときに最大値をとる．τ が増加すると，$x(t)$ の正の値のいくつかは $x(t + \tau)$ の負の値によって相殺されるので，一般に $R(\tau)$ は減少する．実際，その過程がエルゴート的であるならば，$\tau \to \infty$ のとき $R(\tau) \to 0$ となることが示される．$R(\tau)$ の実効幅は $x(t)$ と $x(t + \tau)$ に相関（ある種の統

---

[6]【訳者注】原文では，"autocorrelation function".

[7]【訳者注】原文では，"covariance function".

[8] $x(t)$ の平均 $m(t)$ が 0 でなければ，自己相関関数 $R(t_1, t_2)$ の代わりに**中心化**自己相関関数 (centered autocorrelation function)

$$\bar{R}(t_1, t_2) \equiv \langle [x(t_1) - m(t_1)][x(t_2) - m(t_2)] \rangle$$

を利用する．

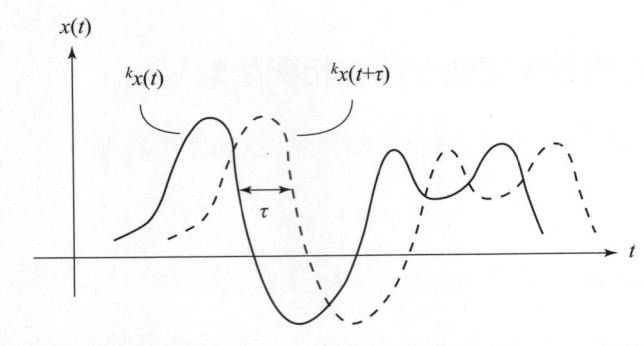

図 2.6 統計的類似性の評価量としての平均値 0 の実確率過程 $x(t)$ の自己相関関数の重要性の説明. 異なる時刻 t および $t+\tau$ における標本関数の間隔 τ が徐々に増加するにつれて, $^{k}x(t)$ と $^{k}x(t+\tau)$ は t のそれぞれの値に対してまったく異なる値をとり, 両者の積において正と負の寄与が相殺するようになる.

計的類似性)が存在する時間の尺度となることは明らかである. $R(\tau)$ の実効幅は, 明らかに, 前に大ざっぱな関係式を使ってかなり発見的に導入したコヒーレンス時間の概念に対するより正確な評価量となっている[1.2 節の式 (1)].

自己相関関数 $R(\tau)$ は多くの便利な性質をもっている. その中のいくつかは定義から直接導かれ, その他は簡単に導出できる. 最も重要な性質は

$$R(0) \geq 0 \tag{4a}$$

$$R(-\tau) = R(\tau) \tag{4b}$$

$$|R(\tau)| \leq R(0) \tag{4c}$$

である.

自己相関関数のフーリエ変換は必ず非負になることを主張する定理がある. この定理は定常確率過程のスペクトルの定義に関係し(2.5 節を参照せよ), **ボホナーの定理**(Bochner's theorem)として知られる(M&W, p.18).

ランダム変数が複素数のとき, $x(t)$ に代わりに $z(t)$ と書き, その自己相関

関数を実過程 $x(t)$ の場合と少し似た方法で定義する．もし，複素過程が定常性をもち平均値が 0 であれば，式(3)の代わりに

$$R(\tau) \equiv \langle z^*(t)z(t+\tau) \rangle \tag{5}$$

を得る．ここで，アスタリスクは複素共役を表す．不等式(4a)と(4c)は同様に成立するが，式(4b)の代わりに

$$R(-\tau) = R^*(\tau) \tag{6}$$

が成立する．

あとで 2 つの確率過程 $z_1(t)$ と $z_2(t)$ を含む状況に対する自己相関関数の拡張も必要になる．これらの過程は，例えば，2 点 P_1 および P_2 における場の変数を表すかもしれない．これらの過程が結合定常性をもつこと，つまり $z_1(t)$ と $z_2(t)$ の結合確率が時間の原点の移動に対して変化しないと仮定すると，それらの相関の尺度はいわゆる**相互相関関数**(cross-correlation function)

$$R_{12}(\tau) = \langle z_1^*(t)z_2(t+\tau) \rangle \tag{7}$$

となる．それは以下の性質

$$|R_{12}(\tau)| \leq \sqrt{R_{11}(0)R_{22}(0)} \tag{8a}$$

および

$$R_{12}(-\tau) = R_{21}^*(\tau) \tag{8b}$$

をもつ．

確率過程を特徴づけるいろいろなパラメーターの中で，平均 $m(t)$ と自己相関関数 $R(t_1, t_2)$ は特に有用である．平均が時間に依存せず，自己相関関数が時間差 $t_2 - t_1$ のみに依存するとき，その過程は**広義の定常性をもつ**(stationary in the wide sense)という．明らかに，(厳密に)定常な過程(つまり，すべての確率密度が時間の原点の移動により変化しない過程)は広義の定常性をもつが，その逆はもちろん必ずしも正しくない．

2.4.1 ランダムな振幅をもつ周期成分の有限和の自己相関関数

ある種の定常確率過程の自己相関関数の振る舞いを解析しよう．この確率過程は 2.5 節で議論する定常確率過程のスペクトルの概念に関係している．

集合
$$z(t) = \{^k z(t)\} \qquad (k = 1, 2, 3, \ldots, M) \tag{9}$$
によって表現される確率過程を考える．ここで，個々の実現要素 $^k z(t)$ は，周波数 $\omega_1, \omega_2, \ldots, \omega_M$ をもつ周期成分の和，すなわち
$$^k z(t) = {}^k\zeta_1 e^{-i\omega_1 t} + {}^k\zeta_2 e^{-i\omega_2 t} + \cdots + {}^k\zeta_M e^{-i\omega_M t} \tag{10}$$
であり，$^k\zeta_m$ ($m = 1, 2, 3, \ldots$) は（一般的には複素）ランダム変数である．それぞれの m について，$^k\zeta_m$ は平均値が 0，つまり
$$\langle {}^k\zeta_m \rangle = 0 \qquad (m = 1, 2, \ldots, M) \tag{11}$$
であると仮定し，さらにこの過程は少なくとも広義の**定常性**をもつと仮定する．

この確率過程の自己相関関数は
$$\begin{aligned} R(\tau) &\equiv \langle z^*(t) z(t + \tau) \rangle \\ &= \left\langle \left(\sum_{m=1}^{M} \zeta_m^* e^{i\omega_m t} \right) \left(\sum_{n=1}^{M} \zeta_n e^{-i\omega_n(t+\tau)} \right) \right\rangle \\ &= \sum_{m=1}^{M} \sum_{n=1}^{M} \langle \zeta_m^* \zeta_n \rangle e^{-i(\omega_n - \omega_m)t} e^{-i\omega_n \tau} \end{aligned} \tag{12}$$
となる．この過程は定常性をもつので，右辺は t について独立でなければならず，これは明らかに
$$\langle \zeta_m^* \zeta_n \rangle = 0 \qquad n \neq m \text{ のとき} \tag{13}$$

を満たすときだけ成立する．つまり，**異なる周波数の周期項は無相関でなければならない**．そのため，式(12)は簡単になり

$$R(\tau) = \sum_{m=1}^{M} \langle \zeta_m^* \zeta_m \rangle e^{-i\omega_m \tau} \tag{14}$$

と表される．自己相関関数 $R(\tau)$ はその過程の標本関数(10)に含まれるものと同じ周波数 $\omega_1, \omega_2, \ldots, \omega_M$ の周期項の和となること，そして個々の周波数 ω_m のスペクトル成分は(単位系の選択に依存する比例定数を除き)その過程の個々の周期成分の平均「エネルギー」(もしくは，平均「パワー」)に比例することがわかる．自己相関関数は標本関数の周期成分の位相について，何の情報も提供しないことに注意しておく．この過程は明らかにエルゴート的ではない．それは前に触れたように，エルゴート的である過程では $\tau \to \infty$ のときに $R(\tau) \to 0$ であるが，式(14)はこの条件を満たしていないからである．

2.5　スペクトル密度とウィーナー‐ヒンチンの定理

　フーリエスペクトルは，展開されるいろいろな周波数の周期成分の強さに関する情報を与え，物理学や工学の多くの分野で重要な概念となっている．これは，実際に遭遇する多くの決定論的関数に適用することができる．

　定常確率過程の標本関数を対象とする場合は，状況はもっと複雑である．そのような関数はフーリエ表示をもたない．なぜなら，それらは時間間隔 $-\infty < t < \infty$ で定義され，$t \to \infty$ および $t \to -\infty$ のとき 0 に漸近しないからである．このような関数を調和成分，つまり周期成分に展開する試みには，長く豊富で魅力ある歴史があるが，それらをここで議論することはできない．ここでは，(広義の)定常確率過程のスペクトルという重要な概念を導入するために，それらの形式的な展開がどのように利用されるかのみを示すこ

とにする．このような過程のスペクトルを厳密に定義する際に直面する，数学的に困難な問題については無視することにする[9]．

広義の定常性をもつ平均値が0の，つまり

$$\langle z(t) \rangle = 0 \tag{1}$$

の複素確率過程 $z(t)$ を考える．形式的に代表的な実現要素をフーリエ積分

$$^k z(t) = \int_{-\infty}^{\infty} {}^k \zeta(\omega) e^{-i\omega t} \, d\omega \tag{2}$$

として表現しよう．次に，式(2)を逆変換すると

$$^k \zeta(\omega) = \frac{1}{2\pi} \int_{-\infty}^{\infty} {}^k z(t) e^{i\omega t} \, dt \tag{3}$$

が得られ，その結果，任意の2つの周波数 ω と ω' の値に対して

$$^k \zeta^*(\omega) \, ^k \zeta(\omega') = \frac{1}{(2\pi)^2} \int_{-\infty}^{\infty} \int_{-\infty}^{\infty} {}^k z^*(t) \, ^k z(t') e^{-i\omega t} e^{i\omega' t'} \, dt dt' \tag{4}$$

が成立する．$t' = t + \tau$ とおき，両辺のアンサンブル平均をとり，形式的にアンサンブル平均と積分の順序を交換しよう．このとき，式

$$\langle \zeta^*(\omega) \zeta(\omega') \rangle = \frac{1}{(2\pi)^2} \int_{-\infty}^{\infty} \int_{-\infty}^{\infty} R(\tau) e^{i(\omega' - \omega)t} e^{i\omega' \tau} \, dt d\tau \tag{5}$$

を得る．ここで，

$$R(\tau) = \langle z^*(t) z(t + \tau) \rangle \tag{6}$$

は2.4節で扱った確率過程の自己相関関数である．式(5)の右辺の t に関する積分はすぐに実行でき，その結果はディラックのデルタ関数(Dirac delta function)

$$\frac{1}{2\pi} \int_{-\infty}^{\infty} e^{i(\omega' - \omega)t} \, dt = \delta(\omega' - \omega) \tag{7}$$

---

[9] 厳密な取り扱いには，**一般関数論** (generalized function theory)ともよばれる**超関数論** (distribution theory)が必要になる．このテーマに関する優れた説明は H. M. Nussenzveig, *Causality and Dispersion Relations* (Academic Press, New York, 1972), Appendix A, pp.362-390 に与えられている．

に比例する．そのため，式(5)は

$$\langle \zeta^*(\omega)\zeta(\omega') \rangle = S(\omega)\delta(\omega - \omega') \tag{8}$$

となる．ここで，

$$S(\omega) = \frac{1}{2\pi} \int_{-\infty}^{\infty} R(\tau) e^{i\omega\tau} d\tau \tag{9a}$$

である．式(9a)のフーリエ逆変換を行うと，

$$R(\tau) = \int_{-\infty}^{\infty} S(\omega) e^{-i\omega\tau} d\omega \tag{9b}$$

を得る．

　式(8)と(9)は2つのことを意味する．1つ目は，広義の定常性をもつ確率過程においては，異なる周波数の(一般化された)スペクトル成分は相関をもたないこと，そして2つ目は「自分自身との相関」($\omega' = \omega$ の場合)の「強さ」は式(9a)によると確率過程の自己相関関数 $R(\tau)$ のフーリエ変換 $S(\omega)$ に等しいことを示している．$S(\omega)$ は形式的に式(8)で**定義**され，(定常)確率過程 $z(t)$ の**スペクトル密度**[10](**スペクトル**，**パワースペクトル**，もしくは**ウィーナースペクトル**[11]としても知られる)として知られる．

　$S(\omega)$ がスペクトルの直観的な概念と一致するために，それはもちろん非負でなければならない．これが成り立つことは定義式(8)からほぼ明らかであり，2.4節で触れたボホナーの定理を式(9a)に適用すると厳密に導くことができる．

　式(8)および(9)の結果は，異なる周波数の周期成分の有限和で構成される定常確率過程に関連して，2.4節で扱った結果の自然な拡張となっている．

　式(8)の右辺のディラックのデルタ関数は，両辺を ω' について小さな範囲 ($\omega - \frac{1}{2}\Delta\omega \leq \omega' \leq \omega + \frac{1}{2}\Delta\omega$) で積分し，そして $\Delta\omega \to 0$ とすることで除去す

---

10 【訳者注】原文では，"spectral density".
11 【訳者注】原文では，それぞれ "spectrum"，"power spectrum"，"Wiener spectrum".

ることができる．つまり，

$$S(\omega) = \operatorname*{Lim}_{\Delta\omega \to 0} \int_{\omega - \frac{1}{2}\Delta\omega}^{\omega + \frac{1}{2}\Delta\omega} \langle \zeta^*(\omega)\zeta(\omega') \rangle \, d\omega' \tag{10}$$

となる．小さな周波数範囲での積分は，ある種の平滑化(smoothing)を表す．実際，平滑化は定常確率過程の単一の実現要素からスペクトルを評価する場合に，不可欠となる(図 2.7 を参照せよ)[12]．

式(9)は定常確率過程の基本的関係であり，いわゆる**ウィーナー・ヒンチンの定理**(Wiener-Khintchine theorem)を表している．言葉で表現すると，この定理は**平均値が 0 の広義の定常性をもつ確率過程のスペクトル** $S(\omega)$ **とその自己相関関数** $R(\tau)$ **はフーリエ変換対をなす**ことを表している．

あとで利用するために，スペクトル密度の概念とウィーナー-ヒンチンの定理の概念を，単一の確率過程 $z(t)$ から，少なくとも広義の結合定常性をもつ 2 つの確率過程 $z_1(t)$ および $z_2(t)$ に拡張する必要がある．光学では，$z_1(t)$ および $z_2(t)$ は，しばしば空間の 2 点における(複素解析信号で表現される)ゆらぎをもつ光の場を表す．式(8)と(9)を導出した際とまったく同様の解析を行うことにより，

$$\langle \zeta_1^*(\omega)\zeta_2(\omega') \rangle = W_{12}(\omega)\delta(\omega - \omega') \tag{11}$$

---

[12] 代わりに，平滑化はアンサンブル平均によっても行うことができる．より具体的には，

$$S(\omega) = \operatorname*{Lim}_{T \to \infty} \left\langle \frac{|\zeta(\omega, T)|^2}{2T} \right\rangle \tag{10a}$$

を示すことができる[例えば，S. Goldman, *Information Theory* (Prentice Hall, New York, 1955), p. 244 を参照せよ]．ここで，

$$\zeta(\omega, T) = \frac{1}{2\pi} \int_{-\infty}^{\infty} z_T(t) e^{i\omega t} \, dt \tag{10b}$$

は区切られた過程(truncated process)

$$z_T(t) = \begin{cases} z(t) & |t| \leq T \text{ のとき} \\ 0 & |t| > T \text{ のとき} \end{cases}$$

のフーリエ変換である．アンサンブル平均と極限操作($T \to \infty$)は式(10a)に記された順序で行わなくてはならない．実際，括弧 $\langle \ldots \rangle$ 内の式の極限 $T \to \infty$ は，一般には存在しない．

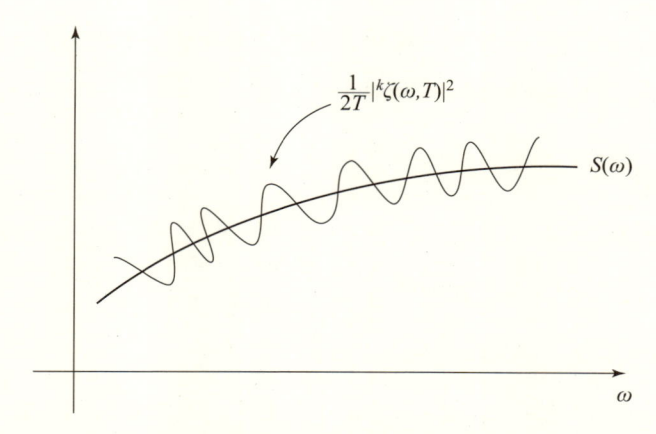

図 2.7 少なくとも広義の定常性をもつ確率過程のスペクトル $S(\omega)$ と,任意の区間 $-T \leq t < T$ で区切られた過程の単一の実現要素 ${}^k z(t)$ のフーリエ変換によって得られるスペクトル

$$ {}^k\zeta(\omega, T) = \frac{1}{2\pi} \int_{-T}^{T} {}^k z(t) e^{i\omega t} \, dt $$

の概念図.一般に,真のスペクトル $S(\omega)$ は平滑化なしに,その過程の単一の実現要素から得ることはできない.2.5 節の式 (10a) で示したように,アンサンブル平均を行うことは,平滑化の 1 つの方法である.

を得る.ここで,

$$ W_{12}(\omega) = \frac{1}{2\pi} \int_{-\infty}^{\infty} R_{12}(\tau) e^{i\omega\tau} \, d\tau \tag{12a} $$

であり,これを逆変換すると

$$ R_{12}(\tau) = \int_{-\infty}^{\infty} W_{12}(\omega) e^{-i\omega\tau} \, d\omega \tag{12b} $$

となる.式 (11) において,$\zeta_1(\omega)$ と $\zeta_2(\omega)$ は,それぞれ $z_1(t)$ と $z_2(t)$ の一般化されたフーリエ変換である.式 (12a) で定義される関数 $W_{12}(\omega)$ は $z_1(t)$ と $z_2(t)$ の**相互スペクトル密度**(cross-spectral density)として知られる.関数

$$ R_{12}(\tau) = \langle z_1^*(t) z_2(t+\tau) \rangle \tag{13} $$

は 2 つの確率過程の相互相関関数であり,その主な性質は 2.4 節で触れた.

式 (12a) と (12b) の対を**一般化されたウィーナー・ヒンチンの定理** (generalized Wiener-Khintchine theorem) とよぶ.

問 題

2.1 実信号
$$x(t) = \begin{cases} 1 & -1 \leq t \leq 1 \text{ のとき} \\ 0 & \text{それ以外のとき} \end{cases}$$

に関連づけられた解析信号を求めよ.

2.2 $x(t)$ は実信号で,$|\omega_1| \leq |\omega| \leq |\omega_1 + \Delta|$ の範囲に帯域制限されている.実包絡線の 2 乗 $a^2 = 4|z(t)|^2$ は $-\Delta \leq \omega \leq \Delta$ の範囲に帯域制限されることを示せ.

2.3 実確率過程
$$x(t) = a\sin(\omega t + \theta)$$

を考える.ここで,a と ω は定数であり,θ はランダム変数である.過程 $x(t)$ が広義の定常性をもつための θ に関する必要十分条件を求めよ.そのようなランダム変数 θ の具体例も挙げよ.

2.4 $x(t)$ は広義の定常性をもつ平均値が 0 の実確率過程である.個々の標本関数を関連する解析信号に置き換えることによって,$x(t)$ から得られる複素過程 $z(t)$ も,また広義の定常性をもち平均値が 0 であることを示せ.

2.5 確率過程 $x(t) = A$ は,区間 $(-1, 1)$ において一様に分布している.ここで,A はランダム変数である.
 (a) この過程の標本関数を描け.
 (b) 以下によって定義される $x(t)$ の自己相関関数を求めよ.
  (i) 時間平均
  (ii) アンサンブル平均
 (c) $x(t)$ は広義の定常性をもつか? また,それは厳密な定常性をもつか?
 (d) $x(t)$ はエルゴート的な確率過程か?
   (c) と (d) に対する解答には証明をつけよ.

2.6 $x(t)$ は広義の定常性をもつ実確率過程であり,$y(t)$ は $x(t)$ に線形フィルター

を施すことにより,関係式

$$y(t) = \int_{-\infty}^{\infty} K(t-t')x(t')\,dt'$$

から得られる過程である.$y(t)$ もまた広義の定常性をもつ確率過程であることを示し,(i) 2つの過程の自己相関関数の間の関係と,(ii) 2つの過程のパワースペクトルの間の関係を導出せよ.

2.7 確率過程

$$x(t) = a_1 \cos(\omega_1 t - \phi_1) + a_2 \cos(\omega_2 t - \phi_2)$$

の自己相関関数を求めよ.ここで,a_1, a_2, ω_1,および ω_2 は既知の定数,ϕ_1 および ϕ_2 は,それぞれが区間 $(0, 2\pi)$ で一様に分布する互いに独立したランダム変数とする.

この過程のパワースペクトルも求めよ.

2.8 $z(t)$ は平均値が 0 の複素定常ガウス確率過程である.

$$z_T(t) = \begin{cases} z(t) & |t| \leq T \text{ のとき} \\ 0 & |t| > T \text{ のとき} \end{cases}$$

とおき,$\xi(\omega, T)$ を $z_T(t)$ のフーリエ逆変換とする.さらに

$$S_T(\omega) = \frac{\xi^*(\omega, T)\xi(\omega, T)}{2T}$$

および

$$S(\omega) = \lim_{T \to \infty} \langle S_T(\omega) \rangle$$

とする.$S(\omega) \neq 0$ となる任意の周波数 ω に対して,$S_T(\omega)$ の分散は,$T \to \infty$ のとき,0 に漸近しないことを示せ.標本関数の1つからその過程のスペクトル密度を決定する問題に対して,この結果はどのような意味をもつか.

2.9 実定常確率過程 $x(t)$ の自己相関関数を

$$R(\tau) = \begin{cases} 1 - |\tau|/T & |t| < T \text{ のとき} \\ 0 & \text{それ以外のとき} \end{cases}$$

とする.この過程のパワースペクトルを求めよ.

2.10 2つの確率過程

$$x(t) = u\cos(\omega t) + v\sin(\omega t), \qquad y(t) = -u\sin(\omega t) + v\cos(\omega t)$$

を考える．ここで，u と v は平均値が 0 で同じ分散をもつ，互いに相関のないランダム変数である．
 (i) この 2 つの過程の相互相関関数を求めよ．
 (ii) この 2 つの過程が広義の結合定常性をもつか調べよ．
 (iii) この 2 つの過程が，それらの相互相関関数についてエルゴート的であるか調べよ．

第3章 空間-時間領域における2次のコヒーレンス現象

3.1 定常な光の波動場の干渉法則．相互コヒーレンス関数と複素コヒーレンス度

1.1 節で，2 本の光ビームが干渉するためには単色である必要はなく，2 本のビームの光の振動が互いに「統計的に類似している」ことだけが必要であると指摘した．ここではヤングの干渉実験を利用して，統計的類似性の定量的な評価量を導入する．

少なくとも広義の定常性をもつと仮定される光が，遮光スクリーン $\mathcal{A}$ 上のピンホール Q_1 および Q_2 を照明すると考える（図 3.1）．$V(Q_1, t)$ と $V(Q_2, t)$ は時刻 t におけるピンホール上の光の振動を表すものとする．簡単化のために，$V(Q, t)$ を（複素）スカラーであると考える．ベクトル場への拡張は，第 8 章で議論される．ピンホールを含むスクリーン $\mathcal{A}$ の後ろに置かれたスクリーン $\mathcal{B}$ 上の，点 P 付近の平均強度分布を解析しよう．

R_1 および R_2 は，それぞれ距離 Q_1P および Q_2P を表すものとする．ピンホール Q_1 および Q_2 からの光は，点 P に届くまでに

$$t_1 = \frac{R_1}{c}, \qquad t_2 = \frac{R_2}{c} \tag{1}$$

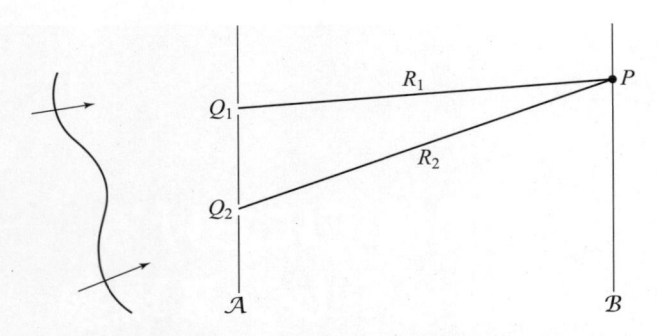

図 3.1 準単色光を使ったヤングの干渉実験に関係する記号.

の時間がかかるので，$V(P,t)$ は式

$$V(P,t) = K_1 V(Q_1, t-t_1) + K_2 V(Q_2, t-t_2) \tag{2}$$

で与えられる．ここで，係数 K_1 および K_2 はピンホールでの回折を考慮するものであり，式(1)の c は真空中での光の速度を表す．ホイヘンス - フレネルの原理（Huygens-Fresnel principle）より（B&W, 8.2 節），入射角およびピンホールでの回折が十分に小さければ，

$$K_j \approx -\frac{\mathrm{i}}{\lambda R_j} \mathrm{d}\mathcal{A}_j \qquad (j=1,2) \tag{3}$$

が成り立つ[1]．ここで $\mathrm{d}\mathcal{A}_1$ と $\mathrm{d}\mathcal{A}_2$ は 2 つのピンホールの面積，$\overline{\lambda}$ は入射光の平均波長である．

光のゆらぎは非常に素早いので，$V(P,t)$ の時間的な振る舞いを観察することはできないが，強度の期待値 $I(P) \equiv \langle I(P,t) \rangle = \langle V^*(P,t) V(P,t) \rangle$ は測定することができる．定常性が仮定されているので，その期待値は時間に依存しな

---

[1] 本解析では，B&W とは少し異なるかたちで係数 K を定義すると便利である．ここでは，K の定義の中に $\mathrm{d}\mathcal{A}_j/R_j$ の項を含めることにより，K を無次元にしている．

い．式(2)を利用すると，$\mathcal{R}e$ を実数部分を表すものとして，

$$I(P) = |K_1|^2 \langle V^*(Q_1, t-t_1) V(Q_1, t-t_1) \rangle$$
$$+ |K_2|^2 \langle V^*(Q_2, t-t_2) V(Q_2, t-t_2) \rangle$$
$$+ 2\mathcal{R}e\{K_1^* K_2 \langle V^*(Q_1, t-t_1) V(Q_2, t-t_2) \rangle\} \quad (4)$$

となる．定常性の仮定と，K_1 と K_2 が純粋に虚数であることを利用すると，式(4)は簡単になり，

$$I(P) = |K_1|^2 I(Q_1) + |K_2|^2 I(Q_2) + 2\mathcal{R}e\{|K_1||K_2|\Gamma(Q_1, Q_2, t_1 - t_2)\} \quad (5)$$

となる．ここで，$I(Q_j) = \langle V^*(Q_j, t) V(Q_j, t) \rangle$ $(j = 1, 2)$ はそれぞれ 2 つのピンホール上の光の平均強度であり，

$$\Gamma(Q_1, Q_2, \tau) = \langle V^*(Q_1, t) V(Q_2, t+\tau) \rangle \quad (6)$$

は Q_1 と Q_2 に置かれたピンホール上の場の相互相関関数 [2.5 節の式 (13)] である．ここでは，$\Gamma(Q_1, Q_2, \tau)$ は**相互コヒーレンス関数**(mutual coherence function)とよばれ，いわゆる **2 次のコヒーレンス理論**の基本量となっている．「2 次」という用語は，Γ が 2 点の場の積を含む相関関数であることを示している．後ほど第 7 章において，4 項の積を含む相関関数に出くわすが，それはいわゆる **4 次のコヒーレンス理論**の基本的な数学的ツールとなっている[2]．

式(5)の右辺の最初の 2 項は，ピンホールが 1 つだけ開いている場合に点 P で観測される光の平均強度を表すことに注目すると，式(5)を物理的により意味のある形式に書き直すことができる．例えば，もし Q_1 のピンホールだけが開いているならば，$K_2 = 0$ であり，式(5)は

$$I(P) \equiv I^{(1)}(P) = |K_1|^2 I(Q_1) \quad (7a)$$

---

[2] この用語法はあまり一律ではない．2 次および 4 次のコヒーレンス関数とよぶものが，それぞれ 1 次および 2 次のコヒーレンス関数とよばれることもある．

となる．同様に，もし Q_2 のピンホールだけが開いているならば，

$$I(P) \equiv I^{(2)}(P) = |K_2|^2 I(Q_2) \tag{7b}$$

となる．その結果，式(5)は

$$I(P) = I^{(1)}(P) + I^{(2)}(P) + 2\mathcal{R}e\left[\sqrt{I^{(1)}(P)}\sqrt{I^{(2)}(P)}\,\gamma(Q_1, Q_2, t_1 - t_2)\right] \tag{8}$$

と書き直すことができる．ここで，

$$\gamma(Q_1, Q_2, \tau) = \frac{\Gamma(Q_1, Q_2, \tau)}{\sqrt{I(Q_1)}\sqrt{I(Q_2)}} \tag{9}$$

$$= \frac{\Gamma(Q_1, Q_2, \tau)}{\sqrt{\Gamma(Q_1, Q_1, 0)}\sqrt{\Gamma(Q_2, Q_2, 0)}} \tag{10}$$

である．式(8)は，いわゆる**定常な光の波動場の干渉法則**の表し方のひとつである．この式は，観測面 $\mathcal{B}$ 上の点 P における（平均）強度を求めるためには，P 上の2つのビームの平均強度のみならず，ピンホール Q_1，Q_2 上の光の**複素コヒーレンス度**(complex degree of coherence)とよばれる相関係数 $\gamma(Q_1, Q_2, \tau)$ の実部も知らなければならないことを示している．前に議論した相互相関関数の重要性を考慮すると，複素コヒーレンス度は明らかに点 Q_1 および Q_2 における光の振動の**統計的類似性**を表す正確な評価量となる．

定義式(10)と2.4節の式(8a)で記述される相互相関関数の性質より，引数のすべての値に対して，γ の絶対値は0と1の範囲となることがわかる．すなわち，

$$0 \leq |\gamma(Q_1, Q_2, \tau)| \leq 1 \tag{11}$$

となる．極値の0は相関が完全に存在しないことを，もう一方の極値である1は，Q_1 および Q_2 における光の振動に完全な相関があることを表している．前者の場合，振動は**互いに完全にインコヒーレント**であるといわれる．後者の場合，**互いに完全にコヒーレント**であるといわれる．

2.3 節で議論した狭帯域信号の包絡線表示を利用して，干渉法則 (8) を少し異なる形式で表現すると，複素コヒーレンス度の重要性をより深く洞察することができる．$\overline{\omega}$ を光の平均周波数として，

$$\gamma(Q_1, Q_2, \tau) = |\gamma(Q_1, Q_2, \tau)| e^{i[\alpha(Q_1, Q_2, \tau) - \overline{\omega}\tau]} \tag{12}$$

と記述しよう．ここで，

$$\alpha(Q_1, Q_2, \tau) = \overline{\omega}\tau + \arg \gamma(Q_1, Q_2, \tau) \tag{13}$$

である．2.3 節で学んだように，$\alpha(Q_1, Q_2, \tau)$ は光の帯域幅の逆数 $1/\Delta\omega$ に比べて短い時間間隔 τ の間ではゆっくりと変化する．干渉法則 (8) の中で γ を式 (12) の形で表現すると，P における強度の式

$$I(P) = I^{(1)}(P) + I^{(2)}(P) + 2\sqrt{I^{(1)}(P)}\sqrt{I^{(2)}(P)}\,|\gamma(Q_1, Q_2, \tau)| \cos[\alpha(Q_1, Q_2, \tau) - \delta] \tag{14}$$

を得る．ここで，

$$\delta = \overline{\omega}\tau = \overline{\omega}(t_2 - t_1) = \frac{2\pi}{\overline{\lambda}}(R_2 - R_1) \tag{15}$$

であり，$\overline{\lambda} = 2\pi c/\overline{\omega}$ は平均波長である．

式 (14) は，定常な光の波動場の干渉法則 (8) のもうひとつの表し方である．この式の意味を解析しよう．

P_0 を検出面 $\mathcal{B}$ 上の，ある固定点とする．平均強度 $I^{(1)}(P)$ および $I^{(2)}(P)$ は P_0 近傍の点 P と共にゆっくりと変化する．$|\gamma(Q_1, Q_2, \tau)|$ も同様である．位相因子 $\alpha(Q_1, Q_2, \tau)$ は，光のコヒーレンス時間に比べて短い τ の間隔に対して，時間遅延 $\tau = (R_2 - R_1)/c$ と共にゆっくりと変化することをすでに述べた．その結果，位相遅延 δ の関数と考えると，式 (14) の最後の項はゆっくりと変調された余弦項となる．$R_2 - R_1$ の変化がコヒーレンス長に比べて小さくなる検出面 $\mathcal{B}$ 上の領域では，その振幅は実効的に定数となっている．この

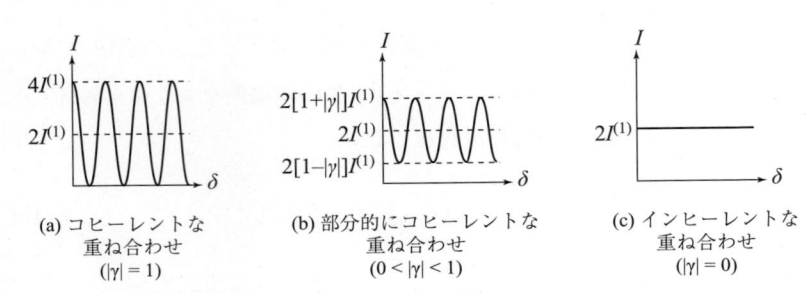

(a) コヒーレントな
重ね合わせ
($|\gamma| = 1$)

(b) 部分的にコヒーレントな
重ね合わせ
($0 < |\gamma| < 1$)

(c) インヒーレントな
重ね合わせ
($|\gamma| = 0$)

図 3.2　2 本の準単色光ビームによって形成された干渉パターン上の任意の点の近傍の平均強度分布．これら 2 本の光ビームは等しい強度 $I^{(1)}$ をもち，その相関はコヒーレンス度 γ によって記述される．

ような状況下では，本質的に正弦関数状の干渉縞が観測面 $\mathcal{B}$ 上に形成され，そのパターンの振幅および位相は位置と共に非常にゆっくりと変化する．この状況を，よくあるように $I^{(2)}(P) = I^{(1)}(P)$ として図 3.2 に示す．この場合，干渉法則 (14) は簡単になり

$$I(P) = 2I^{(1)}(P)\{1 + |\gamma(Q_1, Q_2, \tau)| \cos[\alpha(Q_1, Q_2, \tau) - \delta]\} \tag{16}$$

となる．この式は，$|\gamma| = 1$ のとき（そして，唯一この場合），干渉縞パターン上で平均強度が 0 になる点 [つまり，$\alpha(Q_1, Q_2, \tau) - \delta = (n + \frac{1}{2})\pi$ ($n = 0, \pm 1, \pm 2, \ldots$)]，すなわち，弱めあう干渉により光が完全に相殺される点が存在することを意味する．これは，**完全にコヒーレント** (complete coherence) な状態である．もう一方の極端な場合の $\gamma = 0$ では，干渉縞はまったく形成されず，これは**完全にインコヒーレント** (complete incoherence) な状態に相当する．その他のすべての場合 ($0 < |\gamma| < 1$) には，干渉縞は形成されるが，そのコントラストは完全にコヒーレントな状態に比べて低くなる．そのため，ピンホール上の光を**部分的にコヒーレント** (partially coherent) であるとよぶ．

式 (16) から，観測面 $\mathcal{B}$ 上の任意の点 P のごく近傍における平均強度の最

大と最小は，式

$$I_{\max}(P) = 2I^{(1)}(P)[1 + |\gamma(Q_1, Q_2, \tau)|] \tag{17a}$$

および

$$I_{\min}(P) = 2I^{(1)}(P)[1 - |\gamma(Q_1, Q_2, \tau)|] \tag{17b}$$

で与えられることが明らかである．

干渉縞のコントラスト（つまり，鮮明さ）についての実用的な評価量は，いわゆる**可視度**（visibility）$\mathcal{V}$ であり，

$$\mathcal{V}(P) \equiv \frac{I_{\max}(P) - I_{\min}(P)}{I_{\max}(P) + I_{\min}(P)} \tag{18}$$

で定義される．式(17)を式(18)に代入すると，すぐに

$$\mathcal{V}(P) = |\gamma(Q_1, Q_2, \tau)| \tag{19}$$

となることがわかる．この式は簡単に測定できる量（可視度 $\mathcal{V}$）を，複素コヒーレンス度の大きさというより抽象的な概念に関係づけている．γ の偏角（位相）もまた，干渉縞の強度の最大値の位置を測定することにより，実験的に決定することができる（B&W, 10.4.1 節）．

複素コヒーレンス度 $\gamma(Q_1, Q_2, \tau)$ は，時間的および空間的コヒーレンスの双方を定量的に記述しているが，これらは 1.2 節と 1.3 節において 2 つの異なる概念として導入されたものであった．1 つの点 Q における光の**時間的コヒーレンス**は，$\gamma(Q, Q, \tau)$ によって定量的に記述される．例えば，マイケルソン干渉計では，Q は図 1.2 に示される分割鏡 M_0 上の点であり，τ は反射鏡 M_1 もしくは M_2 の 1 つを距離 $c\tau/2$ だけ「対称の位置」からずらすことによって 2 本のビームに導入される時間遅延である．このとき，検出面 $\mathcal{B}$ における干渉縞の可視度は $|\gamma(Q, Q, \tau)|$ に等しい．

2 点 Q_1 および Q_2 における光の**空間的コヒーレンス**は，$\gamma(Q_1, Q_2, \tau_0)$ によって記述される．ここで，τ_0 は，ヤングの干渉実験におけるある固定され

た時間差 $\tau_0 = t_2 - t_1$ (しばしば 0 とするが)である．先ほど述べたように，検出面上の点 P における干渉縞の可視度は，行路差を $\overline{Q_2P} - \overline{Q_1P} = c\tau_0$ とおくと，$|\gamma(Q_1, Q_2, \tau_0)|$ に等しい．

あとで(3.5 節で)学ぶことであるが，光の波動場の時間的および空間的コヒーレンスを互いに独立に取り扱うことができるのは，ある特別な場合のみである．なぜなら，相互コヒーレンス関数はその空間的および時間的振る舞いを関係づける厳密な微分方程式に従って伝搬するからである．

空間的コヒーレンスに話を戻すと，時間遅延 τ はしばしば 0 とおかれることに触れた．これは一般的には，実験系にある種の対称性がある場合か，中心に置かれた光軸付近の像を扱う場合である．このような場合，コヒーレンスの効果は通常はより簡単な相関関数

$$J(Q_1, Q_2) = \Gamma(Q_1, Q_2, 0) = \langle V^*(Q_1, t) V(Q_2, t) \rangle \tag{20}$$

および

$$j(Q_1, Q_2) = \gamma(Q_1, Q_2, 0) = \frac{\Gamma(Q_1, Q_2, 0)}{\sqrt{\Gamma(Q_1, Q_1, 0)}\sqrt{\Gamma(Q_2, Q_2, 0)}} \tag{21a}$$

$$= \frac{J(Q_1, Q_2)}{\sqrt{J(Q_1, Q_1)}\sqrt{J(Q_2, Q_2)}} \tag{21b}$$

$$= \frac{J(Q_1, Q_2)}{\sqrt{I(Q_1)}\sqrt{I(Q_2)}} \tag{21c}$$

によって十分に記述される．ここで，$I(Q_j) = \langle V^*(Q_j, t)V(Q_j, t)\rangle = J(Q_j, Q_j)$ ($j = 1, 2$)は点 Q_j における平均強度を表す．これらの関数は**同時刻コヒーレンス関数**(equal-time coherence function)とよばれる．しばしば $J(Q_1, Q_2)$ は**相互強度**(mutual intensity)と，$j(Q_1, Q_2)$ は**同時刻複素コヒーレンス度**(equal-time complex degree of coherence)とよばれる．

(2.3 節で議論した)狭帯域光の包絡線の特性により，

$$\Gamma(Q_1, Q_2, \tau) \approx J(Q_1, Q_2) e^{-i\overline{\omega}\tau} \tag{22}$$

および

$$\gamma(Q_1, Q_2, \tau) \approx j(Q_1, Q_2) e^{-i\overline{\omega}\tau} \tag{23}$$

となることがわかる．ただし，その条件は，$|\tau|$ がコヒーレンス時間に比べて十分に小さく

$$|\tau| \ll \frac{2\pi}{\Delta\omega} \tag{24}$$

を満たす場合である．

3.2 インコヒーレント光源からの空間的コヒーレンスの生成．ファン・シッター-ゼルニケの定理

コヒーレンス領域とコヒーレンス体積の概念についての初等的な取り扱いから（1.3 節，1.4 節），空間的にインコヒーレントな光源が広い空間領域にわたり空間的にコヒーレントな場を生成することを学んだ．明らかにこの状況では，空間的コヒーレンスは伝搬の過程で作り出されている．まずは，これがなぜ生じるのかを示す簡潔かつ直観的な説明を与え，次にこの現象を定量的に議論する．

2 つの小さな定常状態の光源 S_1 および S_2 から放出される光を考える．その光は，平均周波数が $\overline{\omega}$ の準単色光であり，さらにその 2 つの光源は統計的に独立であると仮定する．そのため，それらが作り出すビームの間には相関はない．光源からある程度離れた 2 点における光の振動を比較しよう．

$V_1(P_1, t)$ と $V_1(P_2, t)$ を光源 S_1 がそれぞれ点 P_1 および P_2 に作る場とし，$V_2(P_1, t)$ と $V_2(P_2, t)$ を光源 S_2 がそれらの点に作る場とする（図 3.3）．もし，距離 $R_{11} = \overline{S_1P_1}$ と $R_{12} = \overline{S_1P_2}$ の差が光のコヒーレンス長（$\sim 2\pi c/\Delta\omega$）に比べて小さければ，明らかに

$$V_1(P_2, t) \approx V_1(P_1, t) \tag{1a}$$

となる．同様に，距離 $R_{21} = \overline{S_2 P_1}$ と $R_{22} = \overline{S_2 P_2}$ の差がコヒーレンス長に比べて小さい場合には

$$V_2(P_2, t) \approx V_2(P_1, t) \tag{1b}$$

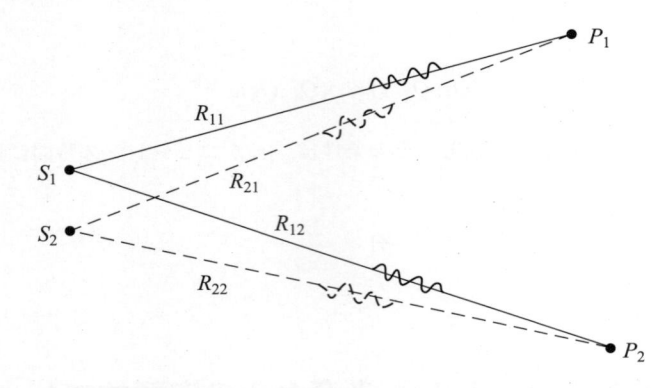

となる．P_1 における全体の場は，2つの光源によって形成される場の重ね合わせによるものであり，したがって，

$$V(P_1, t) = V_1(P_1, t) + V_2(P_1, t) \tag{2a}$$

で与えられる．同様に，P_2 上の全体の場は，

$$V(P_2, t) = V_1(P_2, t) + V_2(P_2, t) \tag{2b}$$

で与えられる．$V_1(P_1, t)$ と $V_2(P_1, t)$ は，統計的に独立な光源 S_1 および S_2 によって作られるので，これら2つの波動に相関はない．同様の理由で，$V_1(P_2, t)$ と $V_2(P_2, t)$ にも相関はない．しかし，2つの和 $V_1(P_1, t) + V_2(P_1, t)$ および $V_1(P_2, t) + V_2(P_2, t)$ は，関係式(1)，したがってその結果である

$$V(P_2, t) \approx V(P_1, t) \tag{3}$$

3.2 インコヒーレント光源からの空間的コヒーレンスの生成 51

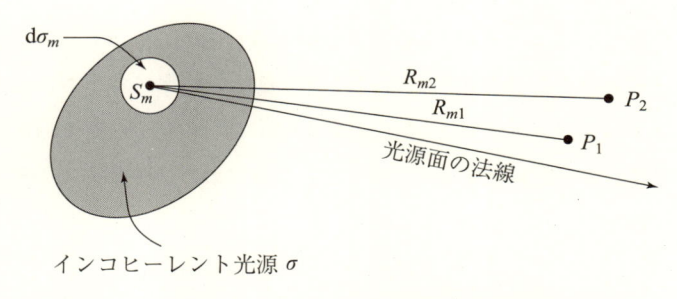

図3.4 ファン・シッター - ゼルニケの定理の導出に関係する記号.

により相関をもつことになる．

この結論は図 3.3 の概念図からも明らかである．その図には，S_1 からそれぞれ点 P_1 および P_2 に到達する（本質的に同一の）波連 $V_1(P_1,t)$ および $V_1(P_2,t)$ が実線で描かれ，もう一方の光源 S_2 からそれぞれ P_1 および P_2 に到達する（本質的に同一の）波連 $V_2(P_1,t)$ および $V_2(P_2,t)$ が破線で描かれている．明らかに，実線で描かれた波連と破線で描かれた波連はまったく異なる形かもしれないが，P_1 に到達する 2 つの**波連の和**と P_2 に到達する 2 つの**波連の和**は，互いに似ているであろう．そのため，式 (2a) および (2b) で与えられる P_1 および P_2 における場は，明らかに強い相関をもつ（つまり，統計的に類似する）ことになる．したがって，**たとえ 2 つの小さな光源 S_1 および S_2 が統計的に独立であっても，それらが作り出す場に相関を生み出し，その相関は明らかに伝搬の過程で生成される**ことがわかる．

次に，より正確な数学的な言葉を使って，有限の大きさをもつ平面的な自然光の光源 σ によって作られる場の相関を定量的に解析しよう．光源は少なくとも広義の定常性をもつと仮定し，平均周波数 $\bar{\omega}$ の周りの狭いスペクトル範囲 $\Delta\omega$ の光を放出すると仮定する．さらに，光源の一辺のサイズは光源と点 P_1 および P_2 の間の距離に比べて小さく，光源上のそれぞれの点から P_1 および P_2 に引いた直線が光源面の法線となす角も小さいと仮定する（図 3.4 を参照せよ）．

光源が点 $S_1, S_2, \ldots, S_m$ を中心とする要素 $d\sigma_1, d\sigma_2, \ldots, d\sigma_m$ に分割され，要素の一辺の大きさは放出される光の平均波長 $\overline{\lambda}$ に比べて小さいと考えよう．$V_{m1}(t)$ および $V_{m2}(t)$ を，光源要素 $d\sigma_m$ によって2点 P_1 および P_2 に作られる場の複素振幅とする．このとき，2点における全体の場の複素振幅は，式

$$V(P_1, t) = \sum_m V_{m1}(t), \qquad V(P_2, t) = \sum_m V_{m2}(t) \tag{4}$$

で与えられる．3.1節の式(20)で定義される相互強度 $J(Q_1, Q_2)$ は，この場合，

$$\begin{aligned} J(P_1, P_2) &\equiv \langle V^*(P_1, t) V(P_2, t) \rangle \\ &= \sum_m \langle V_{m1}^*(t) V_{m2}(t) \rangle + \sum_{m \neq n} \sum \langle V_{m1}^*(t) V_{n2}(t) \rangle \end{aligned} \tag{5}$$

で与えられることがわかる．光源は自然光を発すると仮定したので，異なる光源要素からの寄与は相関をもたず(互いにインコヒーレント)，平均値は0であると仮定され，その結果，

$$\sum_{m \neq n} \sum \langle V_{m1}^*(t) V_{n2}(t) \rangle = \sum_{m \neq n} \sum \langle V_{m1}^*(t) \rangle \langle V_{n2}(t) \rangle = 0 \tag{6}$$

となる．もし，R_{m1} と R_{m2} を光源の要素 $d\sigma_m$ から場の点 P_1 および P_2 までの距離とすると，

$$\left. \begin{aligned} V_{m1}(t) &= A_m(t - R_{m1}/c) \frac{\exp[-i\overline{\omega}(t - R_{m1}/c)]}{R_{m1}} \\ V_{m2}(t) &= A_m(t - R_{m2}/c) \frac{\exp[-i\overline{\omega}(t - R_{m2}/c)]}{R_{m2}} \end{aligned} \right\} \tag{7}$$

と書ける．ここで，c を真空中の光の速度として，A_m の絶対値 $|A_m|$ は光源の要素 $d\sigma_m$ から放出された光の強さを，$\arg A_m$ はその位相を表す．

式(7)を式(5)に代入し，式(6)を利用すると，

$$J(P_1, P_2) = \sum_m \langle A_m^*(t - R_{m1}/c) A_m(t - R_{m2}/c)) \rangle \frac{\exp[i\overline{\omega}(R_{m2} - R_{m1})/c]}{R_{m1} R_{m2}}$$

$$= \sum_m \langle A_m^*(t) A_m[t - (R_{m2} - R_{m1})/c] \rangle \frac{\exp[i\overline{\omega}(R_{m2} - R_{m1})/c]}{R_{m1} R_{m2}} \quad (8)$$

となる．この関係を導く際に，光源が統計的に定常であることを使用した．もし，行路差 $|R_{m2} - R_{m1}|$ がその光のコヒーレンス長 $\Delta l \sim 2\pi c/\Delta\omega$ に比べて小さければ，平均における遅延項 $(R_{m2} - R_{m1})/c$ を無視することもでき，式(8)は

$$J(P_1, P_2) = \sum_m \langle A_m^*(t) A_m(t) \rangle \frac{\exp[i\overline{\omega}(R_{m2} - R_{m1})/c]}{R_{m1} R_{m2}} \quad (9)$$

となる．平均 $\langle A_m^*(t) A_m(t) \rangle$ は光源要素 $d\sigma_m$ から放出された光の強度を表している．実際的には，常に，光源要素の総数は光源を実効的に連続とみなせるほど多い．光源の単位面積あたりから放出される強度を $I(S)$ と書くと，$\langle A_m^*(t) A_m(t) \rangle \approx I(S_m) d\sigma_m$ であり，式(9)の和を積分で置き換えることができる．その結果，2点 P_1 および P_2 における相互強度の式

$$J(P_1, P_2) = \int_\sigma I(S) \frac{e^{i\overline{k}(R_2 - R_1)}}{R_1 R_2} dS \quad (10)$$

を得る．ここで，R_1 および R_2 は，それぞれ光源上の代表的な点 S と場の点 P_1 および P_2 の間の距離であり，$\overline{k} = \overline{\omega}/c = 2\pi/\overline{\lambda}$ はその光の平均波数である．

同時刻コヒーレンス度 $j(P_1, P_2)$ に関する 3.1 節の定義式(21c)を思い出し，式(10)を利用すると，すぐに場の2点における光の同時刻コヒーレンス度の式

$$j(P_1, P_2) = \frac{1}{\sqrt{I(P_1)} \sqrt{I(P_2)}} \int_\sigma I(S) \frac{e^{i\overline{k}(R_2 - R_1)}}{R_1 R_2} dS \quad (11)$$

を得る．ここで，

$$I(P_j) = J(P_j, P_j) = \int_\sigma \frac{I(S)}{R_j^2} dS \quad (j = 1, 2) \quad (12)$$

は P_1 および P_2 における(平均)強度である.

式(11)は光のコヒーレンス理論の中心となる定理の数学的な定式化であり，**ファン・シッター - ゼルニケの定理**(van Cittert-Zernike theorem)として知られている．それは統計的に定常かつ空間的にインコヒーレントな準単色の平面光源 σ を考え，その光源によって生成された場の中の 2 点 P_1 および P_2 における同時刻コヒーレンス度 $j(P_1, P_2)$ を，光源の平均強度分布 $I(S)$ とその場の 2 点における平均強度 $I(P_1)$ および $I(P_2)$ によって表現するものである．

式(11)の右辺の積分は，まったく関係のないところで，つまり遮光スクリーン上の開口による回折の理論で直面した積分と同じ形である．この類似性を確認するために，もし点 P_1 に収束する単色の球面波

$$V(S, t) = U(S)\mathrm{e}^{-\mathrm{i}\omega t}, \tag{13a}$$

ここで

$$U(S) = a(S)\frac{\mathrm{e}^{-\mathrm{i}kR_1}}{R_1} \tag{13b}$$

が遮光スクリーン上の開口 $\mathcal{A}$ に入射すると(図 3.5 を参照せよ)，点 P_2 における回折場はホイヘンス - フレネルの原理に従って[B&W, 8.2 節および 8.3 節，特に 8.2 節の式(1)，8.3 節の式(17)]，

$$U(P_2) = \frac{1}{N'}\int_{\mathcal{A}} a(S)\frac{\mathrm{e}^{-\mathrm{i}kR_1}}{R_1}\frac{\mathrm{e}^{\mathrm{i}kR_2}}{R_2}\,\mathrm{d}S \tag{14}$$

で与えられる(ただし，時間依存因子 $\mathrm{e}^{-\mathrm{i}\omega t}$ を省略)ことを思い出そう．ここで，N' は定数であり，入射角と回折角は小さいものと仮定している．

式(11)で表されるファン・シッター - ゼルニケの定理とホイヘンス - フレネルの原理を表す式(14)を比較すると，かなり注目すべき以下の類似性があることがわかる．すなわち，ファン・シッター - ゼルニケの定理はすでに述べた条件の下で，**同時刻コヒーレンス度 $j(P_1, P_2)$ が，ある回折パターン内の点 P_2 における正規化された複素振幅で与えられる**ことを表している．そ

3.2 インコヒーレント光源からの空間的コヒーレンスの生成

コヒーレンス
ファン・シッター-ゼルニケの定理

開口による回折
ホイヘンス-フレネルの原理

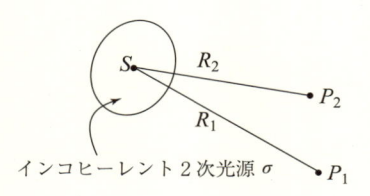

点 P_1 および P_2 上の場の同時刻コヒーレンス度:

$$j(P_1, P_2) = \frac{1}{N} \int_\sigma I(S) \frac{e^{ik(R_2-R_1)}}{R_1 R_2}\, \mathrm{d}S$$

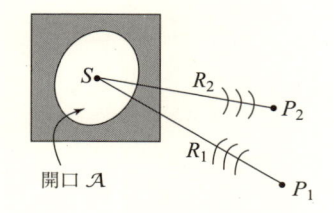

点 P_1 に収束する単色球面波の回折により点 P_2 に形成される場の正規化複素振幅 $U(P_2)$:

$$U(P_2) = \frac{1}{N'} \underbrace{\int_{\mathcal{A}} a(S) \frac{e^{-ikR_1}}{R_1}}_{\text{入射収束波}} \underbrace{\frac{e^{ikR_2}}{R_2}}_{\substack{\text{発散球面}\\\text{2次波}}}\, \mathrm{d}S$$

図 3.5 ファン・シッター-ゼルニケの定理とホイヘンス-フレネルの原理の類似性 (N と N' は正規化の定数である).

の回折パターンは, 点 P_1 に向かって収束する周波数 ϖ の単色球面波が, インコヒーレント光源 σ と同じ大きさ, 形, 場所の遮光スクリーン上の開口 $\mathcal{A}$ で回折されることによってできるものである. ただし, 開口面内の振幅分布は, その光源の強度分布に比例するものとする.（図 3.5 を参照せよ）

この類似性は, コヒーレンス理論におけるファン・シッター-ゼルニケの定理と回折理論におけるホイヘンス-フレネルの原理の形式的な比較から得たものである. この類似性が存在するより深い理由は, 後ほど明らかになるであろう (3.5 節).

多くの場合, 点 P_1 および P_2 は光源の遠方領域にある. 光源に並行な平面 $\mathcal{A}$ 内に置かれる. このときファン・シッター-ゼルニケの定理はより簡単な形となるが, それをこれから導出しよう. この目的のために, 光源面において直交座標を選択し, 光源上の点 S を (ξ, η) で記述する. 平面 $\mathcal{A}$ の座標で

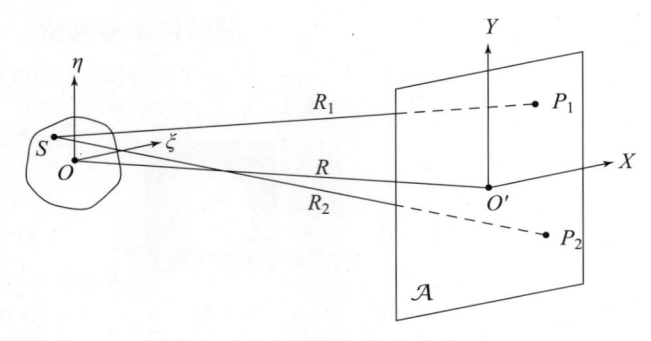

図 3.6 ファン・シッター - ゼルニケの定理の遠方領域形式の導出に関係する記号.

は，原点を O' とし，X, Y 軸を ξ, η 軸と平行にとる（図 3.6 を参照せよ）．(X_1, Y_1) および (X_2, Y_2) を，平面 $\mathcal{A}$ の点 P_1 および P_2 を表す直交座標とすると，距離 $R_1 = \overline{SP_1}$ および $R_2 = \overline{SP_2}$ は明らかに，式

$$R_1^2 = (X_1 - \xi)^2 + (Y_1 - \eta)^2 + R^2$$
$$R_2^2 = (X_2 - \xi)^2 + (Y_2 - \eta)^2 + R^2 \tag{15}$$

で与えられるため，

$$R_1 \approx R + \frac{(X_1 - \xi)^2 + (Y_1 - \eta)^2}{2R}$$
$$R_2 \approx R + \frac{(X_2 - \xi)^2 + (Y_2 - \eta)^2}{2R} \tag{16}$$

となる．式(16)の右辺では，級数展開の第一項目のみを残したが，これは点 P_1 と P_2 が，OO' 軸から R に比べて小さい距離に置かれた場合に成り立つ近似となる．式(16)より

$$R_2 - R_1 \approx \frac{(X_2^2 + Y_2^2) - (X_1^2 + Y_1^2)}{2R} - \frac{(X_2 - X_1)\xi + (Y_2 - Y_1)\eta}{R} \tag{17}$$

が得られる．式(11)と(12)における被積分関数の分母では，R_1 と R_2 はよい近似で R に置き換えることができる．ここで，

$$\frac{X_2 - X_1}{R} = p, \qquad \frac{Y_2 - Y_1}{R} = q \tag{18}$$

および

$$\psi = \frac{\overline{k}[(X_2^2 + Y_2^2) - (X_1^2 + Y_1^2)]}{2R} \tag{19}$$

とおくと便利である．以上の結果，点 P_1 および P_2 が遠方領域にある場合，同時刻コヒーレンス度を表す式(11)は簡単になり，

$$j(P_1, P_2) = \frac{e^{i\psi} \iint_\sigma I(\xi,\eta) e^{-i\overline{k}(p\xi+q\eta)} \, d\xi d\eta}{\iint_\sigma I(\xi,\eta) \, d\xi d\eta} \tag{20}$$

となる．この式は，**光源の大きさ，および P_1 と P_2 の間の距離が光源からこれらの点までの距離に比べて小さい場合，同時刻コヒーレンス度 $j(P_1,P_2)$ は位相因子を除いて光源の強度分布のフーリエ変換を正規化したものに等しい**ことを表している．式(20)をファン・シッター-ゼルニケの定理の遠方領**域形式**とよぶ．式(19)で定義される位相 ψ には単純な意味がある．それはよい近似で，平面 $\mathcal{A}$ 上の2点 P_1 および P_2 と，点 P_1' および P_2' の間の位相差 $\overline{k}[\overline{P_2'P_2} - \overline{P_1'P_1}]$ を表している（図 3.7 を参照せよ）．ここで，点 P_1' および

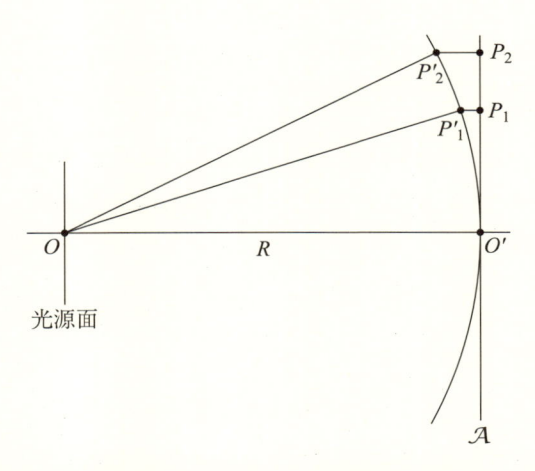

図 3.7　3.2 節の式(19)で定義される位相 ψ の重要性の説明．それはよい近似で位相差 $\overline{k}[\overline{P_2'P_2} - \overline{P_1'P_1}]$ を表す．

P_2' は，OO' 軸からの高さが P_1 および P_2 と同じで，光源面上の原点 O を中心として平面 $\mathcal{A}$ 上の原点 O' を通る球面上に置かれている．

数学的な構造を見ると，式(20)の右辺の式は開口によるフラウンホーファー回折（Fraunhofer diffraction）を表すよく知られた初等的な回折理論の式に似ている（B&W, 8.3.3 節）．このことは，以前に触れたようにファン・シッター - ゼルニケの定理とホイヘンス - フレネルの原理の類似性を考えると予想されることであった．

一例として，一様な強度 i_0 をもつ半径 a のインコヒーレントな準単色円形光源を考え，それによって作り出される遠方場の同時刻コヒーレンス度を求めよう．この場合，式(20)は

$$j(P_1, P_2) = e^{i\psi} \frac{\tilde{I}(\bar{k}p, \bar{k}q)}{\tilde{I}(0,0)} \tag{21}$$

となる．ここで，

$$\tilde{I}(f,g) = i_0 \iint_{\xi^2+\eta^2 \leq a^2} e^{-i(f\xi+g\eta)} \, d\xi d\eta \tag{22}$$

である．式(22)の右辺の積分はすぐに評価でき，

$$\tilde{I}(\bar{k}p, \bar{k}q) = \pi a^2 i_0 \left[\frac{2J_1\left(\bar{k}a\sqrt{p^2+q^2}\right)}{\bar{k}a\sqrt{p^2+q^2}} \right] \tag{23}$$

となることがわかる（B&W, 8.5.2 節）．ここで，J_1 は 1 次の第 1 種ベッセル関数である．式(23)を式(21)に代入すると，遠方場の同時刻コヒーレンス度の式

$$j(P_1, P_2) = \frac{2J_1(v)}{v} e^{i\psi} \tag{24}$$

を得る．ここで，

$$v = \bar{k}a\sqrt{p^2+q^2} \tag{25a}$$

である．式(18)で与えられる p および q の式を思い出すと，v を

$$v = \bar{k}\left(\frac{a}{R}\right)d \tag{25b}$$

3.2 インコヒーレント光源からの空間的コヒーレンスの生成

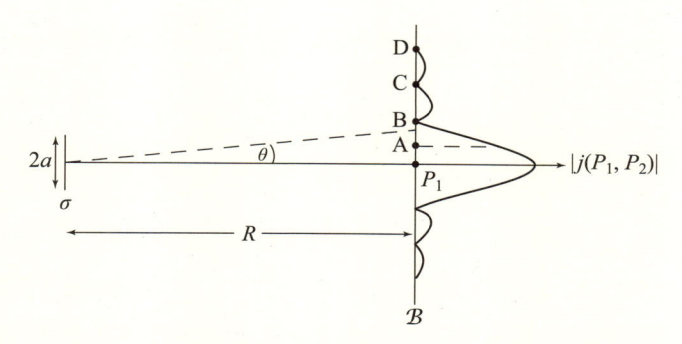

図 3.8 点 P_1 および P_2 における同時刻コヒーレンス度 $j(P_1, P_2) = e^{i\psi}[2J_1(\bar{k}ad/R)/(\bar{k}ad/R)]$, [式(24)および(25b)], の絶対値. これらの点は, 半径 a の一様強度分布インコヒーレント準単色円形光源によって遠方領域に作られる波動場内に置かれている.

と表現することができる. ここで,

$$d = \sqrt{(X_1 - X_2)^2 + (Y_1 - Y_2)^2} \tag{26}$$

は観測面 $\mathcal{A}$ 上の点 P_1 から P_2 までの距離である.

あまり重要ではない比例定数を除くと, 式(24)の右辺の式が, 一様かつコヒーレントに照明された円形開口によるフラウンホーファー回折パターンの振幅分布を記述するエアリーの公式(Airy formula)だとわかる[B&W, 8.5 節, 式(13)]. その絶対値が図 3.8 に描かれている. それは, $v = 0$ の値 1 から $v = 3.83$ (図で点 B と表示)の値 0 に至るまで徐々に減少する. したがって, 2 点 P_1 および P_2 の間隔が大きくなるにつれて, 同時刻コヒーレンス度は値 1 (完全にコヒーレント)から, 式(25b)の右辺が 3.83 に等しくなる

$$d = \frac{3.83}{\bar{k}}\left(\frac{R}{a}\right) = \frac{0.61 R \bar{\lambda}}{a} \tag{27}$$

に対応する値 0 (完全にインコヒーレント)まで減少する. 2 点の間隔がさらに増加すると, 再びコヒーレンスが少し得られるが, コヒーレンス度の絶対値は 0.14 よりも小さく, $v = 7.02$ になると図 3.8 において点 C で示されるインコヒーレントな状態が再び現われる.

関数 $2J_1(v)/v$ は $v = 0$ の値 1 から $v = 1$ (図で点 A と表示) の値 0.88 まで，つまり間隔が

$$d = \frac{0.16R\overline{\lambda}}{a} \tag{28}$$

となる区間で徐々に減少する．実際には，値 1 (完全なコヒーレンス) から 12% を越えない減少は，しばしばあまり重要とは見なされない．したがって，大ざっぱに言うと，**光源面の法線方向近傍で，かつその面と平行な遠方領域の観測面では，空間的にインコヒーレントな一様強度をもつ半径 a の準単色円形光源からの光は，その直径が $0.16\overline{\lambda}/\alpha$ の円形領域 ΔA 内でほぼコヒーレントである．**ここで，$\alpha = a/R$ は ΔA から光源を見込む角半径である．$\Delta A = \pi[0.16\overline{\lambda}/(2\alpha)]^2$，すなわち $S = \pi a^2$ を光源の面積とすると

$$\Delta A = 0.063 \frac{R^2}{S}\overline{\lambda}^2 \tag{29}$$

であることに注意しておく．この式は 1.3 節で触れたコヒーレンス領域に対する大ざっぱな関係式 (2) に一致している．

ここで議論したインコヒーレントな一様強度の円形光源からの光の同時刻コヒーレンス度の遠方領域での振る舞いは，かなり以前に実験的に確認された[3]．その結果が，理論値とあわせて，ピンホールのさまざまな間隔に対して図 3.9 に示されている．その実験は，ごく最近，高精度のデジタル技術を用いて追試された[4]．その結果，理論的予測との優れた一致が得られた．

3.3 具体例

これから簡単に議論する古くからある 2 つの古典的な干渉技術は，共に Albert Michelson によるものである．それらはコヒーレンスの概念が理解されるようになる以前に発明されたにもかかわらず，ここで議論した基本的な

---

[3] B. J. Thompson and E. Wolf, *J. Opt. Soc. Amer.* **47** (1957), 895-902.
[4] G. Ambrosini, G. Schirripa Spagnola, D. Paoletti and S. Vicalvi, *Pure Appl. Opt.* **7** (1989), 933-939.

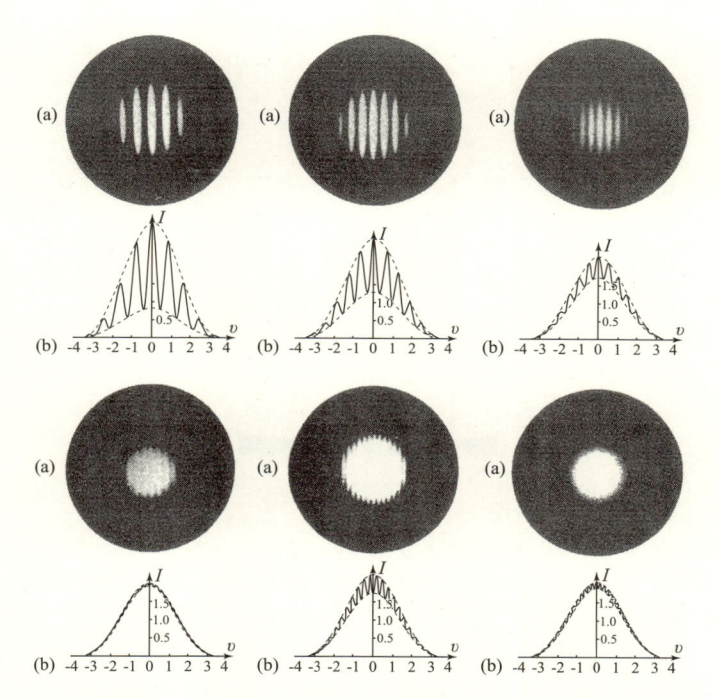

図 3.9 6つの異なるコヒーレンス度をもつ部分的コヒーレント準単色光によって形成されるヤングの干渉パターン．その部分的コヒーレント光は一様な強度分布をもつインコヒーレント円形光源からの出射光であり，結果はピンホールのいろいろな間隔に対して図示されている．上図：観測されたパターン．下図：理論的予測．実験的配置の詳細はこれらの図が転載された B&W の 10.4.3 節もしくは原著論文 B. J. Thompson and E. Wolf, *J. Opt. Soc. Amer.* **47** (1957), 895-902 を参照せよ．

コヒーレンス理論の概念と結果を説明するとてもよい例になっている．

3.3.1 星の直径を測定するためのマイケルソンの方法

地球の表面から星を見込む角直径はかなり小さいため，利用可能な最大の望遠鏡を使っても直接それらを測定することはできない．A. A. Michelson は 1890 年に，星の角直径と原理的には星の強度分布も図 3.10 に概念的に示

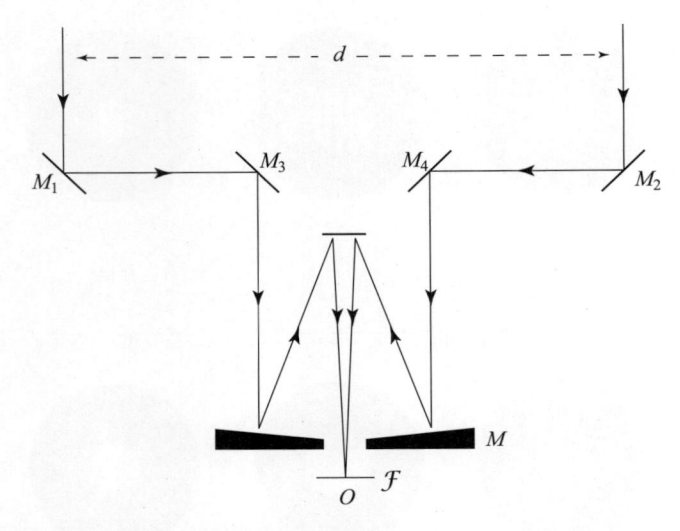

図 3.10 ウィルソン山天文台にある 20 フィートのマイケルソン天体干渉計の概念図．この干渉計は 100 インチ反射望遠鏡に設置された．[F. G. Pease, *Ergeb. Ex. Naturwiss.* **10** (1931), 84-96 より改変]

される干渉計を使って測定できることを理論的に示し，1920 年代にはそれを F. G. Pease と共同で実験的に証明した．その技術の原理は，以下のように理解される．星からの光は干渉計の外部反射鏡 M_1 および M_2 に入射し，2 つの内部反射鏡 M_3 および M_4 によって反射され，干渉計が取りつけられた望遠鏡の後ろ焦点面 $\mathcal{F}$ に到達する．望遠鏡の役割は，干渉計に安定性を与えることである．内部反射鏡 M_3 および M_4 は固定されているが，外部反射鏡 M_1 および M_2 は M_3 と M_4 を結ぶ直線に沿って対称に引き離すことができる．望遠鏡の焦点面 $\mathcal{F}$ では，2 本のビームによって形成される干渉縞が重畳した星の回折像が観察される．

焦点面 $\mathcal{F}$ 上の干渉縞の可視度は，外部の反射鏡 M_1 と M_2 の間隔 d に依存する．Michelson は，初等的な議論により，少なくとも星が回転対称であると仮定される場合には，2 つの外部反射鏡の間隔に対する可視度の変化を

測定することによって，星の強度分布に関する情報が得られることを示した．特に，Michelson は，星の外形が円形であり一様な強度分布をもっていれば，2つの外部反射鏡 M_1 と M_2 の間隔の関数と考えられる可視度の曲線が，ある特定の距離 d に対して0になることと，波長 λ_0 のスペクトル成分について可視度が0となる最も短い距離 d の値は

$$d_0 = \frac{0.61\lambda_0}{\alpha} \tag{1}$$

であることを示した．ここで，α は星の角半径である．そのため，d_0 の測定から星の角直径が決定される．

コヒーレンス理論の視点から，この手法の原理は簡単に理解することができる．2つの外部反射鏡 M_1 および M_2 においては，入射光は一般に部分的にコヒーレントである．やや異なる形式で表現されたファン・シッター－ゼルニケの定理の遠方領域形式により [3.2 節の式 (20)；図 3.6 も参照せよ]，同時刻コヒーレンス度は ($|\psi| \ll 1$, $k_0 = \omega_0/c = 2\pi/\lambda_0$ として)

$$j(M_1, M_2) = \frac{\iint_\sigma i(u,v) e^{-ik_0[(x_2-x_1)u+(y_2-y_1)v]}\,du dv}{\iint_\sigma i(u,v)\,du dv} \tag{2}$$

で与えられる．ここで，$i(u,v)$ は星の表面の（平均）強度分布であり，それはその面上の点 (ξ, η) を表す角度変数 u および v

$$u = \frac{\xi}{R}, \qquad v = \frac{\eta}{R} \tag{3}$$

の関数として与えられる．(x_1, y_1) と (x_2, y_2) は外部反射鏡 M_1 および M_2 の座標である．

式 (2) と，干渉縞の可視度が同時刻複素コヒーレンス度の絶対値に等しいことから [3.1 節の式 (23) と (19)]，望遠鏡の焦点面における干渉縞の可視度は，星の（平均）強度分布のフーリエ変換に比例することがすぐにわか

図 3.11　100 インチ望遠鏡に設置されたマイケルソン天体干渉計．［F. G. Pease, *Ergeb. Ex. Naturwiss* **10** (1931), 84-96 より改変］

る．特に，星の外形が円形かつ一様強度であり，望遠鏡から見込む角直径が $\alpha = a/R$ であれば，式(2)は［3.2 節の式(24)と比較せよ］

$$|j(M_1, M_2)| = \left|\frac{2J_1(k_0\alpha d)}{k_0\alpha d}\right| \qquad (4)$$

となる．ここで，$d = \sqrt{(x_2 - x_1)^2 + (y_2 - y_1)^2}$ は，干渉計の 2 つの外部反射鏡 M_1 と M_2 の間隔であり，J_1 は 1 次の第 1 種ベッセル関数である．式(4)が 0 になる d の最も小さい値 d_0 は $k_0\alpha d_0 = 3.83$ で与えられ，これは $d_0 = 0.61\lambda_0/\alpha$ を意味することから，式(1)で表される Michelson の結果に一致する．

　この技術を使って初めて星の直径を測定したのは 1920 年代であり，ウィルソン山天文台にある 100 インチの望遠鏡に取りつけられた 20 フィートの干渉計が利用された(図 3.11)．これによってオリオン座の赤色巨星ベテルギウスの角直径が F. G. Pease によって求められた．これらの測定では，最初の「インコヒーレント状態」は，干渉計の外部反射鏡 M_1 と M_2 が $d_0 = 307\,\mathrm{cm}$

図 3.12　ウィルソン山天文台に保存されているマイケルソン天体干渉計の原型.
2000 年頃に撮影.（Gale Gant および Don Nicholson の好意による）

の間隔になったときに現れた．式(1)によると，これは $\overline{\lambda}_0 = 5.75 \times 10^{-5}$cm とするとベテルギウスの角直径がほぼ 0.047 秒であることを意味している．1920 年代に他の 5 つの星の角直径がこの干渉計によって求められたが，それ以降この装置は使われなくなった．しかし，それは天文台に保存されている．最近撮影されたその写真が図 3.12 に示されている．

　1920 年代に最初のマイケルソン天体干渉計が建造されて以来，他にもいくつか作られ使用されてきた．その中の 1 つは，赤外の波長帯で動作する．しかし，今日では，この技術は主に電波天文学の分野で使用され，その原理は上空波の分布を調べるために応用され大きな成功を収めてきた．電波の波長は光の波長よりもかなり長いので，電波干渉計 — 通常は電波望遠鏡もしくはアンテナ合成望遠鏡とよばれるが — の基線を何桁も長くとらなければならない．反射鏡の代わりに大きなアンテナを使い（図 3.13 を参照せよ），入射する電波はアンテナ対で検出される．アンテナはさまざまな形態に配置されるが，その 1 つが図 3.14 に示されている．

図 3.13 ウェストブルック (Westbrook) の開口合成望遠鏡. (K. Rohlfs, *Tools of Radio Astronomy*, Springer, Berlin and New York, 1986, p. 113, Fig. 6.9 より転載)

図 3.14 ニューメキシコ州ソコロ (Socorro) にある VLA (巨大アレイ). アレイは可動式の 25m の望遠鏡によって構成され, ≈3 cm の波長で動作する. (K. Rohlfs, *Tools of Radio Astronomy*, Springer, Berlin and New York, 1986, p. 113, Fig. 6.9 より転載)

3.3.2 スペクトル線のエネルギー分布を決定するためのマイケルソンの方法

準単色光のビームがマイケルソン干渉計において2本のビームに分割され(図1.2),それらのビームは行路差 $c\tau$ が導入された後に重ね合わせられるとする.重ね合わせの領域では,その可視度が行路差に依存した干渉縞が形成される.Michelson は 1890 年代に,τ の関数として干渉縞の可視度 $\mathcal{V}(\tau)$ を測定することによって,光のスペクトルにおけるエネルギー分布の情報を取得できることを示した.

コヒーレンス理論の視点から,この方法の原理は以下のように理解される.簡単化のために,2本のビームは等しい強度と仮定しよう.このとき,3.1 節の式(19)より,2本のビームの重ね合わせ領域に形成される干渉縞の可視度は(ここでは,P ではなく τ の関数として),式

$$\mathcal{V}(\tau) = |\gamma(\tau)| \tag{1}$$

で与えられる.ここで,$\gamma(\tau) = \gamma(Q_0, Q_0, \tau)$ であり,Q_0 は分割鏡 M_0 上の代表的な点を表す.ウィーナー-ヒンチンの定理を正規化した式によると[2.5 節の式(9b)],

$$\gamma(\tau) = \int_0^\infty s(\omega) e^{-i\omega\tau} d\omega \tag{2}$$

となる.ここで,$s(\omega)$ は Q_0 における光の正規化スペクトル密度である.右辺の積分には正の周波数成分のみが含まれているが,それは光の場の(2.3 節で議論した)解析信号表示を使用したためである.

ω_0 を光の中心周波数として,

$$\gamma(\tau) = \hat{\gamma}(\tau) e^{-i\omega_0\tau} \tag{3}$$

とおくと便利である.このとき式(3)と(2)から,

$$\hat{\gamma}(\tau) = \int_{-\infty}^\infty \hat{s}(\mu) e^{-i\mu\tau} d\mu \tag{4}$$

となる．ここで，

$$\hat{s}(\mu) = \begin{cases} s(\omega_0 + \mu) & \mu \geq -\omega_0 \text{ のとき} \\ 0 & \mu < -\omega_0 \text{ のとき} \end{cases} \tag{5}$$

である．式(1)〜(5)より，

$$\mathcal{V}(\tau) = \left| \int_{-\infty}^{\infty} \hat{s}(\mu) e^{-i\mu\tau} \, d\mu \right| \tag{6}$$

となることがわかる．

最初に，スペクトルは中心周波数 ω_0 について対称であると考える．このとき「シフトした」スペクトル $\hat{s}(\mu)$ は近似的に μ の偶関数であり，その結果，式(6)に現れる積分は実数となる．この場合，

$$\mathcal{V}(\tau) = \pm 2 \int_0^{\infty} \hat{s}(\mu) \cos(\mu\tau) \, d\mu \tag{7}$$

となる．式(7)の右辺の符号選択における両義性は，式(6)が積分の絶対値のみを与えることに由来するものである．式(7)の逆変換を行うと，シフトした正規化スペクトルの式

$$\hat{s}(\mu) \equiv s(\omega_0 + \mu) = \pm \frac{1}{\pi} \int_0^{\infty} \mathcal{V}(\tau) \cos(\mu\tau) \, d\tau \tag{8}$$

を得る．この式は，スペクトルが対称の場合，積分の符号における両義性を取り除くことができれば，中心周波数 ω_0 付近のスペクトル上のエネルギー分布が可視度曲線の測定から計算できることを示している．その両義性の問題は，通常は物理的な実現可能性を考慮することで解決できる．

もしスペクトルが対称でなければ，「シフトした」スペクトル密度 $\hat{s}(\mu)$ のフーリエ変換はもはや至るところで実数とはいえず，この場合，式(8)はもはや適用できない．このような場合にスペクトル密度を求めるためには，可視度曲線に加えて，$\hat{s}(\mu)$ のフーリエ変換 $\hat{\gamma}(\tau)$ の位相，もしくは複素コヒーレンス度の位相を知る必要がある．以前に[3.1節の式(19)に続く一節で]触れ

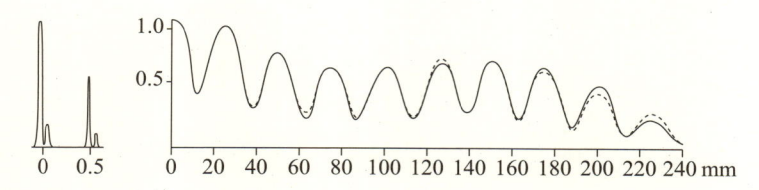

図 3.15 タリウムのスペクトルにおいて付随する線スペクトルをもつ 2 本のスペクトル線(左)と対応する可視度曲線(右)．(A. A. Michelson, *Light Waves and Their Uses*, The University of Chicago Press, Chicago, IL, 1902 より改変．最初の Phoenix Science Series, University of Chicago Press, 1961, Fig. 64, p. 79 より転載)

たように，複素コヒーレンス度の位相は，干渉するビームによって形成される干渉縞の最大強度の位置を測ることで決定できる．図 3.15 には，この方法によって，Michelson 自身が求めたタリウムのスペクトル線のエネルギー分布に関する結果が再現されている．

ごく最近，Michelson の方法は**フーリエ分光法**(Fourier spectroscopy)とよばれる関連する干渉技術に取って代わられてきた．その方法は，**インターフェログラム法**(interferogram method)としても知られ，時には **FTIR 技術**[5]とよばれることもある．それは主にスペクトルの赤外域で利用される．この方法では，コヒーレンス度 $\gamma(\tau)$ の実部と虚部の双方が直接決定され，それらの情報に基づき正規化スペクトル密度が曖昧性なしに決定される．

3.4 相互強度の伝搬

3.2 節で議論したファン・シッター - ゼルニケの定理は，光の空間的コヒーレンスが伝搬に伴い変化することを暗に示している．具体的には，この定理は空間的にインコヒーレントな光源でさえ部分的にコヒーレントな，そしてある領域では十分にコヒーレントな場を生成することを示している．この結

---

[5]【訳者注】FTIR とは，フーリエ変換赤外(分光法)を意味する "Fourier transform infrared" (spectroscopy) の略である．

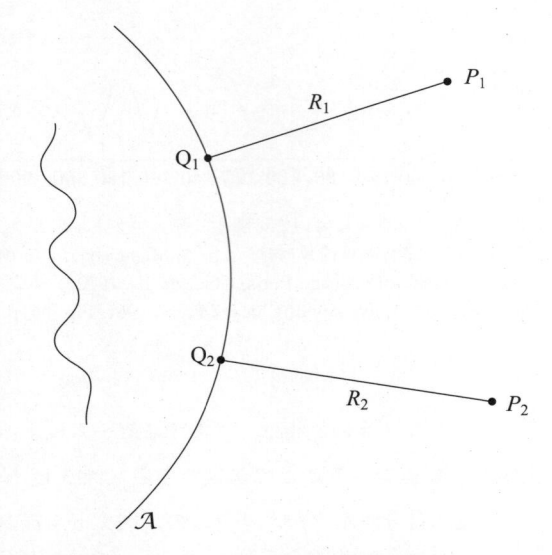

図 3.16 相互強度に対するゼルニケの伝搬法則の導出に関係する記号 [3.4 節の式(4)].

果を，同時刻コヒーレンス度がわかっている，ある開曲面からの伝搬に拡張しよう．

準単色光のビームをさえぎる曲面 $\mathcal{A}$ を考え，その曲面上の代表的な点 Q 上の複素振幅を $V(Q,t) \approx U(Q)\exp(-i\overline{\omega}t)$ とする．このとき，ホイヘンス - フレネルの原理によると (B&W, 8.2 節)，ビームが伝搬する領域内に存在する点 P_1 上の複素振幅の空間依存部分は (入射角と回折角が小さいと仮定して)，

$$U(P_1) = -\frac{i}{\lambda} \int_{\mathcal{A}} U(Q_1) \frac{e^{i\overline{k}R_1}}{R_1} \, dQ_1 \tag{1}$$

で与えられる．ここで，R_1 は Q_1 から P_1 までの距離である (図 3.16 を参照せよ)．同様に，$\overline{k} = \overline{\omega}/c$ を平均周波数 $\overline{\omega}$ に関連づけられた平均波数であるとして，

$$U(P_2) = -\frac{i}{\lambda} \int_{\mathcal{A}} U(Q_2) \frac{e^{i\overline{k}R_2}}{R_2} \, dQ_2 \tag{2}$$

が成り立つ．その結果，

$$\langle U^*(P_1)U(P_2)\rangle = \frac{1}{\bar{\lambda}^2}\int_{\mathcal{A}}\int_{\mathcal{A}}\langle U^*(Q_1)U(Q_2)\rangle\frac{e^{i\bar{k}(R_2-R_1)}}{R_1R_2}\,dQ_1dQ_2 \qquad (3)$$

となる．この式に現れている期待値は点 Q_1 と Q_2 における相互強度と認められるので[3.1 節の式(20)と比較せよ]，式(3)は

$$J(P_1,P_2) = \frac{1}{\bar{\lambda}^2}\int_{\mathcal{A}}\int_{\mathcal{A}}J(Q_1,Q_2)\frac{e^{i\bar{k}(R_2-R_1)}}{R_1R_2}\,dQ_1dQ_2 \qquad (4)$$

と書くことができる．この式は，前に引用したコヒーレンスに関する 1938 年の基礎的な論文において F. Zernike によってはじめて導かれ，しばしば相互強度に対する**ゼルニケの伝搬法則**(Zernike's propagation law)とよばれる．

同時刻コヒーレンス度 $j(Q_1,Q_2)$ の定義を思い出すと[3.1 節の式(21c)]，ゼルニケの伝搬法則(4)は

$$j(P_1,P_2) = \frac{1}{\sqrt{I(P_1)}\sqrt{I(P_2)}}\int_{\mathcal{A}}\int_{\mathcal{A}}j(Q_1,Q_2)\sqrt{I(Q_1)}\sqrt{I(Q_2)}\frac{e^{i\bar{k}(R_2-R_1)}}{R_1R_2}\,dQ_1dQ_2 \qquad (5)$$

と表現される．この式は，光が伝搬する空間に存在する任意の 2 点 P_1 および P_2 における光の同時刻コヒーレンス度を，曲面 $\mathcal{A}$ 上の光の同時刻コヒーレンス度とその平均強度によって表現している．式(5)は，ファン・シッター - ゼルニケの定理の一般化であり，曲面(ここでは平面) $\mathcal{A}$ 上の光が空間的にインコヒーレント $[J(Q_1,Q_2) \sim \delta^{(2)}(Q_2-Q_1)$．ここで，$\delta^{(2)}$ は 2 次元のディラックのデルタ関数]であるときに，通常のファン・シッター - ゼルニケの定理に帰着する．

ここで導いた式は，自由空間での伝搬に適用される．もし，曲面 $\mathcal{A}$ と点 P_1 と P_2 の間の空間に線形媒質もしくは線形光学系がある場合には，その式を簡単にその状況に拡張することができる．単に，「伝搬関数(propagator)」 $\exp(i\bar{k}R)/R$ $(R = \overline{QP})$ を，例えば $K(P,Q)$ のような適当な伝搬関数に置き換

えるだけでよい．このとき，式(4)の代わりに

$$J(P_1, P_2) = \frac{1}{\lambda^2} \int_{\mathcal{A}} \int_{\mathcal{A}} J(Q_1, Q_2) K^*(P_1, Q_1) K(P_2, Q_2) \, dQ_1 dQ_2 \qquad (6)$$

を得る．この式は，例えば，光源の像面における同時刻コヒーレンス度を決定するために利用される．この状況は，Zernike の古典的論文で詳しく議論されている．

この節では相互強度 $J(P_1, P_2)$ の伝搬だけを考えてきた．より一般的な相互コヒーレンス関数 $\Gamma(P_1, P_2, \tau)$ の伝搬法則を定式化することもできるが，それはやや複雑である．それらは，以下で注目する相互コヒーレンス関数の厳密な伝搬法則から導かれる．

3.5 自由空間中の相互コヒーレンスの伝搬を記述する波動方程式

3.2 節において，ファン・シッター‐ゼルニケの定理を記述する相互強度と同時刻コヒーレンス度についての表現式が，よく知られた初等的な回折理論の公式であるホイヘンス‐フレネルの原理によく似ていることがわかった．先ほど導出した相互強度の伝搬法則も，同様にホイヘンス‐フレネルの原理に似ている．これらの類似性には，形式的な導出から得られる以上に深い理由がある．これを以下で示そう．

自由空間における複素波動場を記述する集合 $\{V(\mathbf{r}, t)\}$ を考える[6]．集合の各要素は，波動方程式

$$\nabla^2 V(\mathbf{r}, t) = \frac{1}{c^2} \frac{\partial^2 V(\mathbf{r}, t)}{\partial t^2} \qquad (1)$$

を満たす．この式の複素共役をとり，$\mathbf{r}$ を $\mathbf{r}_1$ に，t を t_1 に置き換え，さらに

---

[6] 前節では，点を，P, Q, S などの大文字によって表記した．しかし，一般的な理論では，それらを $\mathbf{r}_1$ や $\mathbf{r}_2$ などの位置ベクトルで表記するとより便利である．以降の節ではどちらかより便利な方を利用する．

その式に $V(\mathbf{r}_2, t_2)$ を乗じる．その結果，

$$\nabla_1^2 V^*(\mathbf{r}_1, t_1) V(\mathbf{r}_2, t_2) = \frac{1}{c^2} \frac{\partial^2 V^*(\mathbf{r}_1, t_1)}{\partial t_1^2} V(\mathbf{r}_2, t_2) \tag{2}$$

を得る．ここで，∇_1^2 は点 $\mathbf{r}_1$ に作用するラプラス演算子（Laplacian operator）である．次に，この式の両辺のアンサンブル平均をとり，各種演算子の順序を交換する．その結果，方程式

$$\nabla_1^2 \langle V^*(\mathbf{r}_1, t_1) V(\mathbf{r}_2, t_2) \rangle = \frac{1}{c^2} \frac{\partial^2}{\partial t_1^2} \langle V^*(\mathbf{r}_1, t_1) V(\mathbf{r}_2, t_2) \rangle \tag{3}$$

を得る．もし，ここで仮定するように，場が統計的に少なくとも広義の定常性をもてば，

$$\langle V^*(\mathbf{r}_1, t_1) V(\mathbf{r}_2, t_2) \rangle = \langle V^*(\mathbf{r}_1, t) V(\mathbf{r}_2, t + t_2 - t_1) \rangle = \Gamma(\mathbf{r}_1, \mathbf{r}_2, \tau) \tag{4}$$

となる．ここで，$\tau = t_2 - t_1$ であり，$\Gamma(\mathbf{r}_1, \mathbf{r}_2, \tau)$ は場の相互コヒーレンス関数である［3.1 節の式(6)］．明らかに，$\partial^2/\partial t_1^2 = \partial^2/\partial \tau^2$ であり，したがって，式(3)は

$$\nabla_1^2 \Gamma(\mathbf{r}_1, \mathbf{r}_2, \tau) = \frac{1}{c^2} \frac{\partial^2 \Gamma(\mathbf{r}_1, \mathbf{r}_2, \tau)}{\partial \tau^2} \tag{5a}$$

となる．まったく同様の方法で，

$$\nabla_2^2 \Gamma(\mathbf{r}_1, \mathbf{r}_2, \tau) = \frac{1}{c^2} \frac{\partial^2 \Gamma(\mathbf{r}_1, \mathbf{r}_2, \tau)}{\partial \tau^2} \tag{5b}$$

が導かれる．ここで，∇_2^2 は $\mathbf{r}_2$ に作用するラプラス演算子である．

相互コヒーレンス関数に関する 2 つの波動方程式(5a)および(5b)は[7]，厳密に，自由空間中の伝搬に対して成立する．これらの式から，すぐに自由空間における相互強度の伝搬を表す近似的な方程式を得ることができる．その方程式は，3.1 節の式(22)を波動方程式(5)の Γ に代入すると導かれる．その結果，2 つの方程式，

$$\nabla_1^2 J(\mathbf{r}_1, \mathbf{r}_2) + \bar{k}^2 J(\mathbf{r}_1, \mathbf{r}_2) \approx 0 \tag{6a}$$

---

[7] 実際には，2 つの方程式(5)は，$\Gamma(\mathbf{r}_1, \mathbf{r}_2, \tau) = \Gamma^*(\mathbf{r}_2, \mathbf{r}_1, -\tau)$ の関係があるので独立ではない．

および
$$\nabla_2^2 J(\mathbf{r}_1, \mathbf{r}_2) + \overline{k}^2 J(\mathbf{r}_1, \mathbf{r}_2) \approx 0 \tag{6b}$$

を得る．ここで，
$$\overline{k} = \frac{\overline{\omega}}{c} \tag{7}$$

である．ただし，3.1 節の式(24)によって与えられる不等式，すなわち
$$|\tau| \ll \frac{2\pi}{\Delta\omega} \tag{8}$$

を満たす必要がある．

式(6)は，なぜファン・シッター - ゼルニケの定理が，初等的な回折理論であるホイヘンス - フレネルの原理によく似ているかを説明してくれる．この原理は，単色の光の場がヘルムホルツ方程式(Helmholtz equation)を満たすことの結果として導かれる．一方，定常ランダム場の相互強度についても，近似的にヘルムホルツ方程式に従うことを示した．この共通した性質から，いずれの場合についても，伝搬はよい近似でホイヘンス - フレネルの原理によって支配されることがわかる．

問 題

3.1 ガウス型の線スペクトルをもつ多色の平面光波が，2 つのピンホールをもつスクリーン $\mathcal{A}$ に垂直に入射する．各々の瞬間では，2 つのピンホール上の複素波動振幅は等しい．スクリーン $\mathcal{A}$ に平行したスクリーン $\mathcal{B}$ 上の，点 P で観察される干渉縞の可視度の式を求めよ．なお，点 P はそれぞれのピンホールから r_1 および r_2 の距離にあるものとする．

3.2 ある二重星は地球上から見込む角直径が同じ 2α で，その角間隔が 2β の 2 つの星によって構成されている．これらの星は一様な強度の円形断面をもち，同じ平均波長で放射しているものと見なすことができる．2 つの星の明るさの比は $1:b$ である．この二重星からの光は準単色になるようにフィルターを通される．

　(a) マイケルソン天体干渉計の観測面で測定される，この星の光の同時刻コヒーレンス度 j_{12} の式を求めよ．

(b) $\beta \gg \alpha$ の場合，β が可視度曲線からどのように決定されるか示せ．

3.3 マイケルソン干渉計が，幅 $\Delta\omega$，中心周波数 $\bar{\omega}$ の矩形状のスペクトル分布をもつ準単色光によって照明されている．干渉縞は，反射鏡の 1 つがもう 1 つの反射鏡に対して対称の位置から d_0 だけ移動したときにはじめて消滅する．干渉計のビームスプリッターの位置における光の自己コヒーレンス度 (degree of self-coherence) $\gamma(\mathbf{r}, \mathbf{r}, \tau)$ を求めよ．また，それを利用してスペクトル分布の幅 $\Delta\omega$ を計算せよ．

3.4 光のスペクトルが $\omega_1, \omega_2, \ldots, \omega_N$ を中心とする N 本の「線」で構成されており，それぞれの線スペクトルは同じ形状であるが異なる強度をもっているとする．その光は，マイケルソン干渉計で解析される．
 (a) 可視度曲線の式を求めよ．
 (b) スペクトルが同じ強度かつ同じガウス型の形状をもつ 2 本の線 ($N = 2$) で構成されている場合について，詳しく議論せよ．また，2 つの線の間隔がそれぞれの実効的な線幅に比べて大きいと仮定される場合，その間隔がどのように決定されるかについても示せ．

3.5 定常な準単色光ビームをさえぎる曲面上で，すべての 2 点に対する相互強度関数が
$$J(\mathbf{r}_1, \mathbf{r}_2) = f(\mathbf{r}_1) g(\mathbf{r}_2)$$
の形をもっている．ここで，$f(\mathbf{r})$ と $g(\mathbf{r})$ は曲面上の位置に関する既知の関数である．
 (a) $g(\mathbf{r}) = \alpha f^*(\mathbf{r})$ を示せ．ただし，α は実定数，アスタリスクは複素共役とする．
 (b) 2 次のコヒーレンス理論の枠組みの中では，この光は伝搬する空間において完全に空間的にコヒーレントであることを示せ．

3.6 自由空間において有限体積 D の中に常に局在している実ランダム光源分布 $Q^{(r)}(\mathbf{r}, t)$ を考え，$V^{(r)}(\mathbf{r}, t)$ をその光源が作り出す場としよう．$Q^{(r)}$ と $V^{(r)}$ は，非斉次の波動方程式
$$\nabla^2 V^{(r)}(\mathbf{r}, t) - \frac{1}{c^2} \frac{\partial^2 V^{(r)}(\mathbf{r}, t)}{\partial t^2} = -4\pi Q^{(r)}(\mathbf{r}, t)$$
によって関係づけられている．$Q^{(r)}(\mathbf{r}, t)$ と $V^{(r)}(\mathbf{r}, t)$ が定常確率過程であり，$Q(\mathbf{r}, t)$ と $V(\mathbf{r}, t)$ がそれらに対応する解析信号であるとすれば，相互相関関数
$$\Gamma_Q(\mathbf{r}_1, \mathbf{r}_2, \tau) = \langle Q^*(\mathbf{r}_1, \tau) Q(\mathbf{r}_2, t + \tau) \rangle$$

および

$$\Gamma_V(\mathbf{r}_1, \mathbf{r}_2, \tau) = \langle V^*(\mathbf{r}_1, \tau) V(\mathbf{r}_2, t + \tau) \rangle$$

は,方程式

$$\left(\nabla_2^2 - \frac{1}{c^2}\frac{\partial^2}{\partial \tau^2}\right)\left(\nabla_1^2 - \frac{1}{c^2}\frac{\partial^2}{\partial \tau^2}\right)\Gamma_V(\mathbf{r}_1, \mathbf{r}_2, \tau) = (4\pi)^2 \Gamma_Q(\mathbf{r}_1, \mathbf{r}_2, \tau)$$

によって関係づけられることを示せ.

3.7 自由空間において定常な光の場の相互コヒーレンス関数が

$$\Gamma(\mathbf{r}_1, \mathbf{r}_2, \tau) = F(\mathbf{r}_1, \mathbf{r}_2) G(\tau)$$

の形をもっている.関数 $F(\mathbf{r}_1, \mathbf{r}_2)$ が 2 つのヘルムホルツ方程式を満たさなければならないことを示し, $G(\tau)$ の最も一般的な形を求めよ.

第4章
空間-周波数領域における2次のコヒーレンス現象

　比較的最近まで，2次のコヒーレンス現象は通常は時空間の相関関数である相互コヒーレンス関数 $\Gamma(\mathbf{r}_1, \mathbf{r}_2, \tau)$ か，空間相関関数である相互強度 $J(\mathbf{r}_1, \mathbf{r}_2)$ によって記述されてきた．これらを使って，3.1節では複素コヒーレンス度 $\gamma(\mathbf{r}_1, \mathbf{r}_2, \tau)$ と $j(\mathbf{r}_1, \mathbf{r}_2)$ を定義した．最近，これらに代わる記述法が展開されたが，それは統計的な波動場を含む多くの問題の解析に大変有利である．その記述法では，当初はかなり形式的に相互コヒーレンス関数のフーリエ変換によって導入された関数を使用してきたが，あとになってその関数も実現要素の集合に関連づけられた相関関数であることがわかった．この相関関数は，位置と時間ではなく位置と周波数の関数である．この展開は見かけほど単純ではない．それは，2.5節で述べたように，定常確率過程の標本関数はフーリエ周波数表示をもたないからである．

　この新しい空間-周波数表示は，多くの問題に回答を与える点で非常に便利であることがわかり，さらにそれは新しい効果の発見へと導いた．本節ではそれらのいくつかを議論しよう．

4.1 コヒーレントモード表示と相関関数としての相互スペクトル密度

すでに述べたように,定常な光の場に対するコヒーレンス理論の空間-時間領域における定式化では,基本的な物理量は相互コヒーレンス関数

$$\Gamma(\mathbf{r}_1, \mathbf{r}_2, \tau) = \langle V^*(\mathbf{r}_1, t) V(\mathbf{r}_2, t+\tau) \rangle \tag{1}$$

である.空間-周波数領域における定式化では,基本的物理量は相互スペクトル密度関数 $W(\mathbf{r}_1, \mathbf{r}_2, \omega)$ であり,それは相互コヒーレンス関数のフーリエ周波数変換

$$W(\mathbf{r}_1, \mathbf{r}_2, \omega) = \frac{1}{2\pi} \int_{-\infty}^{\infty} \Gamma(\mathbf{r}_1, \mathbf{r}_2, \tau) e^{i\omega\tau} \, d\tau \tag{2}$$

となっている.

今後のために,相互スペクトル密度が自由空間では2つのヘルムホルツ方程式

$$\nabla_1^2 W(\mathbf{r}_1, \mathbf{r}_2, \omega) + k^2 W(\mathbf{r}_1, \mathbf{r}_2, \omega) = 0 \tag{3a}$$

および

$$\nabla_2^2 W(\mathbf{r}_1, \mathbf{r}_2, \omega) + k^2 W(\mathbf{r}_1, \mathbf{r}_2, \omega) = 0 \tag{3b}$$

に従うことを記しておく.ここで,∇_1^2 と ∇_2^2 はそれぞれ点 $\mathbf{r}_1$ と $\mathbf{r}_2$ に作用するラプラス演算子,$k = \omega/c$ は自由空間での波数,c は真空中での光の速度である.これらの方程式は,相互コヒーレンス関数が自由空間において満たす3.5節の2つの波動方程式(5a)および(5b)をフーリエ変換するとすぐに導かれる.

私たちは,定常確率過程の理論における一般化されたウィーナー‐ヒンチンの定理[2.5節の式(12a)および(12b)]に関連し,少し広い議論の中ですでに相互スペクトル密度に触れてきた.しかし,その取り扱いでは,相互スペ

クトル密度はディラックのデルタ関数を含む「特異な形式(singular formula)」となっていた[2.5 節の式(11)]．コヒーレンス理論の空間-周波数領域における定式化では，それに代わる方法で，つまり相互スペクトル密度は通常の関数論の範囲内で，よい性質の(well-behaved)実現要素の統計的な集合の相関関数として導入される．

自由空間中の閉じた領域 D における光の場を考えよう．ごく一般的な条件の下で(D における W のエルミート性，非負定値性，および自乗可積分性)，D 内の任意の 2 点 $\mathbf{r}_1$ および $\mathbf{r}_2$ における場の相互スペクトル密度は，(一般に無限項の)級数

$$W(\mathbf{r}_1, \mathbf{r}_2, \omega) = \sum_n \lambda_n(\omega) \phi_n^*(\mathbf{r}_1, \omega) \phi_n(\mathbf{r}_2, \omega) \tag{4}$$

で記述できることが示される(M&W, 4.7.1 および 4.7.2 節)．また，関数 ϕ_n および λ_n は，積分方程式

$$\int_D W(\mathbf{r}_1, \mathbf{r}_2, \omega) \phi_n(\mathbf{r}_1, \omega) \,\mathrm{d}^3 r_1 = \lambda_n(\omega) \phi_n(\mathbf{r}_2, \omega) \tag{5}$$

の固有関数および固有値であることが示される．固有関数 ϕ_n は領域 D において正規直交系をつくるように，つまり

$$\int_D \phi_n^*(\mathbf{r}, \omega) \phi_m(\mathbf{r}, \omega) \,\mathrm{d}^3 r = \delta_{nm} \tag{6}$$

を満たすように選ぶことができる．ここで，δ_{nm} はクロネッカーの記号(Kronecker symbol)である($n = m$ のとき $\delta_{nm} = 1$，$n \neq m$ のとき $\delta_{nm} = 0$)．$\lambda_n(\omega)$ [積分方程式(5)の固有値]は正，つまり

$$\lambda_n(\omega) > 0 \quad (n \geq 0) \tag{7}$$

である．式(4)の和は以下のように解釈しなければならない．もし，D が 3 次元領域であれば，n は非負整数の 3 つの組 (n_1, n_2, n_3) を表し，$\sum$ は三重の和を表す．その領域が 2 次元であれば，n は非負整数の対 n_1 および n_2 を表

し，$\sum$ は二重の和を表す．その領域が 1 次元であれば，n は非負整数を表し，1 つの和をとることになる．

自由空間では，それぞれの関数 $\phi_n(\mathbf{r}, \omega)$ はヘルムホルツ方程式

$$\nabla^2 \phi_n(\mathbf{r}, \omega) + k^2 \phi_n(\mathbf{r}, \omega) = 0 \tag{8}$$

に従う．この結果を導くために，相互スペクトル密度の展開式(4)をヘルムホルツ方程式(3b)に代入し，その結果に $\phi_m(\mathbf{r}_1, \omega)$ を乗算し，両辺を $\mathbf{r}_1$ について領域 D にわたって積分し正規直交関係(6)を利用する．理由はあとで明らかになるが，展開式(4)は相互スペクトル密度の**コヒーレントモード表示**(coherent-mode representation)として知られる．

さて，相互スペクトル密度の展開式(4)を使って，領域 D における場の相互スペクトル密度を相関関数として記述する，標本関数 $U(\mathbf{r}, \omega)$ の集合 $\{U(\mathbf{r}, \omega)\}$ を構築できることを示そう．

式

$$U(\mathbf{r}, \omega) = \sum_n a_n(\omega) \phi_n(\mathbf{r}, \omega) \tag{9}$$

で与えられる標本関数の集合を考えよう．ここで，$a_n(\omega)$ は

$$\langle a_n^*(\omega) a_m(\omega) \rangle_\omega = \lambda_n(\omega) \delta_{nm} \tag{10}$$

を満たすランダムな係数であり，$\lambda_n(\omega)$ は展開式(4)に含まれるものと同じ正の量，つまり積分方程式(5)の固有値である[1]．

次に，相関関数 $\langle U^*(\mathbf{r}_1, \omega) U(\mathbf{r}_2, \omega) \rangle$ を考える．展開式(9)を利用すると，

$$\langle U^*(\mathbf{r}_1, \omega) U(\mathbf{r}_2, \omega) \rangle_\omega = \sum_n \sum_m \langle a_n^*(\omega) a_m(\omega) \rangle \phi_n^*(\mathbf{r}_1, \omega) \phi_m(\mathbf{r}_2, \omega) \tag{11}$$

---

[1] このようなランダム係数の選び方はたくさんある．例えば，$a_n(\omega) = \sqrt{\lambda_n(\omega)} e^{i\theta_n}$ とすることができる．ここで，θ_n は，それぞれの n について，$0 \leq \theta_n < 2\pi$ の範囲に一様に分布し，$n \neq m$ のときに θ_n と θ_m が統計的に独立になる実ランダム変数である．このように選ぶと，式(10)の要求は満たされる．

となる．この式を導出する際に，アンサンブル平均と二重和の順序を交換した．式(10)を利用すると，展開式(11)は簡単になり

$$\langle U^*(\mathbf{r}_1,\omega)U(\mathbf{r}_2,\omega)\rangle_\omega = \sum_n \lambda_n(\omega)\phi_n^*(\mathbf{r}_1,\omega)\phi_n(\mathbf{r}_2,\omega) \tag{12}$$

となる．式(12)と(4)の右辺は同じなので，左辺も互いに等しくなければならず，そのため重要な結果

$$W(\mathbf{r}_1,\mathbf{r}_2,\omega) = \langle U^*(\mathbf{r}_1,\omega)U(\mathbf{r}_2,\omega)\rangle_\omega \tag{13}$$

が導かれる．括弧 $\langle\ldots\rangle$ に添字 ω を付けているが，それは平均が空間-周波数領域の実現要素の集合に対して実行されていることを強調するためである．それは，以前に取り扱った空間-時間領域の実現要素 $V(\mathbf{r},t)$ に対する集合とはまったく異なる集合である．

式(13)は重要な結果である．それは，**領域 D において統計的に定常なゆらぎをもつ場の相互スペクトル密度は，D 内のすべての 2 点に対して，空間-周波数領域の実現要素 $U(\mathbf{r},\omega)$ の集合 $\{U(\mathbf{r},\omega)\}$ の相互相関関数として表現できることを示している．**

関数 $\phi_n(\mathbf{r},\omega)$ のそれぞれがヘルムホルツ方程式(8)を満たすので，式(9)の左辺もまたその方程式を満たすことが明らかである．その結果，

$$\nabla^2 U(\mathbf{r},\omega) + k^2 U(\mathbf{r},\omega) = 0 \tag{14}$$

を得る．そのため，ここで導入した集合の各々の標本関数 $U(\mathbf{r},\omega)$ を，単色波動場 $V(\mathbf{r},t) = U(\mathbf{r},\omega)\exp(-i\omega t)$ の空間依存項と見なすことができる．この事実から，空間-周波数領域の 2 次のコヒーレンス理論より導かれる結果の多くが，直観的に理解しやすくなる．例えば，式(13)は，点 $\mathbf{r}$ におけるゆらぎをもつ場 $V(\mathbf{r},t)$ のスペクトル密度 $S(\mathbf{r},\omega) \equiv W(\mathbf{r},\mathbf{r},\omega)$ が

$$S(\mathbf{r},\omega) = \langle U^*(\mathbf{r},\omega)U(\mathbf{r},\omega)\rangle_\omega \tag{15}$$

の形で表現できることを意味する．この式は，スペクトル密度はゆらぎをもつ場 $V(\mathbf{r},t)$ のフーリエ周波数成分の絶対値の 2 乗の平均であるという一般に直観的に信じられることに基づく式に似ている．しかし，2.5 節で学んだように，定常なランダム場 $V(\mathbf{r},t)$ はフーリエ周波数スペクトルをもたない．それにもかかわらず，式(15)は厳密に成り立つ．この場合には，$U(\mathbf{r},\omega)$ はゆらぎをもつ場の(存在しない)フーリエ周波数成分ではなく，すべて周波数 ω の**単色の実現要素の統計的集合** $\{V(\mathbf{r},t) = U(\mathbf{r},\omega)e^{-i\omega t}\}$ の要素の空間依存項であるということを正しく認識しなければならない．「**単色場**」と「**同じ周波数をもつ単色場の集合**」の区別は重要である．一度，この事実を正しく認識すれば，すぐに明らかになるように，定常な波動場における 2 次のコヒーレンス現象を研究するために空間-周波数表示をより有効に利用することができる．

4.2 スペクトル干渉法則とスペクトルコヒーレンス度

3.1 節では，ヤングの干渉実験の解析から，(一般に複素数の)空間-時間領域の相関係数であるコヒーレンス度 $\gamma(\mathbf{r}_1,\mathbf{r}_2,\tau)$ を導入した．本節では，再びヤングの干渉実験の解析から空間-周波数領域の相関係数を導入する．ただし，この解析では，検出面における強度分布を考える代わりに，その面での光のスペクトルを考えるという点に違いがある．この目的では，ピンホールを照明する光は狭帯域である必要は**ない**．それどころか，すぐに明らかになるように，ピンホールから出射する 2 本のビームの重ね合わせが検出面上の光のスペクトルに与える効果は，ピンホールに入射する光が広帯域の周波数を含む場合に，より顕著になる．

点 Q_1 と Q_2 の位置に 2 つのピンホールをもつ遮光スクリーン $\mathcal{A}$ に，左側から入射する任意のコヒーレンス状態をもつ光を再び考えよう(図 4.1)．先

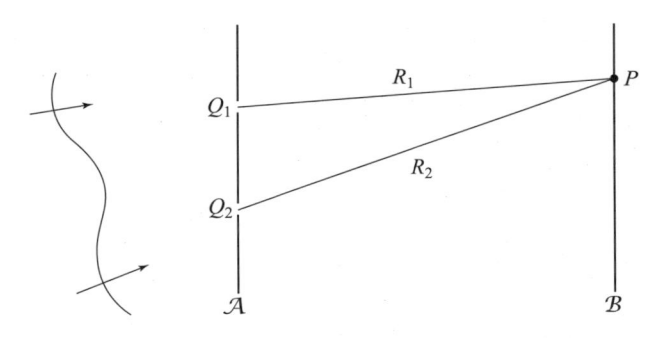

図 4.1 広帯域光を使ったヤングの干渉実験に関係する記号.

ほど導いた結果から明らかなように，ピンホール上の場を周波数依存性をもつ実現要素の集合 $\{U(Q_1,\omega)\}$ および $\{U(Q_2,\omega)\}$ によって記述することができる．ピンホールは十分に小さく，場の振幅はそれぞれのピンホール上で実効的に定数となることと，入射角と回折角が小さいことを仮定する．このとき，スクリーン $\mathcal{A}$ からある程度離れた位置に平行に置かれた検出面 $\mathcal{B}$ 上の点 P における場は，よい近似で実現要素の集合 $\{U(P,\omega)\}$ によって与えられる．ここで，

$$U(P,\omega) = K_1 U(Q_1,\omega)e^{ikR_1} + K_2 U(Q_2,\omega)e^{ikR_2} \tag{1}$$

であり，K_1 と K_2 は 3.1 節の式 (3) において $\bar{\lambda}$ を周波数 ω に対応する波長 λ，すなわち $\lambda = 2\pi c/\omega$ に置き換えることによって定義され，R_1 と R_2 は以前と同様にそれぞれ Q_1 から P および Q_2 から P までの距離である．

式 (1) をスペクトル密度の式 [4.1 節の式 (15)] に代入しよう．関係式 $W(Q_2,Q_1,\omega) = W^*(Q_1,Q_2,\omega)$ をあわせて利用すると，点 P におけるスペクトル密度の式

$$S(P,\omega) = |K_1|^2 S(Q_1,\omega) + |K_2|^2 S(Q_2,\omega) + 2\mathcal{R}e\{K_1^* K_2 W(Q_1,Q_2,\omega)e^{-i\delta}\} \tag{2}$$

を得る．ここで，

$$\delta = \frac{2\pi}{\lambda}(R_1 - R_2) \tag{3}$$

である．係数 K_1 および K_2 はピンホールの面積に比例する．Q_2 のピンホールの面積を 0 にすると，式(2)は Q_1 のピンホールのみが開いた場合の点 P 上のスペクトル密度 $S^{(1)}(P,\omega)$，すなわち，

$$|K_1|^2 S(Q_1,\omega) \equiv S^{(1)}(P,\omega) \tag{4a}$$

を表す．同様に，

$$|K_2|^2 S(Q_2,\omega) \equiv S^{(2)}(P,\omega) \tag{4b}$$

は，Q_2 のピンホールのみが開いた場合の P 上のスペクトル密度を表す．したがって，式(2)は物理的により重要な形式

$$S(P,\omega) = S^{(1)}(P,\omega) + S^{(2)}(P,\omega) \\ + 2\left\{\sqrt{S^{(1)}(P,\omega)}\sqrt{S^{(2)}(P,\omega)}\mathcal{R}e[\mu(Q_1,Q_2,\omega)e^{-i\delta}]\right\} \tag{5}$$

に書き換えることができる．ここで，

$$\mu(Q_1,Q_2,\omega) \equiv \frac{W(Q_1,Q_2,\omega)}{\sqrt{W(Q_1,Q_1,\omega)}\sqrt{W(Q_2,Q_2,\omega)}} \tag{6a}$$

$$= \frac{W(Q_1,Q_2,\omega)}{\sqrt{S(Q_1,\omega)}\sqrt{S(Q_2,\omega)}} \tag{6b}$$

である．もし，

$$\mu(Q_1,Q_2,\omega) = |\mu(Q_1,Q_2,\omega)|e^{i\beta(Q_1,Q_2,\omega)} \tag{7}$$

とおくと，観測面上の点 P におけるスペクトル密度の式(5)は

$$S(P,\omega) = S^{(1)}(P,\omega) + S^{(2)}(P,\omega) \\ + 2\sqrt{S^{(1)}(P,\omega)}\sqrt{S^{(2)}(P,\omega)}|\mu(Q_1,Q_2,\omega)|\cos[\beta(Q_1,Q_2,\omega) - \delta] \tag{8}$$

となる．この式は任意のコヒーレンス状態をもつビームの重ね合わせに対する**スペクトル干渉法則**(spectral interference law)とよばれる．数学的な構造の

4.2 スペクトル干渉法則とスペクトルコヒーレンス度　85

上では，「強度の干渉法則」[3.1 節の式 (14)] と同じ形となっているが，その意味は異なる．強度の干渉法則は干渉パターン上の点 P における平均**強度**を表す式であるが，式 (8) はその点における光の**スペクトル密度**を表す式である．

スペクトル干渉法則の結果に目を向ける前に，複素コヒーレンス度 $\gamma(Q_1, Q_2, \tau)$ に似た役割を果たす係数 $\mu(Q_1, Q_2, \omega)$ の物理的重要性を簡単に説明しよう．これは，式 (8) を 3.1 節の式 (14) と比較すると明らかである．$\mu(Q_1, Q_2, \omega)$ を定義する式 (6) は，それが点 Q_1 と Q_2 におけるゆらぎをもつ場の正規化された相互スペクトル密度であることを示している．相互スペクトル密度 $W(\mathbf{r}_1, \mathbf{r}_2, \omega)$ は空間-周波数領域において相関関数として解釈できることをすでに学んだ [4.1 節の式 (12)]．相互スペクトル密度が非負定値[2]であることを使って(もしくは，シュワルツの不等式[3]を利用して)，その正規化された係数 $\mu(Q_1, Q_2, \omega)$ は絶対値で 0 と 1 の範囲にあること，すなわち，その引数のすべてに対して

$$0 \le |\mu(Q_1, Q_2, \omega)| \le 1 \tag{9}$$

が成り立つことが示される [B&W, Appendix VIII, p.911 を参照せよ]．極値 $|\mu| = 1$ は完全に相関があることを表し，もう一方の極値 $\mu = 0$ は相関がないことを表す．この理由から，正規化された相互スペクトル密度 $\mu(Q_1, Q_2, \omega)$ は，点 Q_1 および Q_2 の光の，周波数 ω における**スペクトルコヒーレンス度** (spectral degree of coherence) とよばれる．

スペクトル干渉法則 (8) に話を戻そう．通常は $S^{(2)}(P, \omega) \approx S^{(1)}(P, \omega)$ であるので，スペクトル干渉法則はより簡単な形

$$S(P, \omega) = 2S^{(1)}(P, \omega)\{1 + |\mu(Q_1, Q_2, \omega)| \cos[\beta(Q_1, Q_2, \omega) - \delta]\} \tag{10}$$

---

[2] 【訳者注】原文では，"non-negative definite"．非負定符号とよばれることもある．この用語は，"positive semi-definite" (半正定値，準正定値，等) と同義である．

[3] 【訳者注】原文では，"Schwarz inequality"．

となる．この式のもつ2つの意味に注目する．1つ目は，任意の周波数 ω について，スペクトル密度は検出面 $\mathcal{B}$ 上の点 P の位置に対して正弦的に変化し，その振幅と位相はスペクトルコヒーレンス度に依存する．2つ目は，任意の固定点 P について，スペクトル密度 $S(P,\omega)$ は一般に，2つのピンホールのうちの1つだけを通って点 P に到達する光のスペクトル密度 $S^{(1)}(P,\omega)$ とは異なり，その違いはスペクトルコヒーレンス度 $\mu(Q_1,Q_2,\omega)$ に依存する．2つのスペクトルにおけるこの違いは，**相関に誘起されるスペクトル変化**(correlation-induced spectral changes)[4]の現象の一例であり，それについてはこのあと議論する．

ある意味では，3.1 節の式 (8) で与えられる「強度の」干渉法則とスペクトル干渉法則 (8) は互いに相補的である．前者は，**狭帯域**の準単色光が重ね合わせられたときに，平均**強度**にかなりの変化が生じることを示している．後者は，2つの**広帯域**ビームが重ね合わせられたときに，**スペクトル**にかなりの変化を生じることを表している．より詳しく解析すると，前者の場合は顕著なスペクトル変化は起こらず，後者の場合は顕著な強度変動は生じないことがわかる．さらに，2つのビームの間に導入される行路差がコヒーレンス長程度の距離を越える場合は干渉縞は形成されないが，スペクトル干渉法則 (8) から明らかなように，式 (3) で定義される位相差 δ にかかわらずスペクトルの変動は生じる[5]．図 4.2 (a) は，この効果を例証するための実験系を表している．実験の結果は，図 4.2 (b) に示されている．

スペクトル変化は，星の光が遮光スクリーン上の2つのスリットを通過して重ね合わせられる場合でも観察された[6]．図 4.3 に示されるこの種の変化

---

[4]【訳者注】先駆的な研究を行った本書の原著者にちなんで，この現象を「ウォルフ効果(Wolf effect)」とよぶこともある．また，英語では常に "correlation-induced spectral changes" と表記されるが，日本語ではこれを本文中の訳語以外に「相関に起因するスペクトル変化」と表記されることも多い．

[5] 同様の効果が，物質波，具体的には中性子ビームを使った干渉実験において見つかった[例えば，H. Rauch, *Phys. Lett.* **A173** (1992), 240-242 と D. L. Jacobson, S. A. Werner and H. Rauch, *Phys. Rev.* **A49** (1994), 3196-3200 を参照せよ．また，G. S. Agarwal, *Found. Phys.* **25** (1995), 219-228 も参照せよ].

[6] H. C. Kandpal, A. Wasan, J. S. Vaishya and E. S. R. Gopal, *Indian J. Pure Appl. Phys.* **36** (1998), 665-674. この論文では，星（うしかい座 α 星）からの光のスペクトルコヒーレンス度の周波数依存性の測定につ

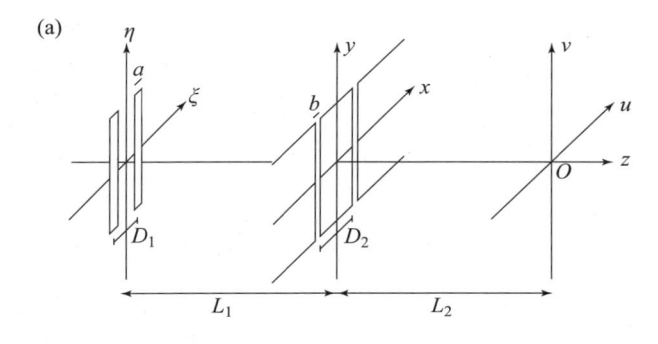

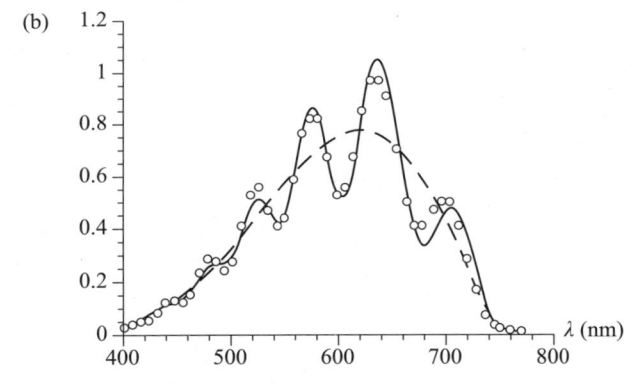

図 4.2 2 つのスリットから出射する 2 本の部分的コヒーレント広帯域光ビームの重ね合わせによって生じるスペクトル変化. (a)実験の配置. $D_1 = 0.68$ mm, $D_2 = 3.4$ mm, $a = 0.026$ mm, $b = 0.11$ mm. (b)円で示された測定値, 実線による補間, および元のスペクトル(破線). [M. Santarsiero and F. Gori, *Phys. Lett.* **A 167** (1992), 123-128 による]

から, 地球に届く星の光のスペクトルコヒーレンス度がスペクトル干渉法則(8)を使って求められた. 原理的には, この測定から(3.2 節で議論した)ファン・シッター - ゼルニケの定理を利用して星の角直径を見積もることができる. この方法は, 3.3.1 節で述べた星の直径を測定するためのマイケルソンの方法とは区別しなければならない. マイケルソンの方法は可視度の測定か

いても報告された.

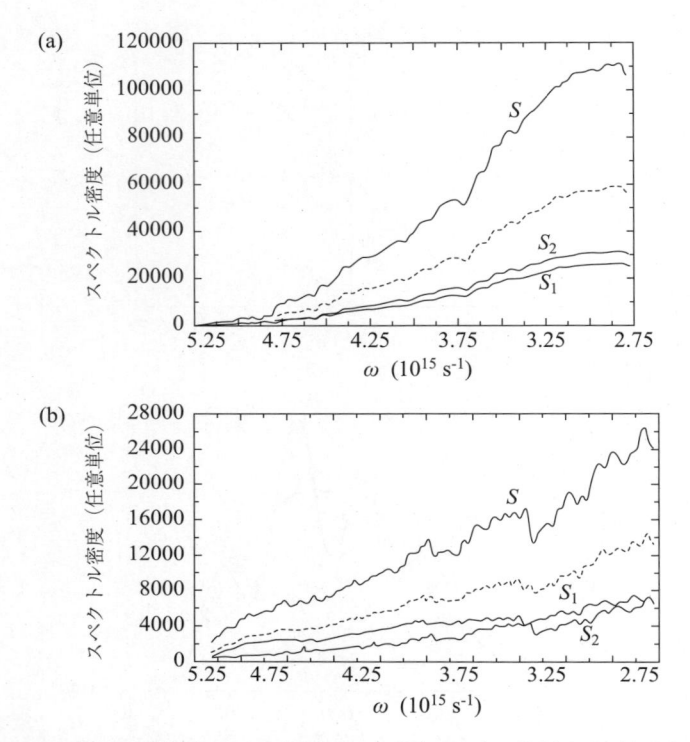

図 4.3 光軸上の観測点 P におけるうしかい座 (Bootis) α 星 (a) およびさそり座 (Scorpio) α 星 (b) のスペクトル. 曲線 S_1 は, スリット P_1 を開けて P_2 を閉じた場合に記録されたスペクトル. 曲線 S_2 は, P_2 を開けて P_1 を閉じた場合に記録されたスペクトル. 曲線 S は P_1 と P_2 の両方を開けた場合に記録されたスペクトル. 点線は曲線 S_1 と S_2 によって与えられる 2 つのスペクトルの和を表している. [H. C. Kandpal, A. Wasan, J. S. Vaishya and E. S. R. Gopal, *Indian J. Pure Appl. Phys.* **36** (1998), 665-674 による]

ら干渉計の 2 つの反射鏡におけるゆらぎをもつ場の間の相関を求めることに基づいているが, ここで述べた方法は 2 つのビーム間の干渉に起因するスペクトル変化の測定に基づいている. つまり, それは**相関に誘起される**スペクトル変化を利用している.

3.1 節で「強度の干渉法則」を議論したとき, 複素コヒーレンス度

$\gamma(Q_1, Q_2, \tau)$ の絶対値は,干渉縞の可視度の測定から決定できることを示した [3.1 節の式 (19)]. ここでは,スペクトルコヒーレンス度 $\mu(Q_1, Q_2, \omega)$ の絶対値がこれにやや似た方法で決定できることを示そう. この目的のために $S^{(2)}(P, \omega) = S^{(1)}(P, \omega)$ の場合に限定すると [式 (10)], スペクトル干渉法則より,任意の固定された周波数 ω におけるスペクトル密度 $S(P, \omega)$ は,式 (10) の余弦項が $+1$ の値をもつような行路差 $(\beta - \delta)$ のときに観測面上の点 P 付近で最大をとり,-1 の値をもつときに最小になることを記しておく. スペクトル密度のこれらの両極値は,明らかに

$$S_{\max}(P, \omega) = 2S^{(1)}(P, \omega)[1 + |\mu(Q_1, Q_2, \omega)|] \tag{11a}$$

および

$$S_{\min}(P, \omega) = 2S^{(1)}(P, \omega)[1 - |\mu(Q_1, Q_2, \omega)|] \tag{11b}$$

である. 干渉縞の可視度を表す 3.1 節の定義式 (18) との類似性により,式

$$\mathcal{V}(P, \omega) = \frac{S_{\max}(P, \omega) - S_{\min}(P, \omega)}{S_{\max}(P, \omega) + S_{\min}(P, \omega)} \tag{12}$$

で定義される**スペクトル可視度** (spectral visibility) $\mathcal{V}(P, \omega)$ の概念を導入する. 式 (11) を式 (12) に代入すると

$$\mathcal{V}(P, \omega) = |\mu(Q_1, Q_2, \omega)| \tag{13}$$

となる. この式は,スペクトルコヒーレンス度の絶対値が,2 つのピンホールからの光を狭帯域フィルターに通過させることにより,ヤングの干渉実験から得られることを示している. ここで,その狭帯域フィルターは,選択された周波数 ω を中心とする狭いスペクトルの一部を透過させるものである. μ の偏角(位相)もまた, γ の位相を決定するために行ったことと同じような (3.1 節で議論され, B&W の 10.4.1 節に記述されている) 方法で,最大と最小の位置を測定することにより実験的に求められる. しかし,この場合も狭

帯域フィルターを使わなければならない．スペクトルコヒーレンス度の絶対値と位相の双方を測定するその他の技術については，いろいろな論文で報告されている[7]．

正規化された相互スペクトル密度(6)をスペクトルコヒーレンス度として解釈すると，なぜ4.1節の展開式(4)が場のコヒーレントモード表示として知られるかをすぐに理解することができる．この目的のために，展開式を

$$W(\mathbf{r}_1, \mathbf{r}_2, \omega) = \sum_n W^{(n)}(\mathbf{r}_1, \mathbf{r}_2, \omega) \tag{14}$$

の形に書き直そう．ここで，

$$W^{(n)}(\mathbf{r}_1, \mathbf{r}_2, \omega) = \lambda_n(\omega)\phi_n^*(\mathbf{r}_1, \omega)\phi_n(\mathbf{r}_2, \omega) \tag{15}$$

である．要素 $W^{(n)}$ に関するスペクトルコヒーレンス度は，式

$$\begin{aligned}\mu^{(n)}(\mathbf{r}_1, \mathbf{r}_2, \omega) &\equiv \frac{W^{(n)}(\mathbf{r}_1, \mathbf{r}_2, \omega)}{\sqrt{S^{(n)}(\mathbf{r}_1, \omega)}\sqrt{S^{(n)}(\mathbf{r}_2, \omega)}} \\ &= \frac{\lambda_n(\omega)\phi_n^*(\mathbf{r}_1, \omega)\phi_n(\mathbf{r}_2, \omega)}{\sqrt{\lambda_n(\omega)|\phi_n(\mathbf{r}_1, \omega)|^2}\sqrt{\lambda_n(\omega)|\phi_n(\mathbf{r}_2, \omega)|^2}}\end{aligned} \tag{16}$$

で与えられ，これは

$$\left|\mu^{(n)}(\mathbf{r}_1, \mathbf{r}_2, \omega)\right| = 1 \tag{17}$$

となる．式(16)の右辺の1行目から2行目の式に移る際に，スペクトル密度が $S^{(n)}(\mathbf{r}, \omega) \equiv W^{(n)}(\mathbf{r}, \mathbf{r}, \omega)$ であることを利用した．

4.1節の展開式(4)におけるそれぞれの項(モード)は，周波数 ω において完全に空間的にコヒーレントな場を表すことを，式(17)は示している．

また，レーザーのモードが，このコヒーレントモードの例となることが示されている(M&W, 7.4節)．

---

[7] D. F. V. James and E. Wolf, *Opt. Commun.* **145** (1997), 1-4; S. S. K. Titus, A. Wasan, J. S. Vaishya and H. C. Kandpal, *Opt. Commun.* **173** (2000), 45-49; V. N. Kumar and D. N. Rao, *J. Mod. Opt.* **48** (2001), 1455-1465; G. Popescu and A. Dogariu, *Phys. Rev. Lett.* **88** (2002), 183902 (4 pages).

4.3 具体例: 干渉におけるスペクトル変化

前節で導いたスペクトル干渉法則には，多くの興味深い意味と有用な応用がある．本節では，遠くの物体の角距離を求めるために，この法則がどのように利用されるのかを示す[8]．

個々のピンホールから観測点 P に到達する光のスペクトル密度が等しいとき［つまり，$S^{(1)}(P,\omega) = S^{(2)}(P,\omega)$］，スペクトル干渉法則［4.2 節の式(10)］に従って

$$\frac{S(P,\omega)}{2S^{(1)}(P,\omega)} = 1 + |\mu(Q_1,Q_2,\omega)|\cos[\beta(Q_1,Q_2,\omega) - \delta] \tag{1}$$

を得る．以前と同様に，R_1 と R_2 を点 Q_1 と Q_2 に置かれた 2 つのピンホールのそれぞれから観測点 P までの距離，d をピンホール間の距離，そして x を光軸から観測点までの距離とする（図 4.4 を参照せよ）．x はピンホール面と観測面の間の距離 R に比べて十分に小さいものとする．つまり，$x/R \ll 1$ を仮定する．このとき，$R_2 - R_1 \approx xd/R$ であり，行路差は $\delta \equiv k(R_2 - R_1) \approx \omega xd/(cR)$ となる．これらの条件の下では，式(1)は

$$\frac{S(P,\omega)}{2S^{(1)}(P,\omega)} = 1 + |\mu(Q_1,Q_2,\omega)|\cos[\beta(Q_1,Q_2,\omega) - \omega xd/(cR)] \tag{2}$$

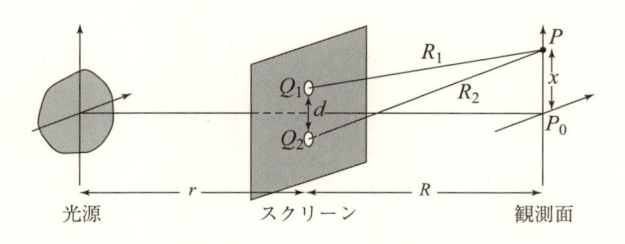

図 4.4 4.3 節の式(2)に関係する記号の説明．

---

[8] 本節の解析は論文 D. F. V. James, H. C. Kandpal and E. Wolf, *Astrophys. J.* **445** (1995), 406-410 に基づいている．

となる．光源は，例えば，少し理想化された二重星のように互いに一様な強度 i_o をもつ一対の等しい円盤とする．この2つの構成要素をもつ光源の強度分布 $I_0(\rho)$ は，個々の構成要素を空間的にインコヒーレントであると仮定すると，

$$I_0(\rho) = i_0\{\mathrm{circ}[|\rho + \mathbf{b}_0/2|/a] + \mathrm{circ}[|\rho - \mathbf{b}_0/2|/a]\} \tag{3}$$

と表現される．ここで，a は2つの円形光源のそれぞれの半径，$\mathbf{b}_0$ は一方の光源に対する他方の光源の中心の位置を示すベクトル，i_0 は2つの光源のそれぞれの強度であり定数と仮定し，

$$\mathrm{circ}(x) = \begin{cases} 1 & 0 \leq |x| \leq 1 \text{ のとき} \\ 0 & |x| > 1 \text{ のとき} \end{cases} \tag{4}$$

とする．

光源からピンホールに到達する光のスペクトルコヒーレンス度は，3.2 節の式 (20) で与えられるファン・シッター-ゼルニケの定理の遠方領域形式において，同時刻コヒーレンス度 $j(Q_1, Q_2)$ をスペクトルコヒーレンス度 $\mu(Q_1, Q_2, \omega)$ に交換したものに式 (3) を代入することにより，簡単に計算することができる．このとき，r を「光源面」とピンホール面の距離と (図 4.5 を参照せよ)，$\mathbf{d}$ を2つのピンホール間の (ベクトル) 距離とすると，

$$\mu(Q_1, Q_2, \omega) = \frac{2J_1[a\omega d/(cr)]}{a\omega d/(cr)} \cos\left(\frac{\omega \mathbf{d} \cdot \mathbf{b}_0}{2cr}\right) \tag{5}$$

を得る．

式 (5) を式 (2) に代入すると，

$$\frac{S(P,\omega)}{2S^{(1)}(P,\omega)} = 1 + \frac{2J_1[a\omega d/(cr)]}{a\omega d/(cr)} \cos\left(\frac{\omega d b_0}{2cr}\right) \cos\left(\frac{\omega x d}{cR}\right) \tag{6}$$

となる[9]．ここで簡単化のために，ピンホールを結ぶ線と2つの円形光源の

---

[9]【訳者注】この式の導出は，4.2 節の式 (7) を利用して，式 (2) の右辺を $1 + \mathcal{R}e\{\mu(Q_1, Q_2, \omega)\exp[-i\omega xd/(cR)]\}$ と考えるとわかりやすい．

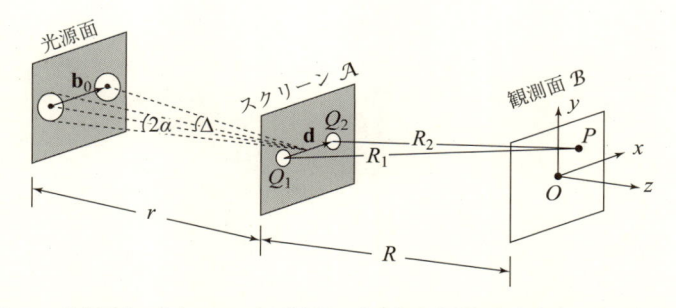

図 4.5 分光測定により 2 つの円形光源の角直径と角間隔を決定する方法の説明.

中心を結ぶ線は平行である,すなわち $\mathbf{d}$ は $\mathbf{b}_0$ に平行であると仮定した.また,ベッセル関数を含む項が実数であることを利用した.

図 4.6 は比 $S(P,\omega)/(2S^{(1)}(P,\omega))$ の振る舞いを,ある選ばれたパラメーターの値に対して,周波数 ω の関数として描いたものである.以下の特徴を記しておく価値がある.1 つ目は,$\cos[\omega xd/(cR)]$ の項によりすばやい正弦的な変動があること,2 つ目は,式 (5) で与えられる 2 つのピンホールにおける光のスペクトルコヒーレンス度の周波数依存性によりスペクトル変調のコントラストが変化することである.スペクトルの変調の 2 つの異なる原因が,(i) 光源の大きさによるもの,および (ii) 2 つの光源の間隔によるものであることは簡単に確認することができる.そのため原理的には,2 つの光源の角直径と角間隔は,**固定されたピンホール間隔のもとでこのスペクトル測定**を行うことにより推定することができる.これらの理論的予測は,実験により確認された[10](図 4.7 を参照せよ).

---

10 H. C. Kandpal, K. Saxena, D. S. Mehta, J. S. Vaishya and K. C. Joshi, *J. Mod. Opt.* **42** (1995), 447-454.

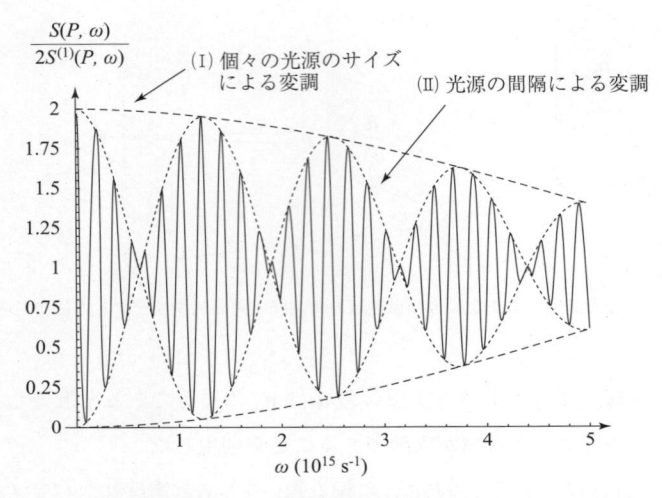

図 4.6 それぞれ角半径 $\alpha = 3 \times 10^{-8}$ をもつ円形光源からの 2 本のビームを点 P で重ね合わせることにより作り出されるスペクトル. 2 つの光源の角間隔は $\Delta = 3 \times 10^{-7}$, 行路差 は $(R_2 - R_1) = 10\,\mu\mathrm{m}$, および基線は $d = 5\,\mathrm{m}$ である. [D. F. V. James, H. C. Kandpal and E. Wolf, *Asrophys. J.* **445** (1995), 406-410 より改変]

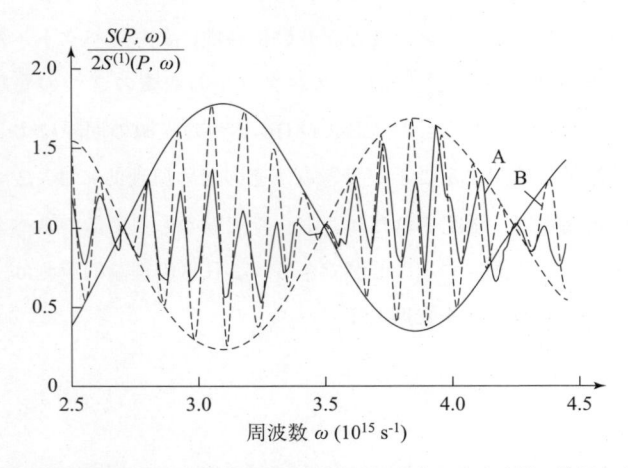

図 4.7 前の図に示された理論的予測を検証した最初の室内実験の結果. 各パラメーターは同じ値を使用している. 破線：理論的予測, 実線：実験結果. [H. C. Kandpal, K. Saxena, D. S. Mehta, J. S. Vaishya and K. C. Joshi, *J. Mod. Opt.* **42** (1995), 447-454 より改変]

4.4 狭帯域光の干渉

周波数 ω_0 を中心とする十分に狭い帯域の光が干渉するとき,その周波数をもつ単色光の干渉に似て,鮮明な干渉縞(すなわち,本質的に可視度が1となる干渉縞)が形成されると仮定することがよくある.以下ではこの仮定は正しくないことを示し,さらに狭帯域光によって形成される干渉縞にはいくつもの興味深い特徴があることを示す.

ヤングの干渉実験において,点 Q_1 と Q_2 にあるピンホールのそれぞれの前に同一のフィルターを置くとする.フィルターの透過帯域が干渉縞パターンにどのように影響するかを考えよう.

式
$$W^{(i)}(Q_1, Q_2, \omega) = \langle U^{(i)*}(Q_1, \omega) U^{(i)}(Q_2, \omega) \rangle \tag{1}$$
をピンホールに入射する光の相互スペクトル密度とする.式(1)の右辺の期待値は,4.1節で議論した空間-周波数領域のコヒーレンス理論の意味で理解されなければならない.簡単化のために,括弧 $\langle \ldots \rangle$ の添え字 ω は省いた.

$T(\omega)$ をそれぞれのフィルターの透過関数とする.フィルターから出射する光の相互スペクトル密度は,式(1)を利用すると,
$$\begin{aligned} W^{(+)}(Q_1, Q_2, \omega) &= \langle T^*(\omega) U^{(i)*}(Q_1, \omega) T(\omega) U^{(i)}(Q_2, \omega) \rangle \\ &= |T(\omega)|^2 W^{(i)}(Q_1, Q_2, \omega) \end{aligned} \tag{2}$$
で与えられる.

フィルターを透過した直後の光のスペクトルコヒーレンス度は,
$$\mu^{(+)}(Q_1, Q_2, \omega) = \frac{W^{(+)}(Q_1, Q_2, \omega)}{\sqrt{W^{(+)}(Q_1, Q_1, \omega)} \sqrt{W^{(+)}(Q_2, Q_2, \omega)}} \tag{3}$$
で与えられる.式(2)を式(3)に代入すると,すぐに
$$\mu^{(+)}(Q_1, Q_2, \omega) = \mu^{(i)}(Q_1, Q_2, \omega) \tag{4}$$

を得る．ここで，

$$\mu^{(i)}(Q_1, Q_2, \omega) = \frac{W^{(i)}(Q_1, Q_2, \omega)}{\sqrt{W^{(i)}(Q_1, Q_1, \omega)}\sqrt{W^{(i)}(Q_2, Q_2, \omega)}} \tag{5}$$

はピンホールに入射する光のスペクトルコヒーレンス度である．式(4)は**スペクトルコヒーレンス度は，線形フィルターを透過しても変化しない**ことを示している．

次に，3.1節で議論した「空間-時間」領域のコヒーレンス度 $\gamma(Q_1, Q_2, \tau)$ に与えるフィルターの影響について考えよう．2つのピンホールに入射する光について，それは

$$\gamma^{(i)}(Q_1, Q_2, \tau) = \frac{\Gamma^{(i)}(Q_1, Q_2, \tau)}{\sqrt{\Gamma^{(i)}(Q_1, Q_1, \tau)}\sqrt{\Gamma^{(i)}(Q_2, Q_2, \tau)}} \tag{6}$$

で与えられる．ここで，$\Gamma^{(i)}(Q_1, Q_2, \tau)$ は4.1節の式(1)で定義される相互コヒーレンス関数である．4.1節の式(2)の逆変換によると，それは相互スペクトル密度関数のフーリエ変換

$$\Gamma^{(i)}(Q_1, Q_2, \tau) = \int_0^\infty W^{(i)}(Q_1, Q_2, \omega) e^{-i\omega\tau} d\omega \tag{7}$$

となる．ここで，解析信号表示を利用したことにより，積分範囲は正の周波数のみになっている．

式(2)を利用するとすぐに，フィルターから出射する光の相互コヒーレンス関数は

$$\Gamma^{(+)}(Q_1, Q_2, \tau) = \int_0^\infty |T(\omega)|^2 W^{(i)}(Q_1, Q_2, \omega) e^{-i\omega\tau} d\omega \tag{8}$$

となることが明らかである．フィルターの実効的な帯域幅 $\Delta\omega$ は小さく，そのため入射光の相互スペクトル密度 $W^{(i)}(Q_1, Q_2, \omega)$ の絶対値と位相は，入射光の帯域幅 $\Delta\omega$ の範囲で実効的に定数となるとする（図4.8を参照せよ）．ω_0 を入射光の平均周波数とすると，明らかに式(8)を

$$\Gamma^{(+)}(Q_1, Q_2, \tau) \approx W^{(i)}(Q_1, Q_2, \omega_0) \int_0^\infty |T(\omega)|^2 e^{-i\omega\tau} d\omega \tag{9}$$

4.4 狭帯域光の干渉

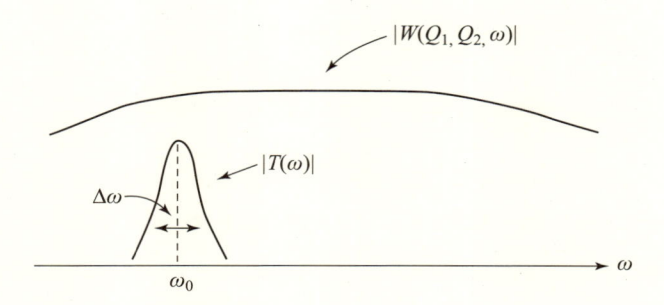

図 4.8 ヤングの干渉実験において 2 つのピンホールの前に設置される同一のフィルターの透過関数 $T(\omega)$ の絶対値と，ピンホールに入射する光の相互スペクトル密度 $W(Q_1, Q_2, \omega)$ の絶対値の相対的な振る舞いの概念図．フィルターされた光の実効的な透過帯域 $\omega_0 - \Delta\omega/2 \leq \omega \leq \omega_0 + \Delta\omega/2$ は十分に狭いと仮定されているので，透過光の相互スペクトル密度の絶対値と位相（図には示されていない）は実質的にその帯域においては定数となる．［E. Wolf, *Opt. Lett.* **8** (1983), 250-252 より改変］

で近似することができる．したがって，フィルターから出射する光のコヒーレンス度は，

$$\gamma^{(+)}(Q_1, Q_2, \tau) \equiv \frac{\Gamma^{(+)}(Q_1, Q_2, \tau)}{\sqrt{\Gamma^{(+)}(Q_1, Q_1, 0)}\sqrt{\Gamma^{(+)}(Q_2, Q_2, 0)}}$$
$$= \mu^{(i)}(Q_1, Q_2, \omega_0)\Theta(\tau) \tag{10}$$

で与えられる．ここで，スペクトルコヒーレンス度 $\mu^{(i)}$ は式(3)で与えられ，さらに

$$\Theta(\tau) = \frac{\int_0^\infty |T(\omega)|^2 e^{-i\omega\tau} \, d\omega}{\int_0^\infty |T(\omega)|^2 \, d\omega} \tag{11}$$

である．関数 $\Theta(\tau)$ をフィルター関数とよぶことにしよう．積分に関するよく知られた不等式の結果として，

$$\underset{\tau}{\mathrm{Max}} |\Theta(\tau)| = \Theta(0) = 1 \tag{12}$$

が成り立つことを記しておく．式(12)から，

$$\underset{\tau}{\mathrm{Max}} |\gamma^{(+)}(Q_1, Q_2, \tau)| = |\mu^{(i)}(Q_1, Q_2, \omega_0)| \tag{13}$$

となる．言葉で表現すると，**2つのピンホールの後ろに置かれたフィルターから出射する光の(時間的)コヒーレンス度の絶対値の最大値は，ピンホールに入射する中心周波数** ω_0 **の光のスペクトルコヒーレンス度の絶対値に等しい**，といえる．

2つのピンホールに入射する光の平均強度は等しいとする．このとき，3.1節の式(19)によると，コヒーレンス度 $\gamma^{(+)}(Q_1, Q_2, \tau)$ の絶対値は2つのピンホールから出射する光によって形成される干渉縞の可視度に等しい．そのため，式(13)は，フィルターを透過した光によって形成される干渉縞の最大可視度がピンホールに入射する(フィルターを透過する前の)光のスペクトルコヒーレンス度 $\mu^{(i)}(Q_1, Q_2, \omega_0)$ の絶対値に等しいことを意味する．その結果，**線形フィルターによって入射光の帯域幅を狭めても，鮮明な干渉縞は形成されない**ことがわかる．特に，干渉縞の可視度は，フィルターの透過帯域幅がどれほど狭いかによらず，(もちろん，$|\mu^{(i)}(Q_1, Q_2, \omega_0)| = 1$ でなければ) 1 には近づかない．しかし，式(10)および互いにフーリエ変換の関係になっている関数対の実効的な幅に関するよく知られた相反不等式(reciprocity inequality)から[B&W, 10.8節の式(32)]，以下の結果が成立することが明らかである．すなわち，フィルターの透過帯域が狭くなるほど，フィルター関数 $\Theta(\tau)$ の絶対値は広がる．その結果，式(10)および $|\gamma^{(+)}(Q_1, Q_2, \tau)|$ と可視度の関係を表す3.1節の関係式(19)によると，より多くの干渉縞が形成されることになる．

本節で導出した主な結果は，線形フィルターは光の空間的コヒーレンスを向上させない(つまり，鮮明な干渉縞は形成されない)が，その時間的コヒーレンスを向上させる(つまり，より多くの干渉縞が現れる)と要約できる．こ

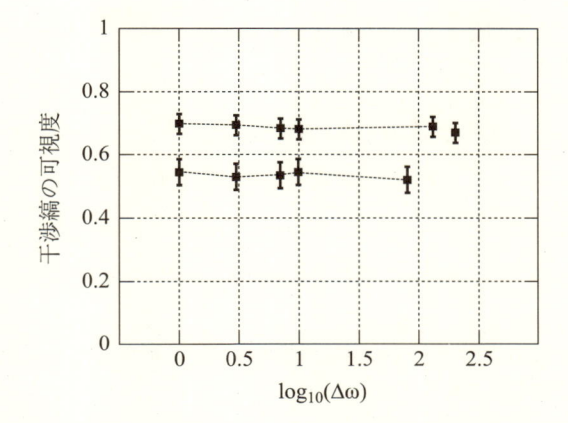

図 4.9 2つのピンホールの実験における干渉縞の可視度 $\mathcal{V}(\tau)$ の測定結果．図は $\Delta\omega$ をフィルターを透過した光の帯域幅として，$\log_{10}(\Delta\omega)$ に対して描かれている．2つの測定は，中心波長 $\lambda = 633\,\text{nm}$ および $\lambda = 488\,\text{nm}$ のフィルターに対応する．一連の点はわかりやすくするために点線で結ばれている．測定により，考えている周波数範囲においては干渉縞の可視度は広い波長範囲で光の帯域幅に依存しないことが確認された．［L. Basano, P. Ottonello, G. Rottingni and M. Vicari, *Appl. Opt.* **42** (2003), 6239-6244 より改変］

れらの理論的予測は実験的に検証された[11]．その実験結果のいくつかが図 4.9 に再現されている．

問 題

4.1 4.1 節において，有限領域 D を占める統計的に定常な場の相互スペクトル密度関数は

$$W(\mathbf{r}_1, \mathbf{r}_2, \omega) = \langle U^*(\mathbf{r}_1, \omega) U(\mathbf{r}_2, \omega) \rangle$$

および

$$U(\mathbf{r}, \omega) = \sum a_n(\omega) \phi_n(\mathbf{r}, \omega)$$

の形で表現されることが示された．関数 $\phi_n(\mathbf{r}, \omega)$ は，その核が相互スペクトル密度関数 $W(\mathbf{r}_1, \mathbf{r}_2, \omega)$ となる積分方程式の固有関数である．$a_n(\omega)$ はラ

---

[11] L. Basano, P. Ottonello, G. Rottigni and M. Vicari, *Appl. Opt.* **42** (2003), 6239-6244.

ンダムな係数であり，δ_{nm} をクロネッカーの記号とすると $\langle a_n^* a_m \rangle = \lambda_n \delta_{nm}$ を満たす．

(1) $\langle U(\mathbf{r}_1, \omega) U(\mathbf{r}_2, \omega) \rangle = 0$ を示せ．

(2) $U^{(r)}$ と $U^{(i)}$ が U の実部と虚部ならば，

$$\langle U^{(r)}(\mathbf{r}_1, \omega) U^{(r)}(\mathbf{r}_2, \omega) \rangle = \langle U^{(i)}(\mathbf{r}_1, \omega) U^{(i)}(\mathbf{r}_2, \omega) \rangle$$

および

$$\langle U^{(r)}(\mathbf{r}_1, \omega) U^{(i)}(\mathbf{r}_2, \omega) \rangle = -\langle U^{(i)}(\mathbf{r}_1, \omega) U^{(r)}(\mathbf{r}_2, \omega) \rangle$$

が成り立つことを示せ．

U の実部と虚部を含む相関関数を使って，相互スペクトル密度 W の実部と虚部を表す式も求めよ．

4.2 (a) 2点 P_1 および P_2 における場の空間-時間領域のコヒーレンス度 $\gamma_{12}(\tau)$ とスペクトルコヒーレンス度 $\mu_{12}(\omega)$ の間の関係を導け．

(b) 準単色光で，2点の正規化スペクトルは互いに等しく，つまり

$$s_1(\omega) = s_2(\omega)$$

であり，μ_{12} は狭い帯域 $\Delta\omega$ の範囲では周波数に依存しないものとする．$\gamma_{12}(\tau)$ と $\mu_{12}(\omega)$ の間の関係は，$\tau \ll 2\pi/\Delta\omega$ の場合にどのように単純化されるかを示せ．

4.3 ある平面2次光源の相互スペクトル密度は，

$$W(\mathbf{r}_1, \mathbf{r}_2, \omega) = F[(\mathbf{r}_1 + \mathbf{r}_2)/2, \omega] G(\mathbf{r}_2 - \mathbf{r}_1, \omega)$$

のように因数分解された形で表現される．$F(\mathbf{r}, \omega)$ が光源のスペクトル密度を，$G(\mathbf{r}', \omega)$ が光源のスペクトルコヒーレンス度を表すためには，スペクトル密度はある種の関数方程式を満たさなければならないことを示せ．上記の式は，β_1 と β_2 を定数として，その空間依存項が

$$S^{(0)}(\boldsymbol{\rho}, \omega) \equiv S^{(0)}(x, y, \omega) = S^{(0)}(0, 0, \omega) e^{(\beta_1 x + \beta_2 y)}$$

の形をもつ任意のスペクトル密度分布に対して当てはまることを示せ．

4.4 距離 d 離れている2つの同一の小さな光源を考える．それぞれの光源のスペクトルは $S_Q(\omega)$，それらの間の相関は $\mu_Q(\omega)$ によって記述される．

2つの光源から放射される全パワーを表す式を求め，極限的な場合 $d \ll \lambda$ および $d \gg \lambda$ ($\lambda = 2\pi c/\omega$) について議論せよ．遠方場のスペクトルの全体的な振る舞いについて，$\lambda \gg d$ の場合の結果の意味を述べよ．

4.5 統計的に定常な部分的コヒーレント光が，z 軸に対して回転対称でかつ決定論的な時間不変の系を通って，入力面 $z = z_0$ から出力面 $z = z_1$ に伝搬する．この系はインパルス応答関数 $K(\rho, \rho', \omega)$ によって記述される．ベクトル ρ' および ρ は，それぞれ入力面および出力面上の点を表す 2 次元位置ベクトルであり，z 軸に対して垂直となっている．

(a) $W_0(\rho'_1, \rho'_2, \omega)$ を入力面上の光の相互スペクトル密度として，出力面上の光のスペクトル密度 $S_1(\rho, \omega)$ の式を求めよ．

(b) 設問 (a) の特別な場合として，入力が z 軸の正の方向に伝搬する多色平面波である場合について考察せよ．

4.6
$$Q_1(\omega) = \alpha(\omega)X(\omega) + Y(\omega), \qquad Q_2(\omega) = \beta(\omega)X(\omega) + Y(\omega)$$

は，点 P_1 と P_2 上に置かれた 2 つの小さな光源のゆらぎを表現する周波数領域の標本関数である．$X(\omega)$ と $Y(\omega)$ は互いに独立なランダム関数，つまり

$$\langle X^*(\omega) Y(\omega) \rangle = 0$$

であり，$\alpha(\omega)$ と $\beta(\omega)$ は

$$|\alpha(\omega)| = |\beta(\omega)|$$

を満たす決定論的な関数である．

(a) $X(\omega)$ および $Y(\omega)$ のスペクトル $S_X(\omega)$ および $S_Y(\omega)$ を利用して，2 つの光源の相関度 $\mu_{12}(\omega)$ を表す式を求めよ．

(b)
$$S_X(\omega) = S_Y(\omega) = A^2 e^{-(\omega - \omega_0)^2/(2\sigma^2)} \quad (A\ と\ \sigma\ は正の定数)$$

および

$$|\alpha(\omega)| = 1, \qquad \phi_\alpha(\omega) - \phi_\beta(\omega) = 2\omega\tau, \qquad (\tau \gg 1/\sigma)$$

のとき，2 つの光源から等距離かつ十分に遠方にある点 P に形成される場のスペクトル $S_U(P, \omega)$ を表す式を求めよ．ここで，ϕ_α と ϕ_β は，それぞれ α と β の位相である．$S_U(P, \omega)$ を ω の関数として図示せよ．

第 5 章
異なるコヒーレンス状態の光源からの放射

5.1 異なるコヒーレンス特性をもつ光源によって生成される場

　異なるコヒーレンス状態をもつ光源から出射する光は，かなり異なる振る舞いを示すかもしれない．これから示すように，これは単純ないくつかの例により明らかである．

　最初に，例えば発熱物体からの放射のように，光が熱光源から発生していると考える．放射強度 $J_\omega(\mathbf{s})$ は，(光源面の法線 $\mathbf{n}$ と角 θ をなす)単位ベクトル $\mathbf{s}$ によって決められる方向の単位立体角に放射される周波数 ω のパワーの割合を表すが，この場合，それはランバートの法則(Lambert's law)[図 5.1 (a)][1]

$$J_\omega(\theta) = J_\omega(0)\cos\theta \tag{1}$$

によって与えられる．これは，図 5.1 (a)に極線図で示すように，かなり幅の広い角度分布である．一方，単一モードレーザーから出射する光はかなり

---

[1] 現代におけるランバート光源(Lambertian source)，つまりランバートの法則に従う光源の例は発光ダイオードである．例えば，E. F. Schumba, *Light-Emitting Diode*, second edition (Cambridge University Press, Cambridge, 2006), Section 5.5 を参照せよ．

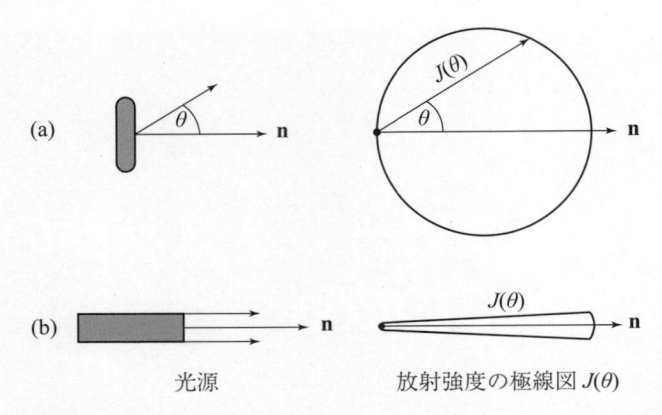

図 5.1 熱光源(発熱体)(a)および単一モードレーザー(b)からの光の放射強度 $J(\theta)$ の角度分布の比較.

の指向性をもっている[図 5.1 (b)]．実際，すべてのレーザー光は前方方向の周りのごく狭い立体角の範囲に集中し，その結果，放射強度 $J_\omega(\mathbf{s})$ の極線図は針のような形をもつことになる．

　これら 2 種類の光源からの放射には，このような明らかな違いに加えて，より捉えにくい相違も存在している．それは，放射強度の光源の形状に対する依存性を考えると明らかになる．式(1)から，**ランバート光源から出射する光の放射強度は光源の形状には依存せず，単に $\cos\theta$ に比例するだけで**あり，その結果，光源面の法線 $\theta = 0$ に対して回転対称の分布になることが明らかである．一方，遠方領域における光の場と空間的にコヒーレントな光源(通常は開口面)の強度の間にあるよく知られたフーリエ変換の関係を考えると，空間的にコヒーレントな光源によって作られる放射強度は光源の形状に強く依存する．例えば，一様な円形光源を考えると[図 5.2 (a)]，それは円形の等高線をもつ回転対称の強度分布を作り出す[図 5.2 (b)]．光源が y 方向に引き延ばされていると仮定すると[図 5.2 (c)]，遠方領域の強度はその方向に縮む[図 5.2 (d)]．このまったく異なる 2 種類の光源の間の相違は，明らかにコヒーレンス特性の違いによるものである．すなわち，ランバート光

5.1 異なるコヒーレンス特性をもつ光源によって生成される場　105

光源の形状　　　　　遠方場の強度パターン

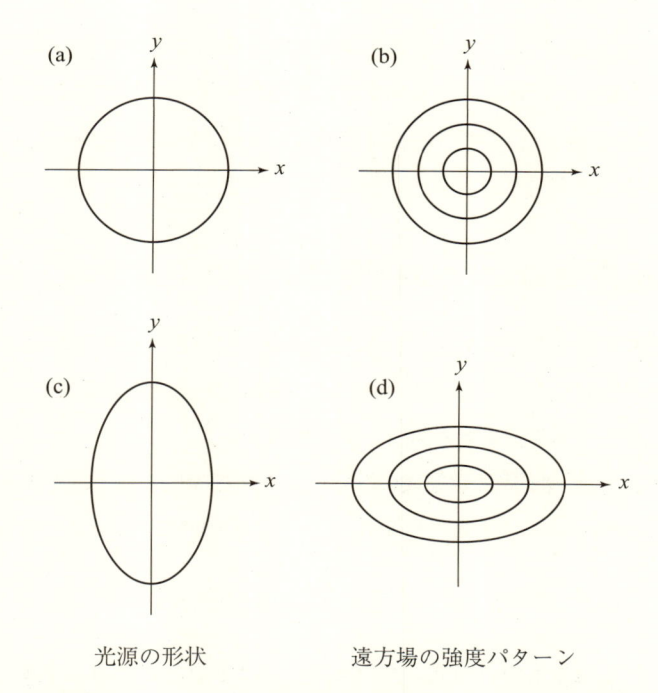

図 5.2　空間的にコヒーレントな平面光源の形状の変化が遠方領域の強度パターンに及ぼす効果の説明.

源は空間的に十分にインコヒーレントであり(5.5 節を参照せよ)，レーザーは空間的に十分にコヒーレントである．

もちろん，これらの 2 種類の光源から出射する光のビームの間には，その他にも重要な相違点がある．以前に確認したように(2.1 節)，この 2 つの状態については光の場のゆらぎを支配する確率分布はまったく異なっている．もう 1 つの相違点は，位相空間の 1 つのセル(コヒーレンス体積)における光子の平均個数にある．その個数は光の**縮退パラメーター**(degeneracy parameter)とよばれ，付録 I で議論される．

本章では，異なる空間的コヒーレンス状態をもつ光源によって生成される場の放射特性とコヒーレンス特性を調べる．ここでは主に平面 2 次光源

(secondary source)によって生成される場を扱うが,これは例えば機器光学をはじめとする多くの分野に応用する際に特に興味深い.3次元的な1次光源(primary source)についての対応する結果は,平面2次光源の場合とよく似ている(M&W, 5.2 節).

5.2 遠方場における相関とスペクトル密度

有限の大きさであり,少なくとも広義の定常性をもつと仮定される平面2次光源を考えよう.この光源は,例えば,直接もしくは光学系を経由して照明された遮光スクリーン上の開口であってもよい.

前章で学んだ空間-周波数領域のコヒーレンス理論によると,光源面上の2点 S_1 および S_2 における場の相互スペクトル密度関数は(図5.3を参照せよ)

$$W^{(0)}(\boldsymbol{\rho}_1', \boldsymbol{\rho}_2', \omega) = \langle U^{(0)*}(\boldsymbol{\rho}_1', \omega) U^{(0)}(\boldsymbol{\rho}_2', \omega) \rangle \tag{1}$$

と表現される[4.1 節の(13)式.ただし,今後は下つき文字 ω は省略].ここで,$\boldsymbol{\rho}_1'$ と $\boldsymbol{\rho}_2'$ は光源面 $z = 0$ 上の原点 O に対して2点の位置を示す2次元の位置ベクトルであり,上つき文字の 0 は,その量が光源面上の点に関係する

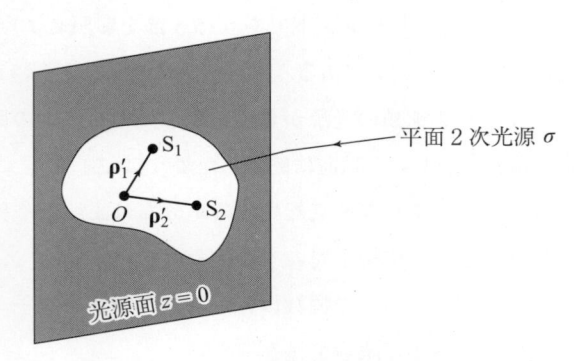

図5.3 平面2次光源 σ に関係する記号の説明.

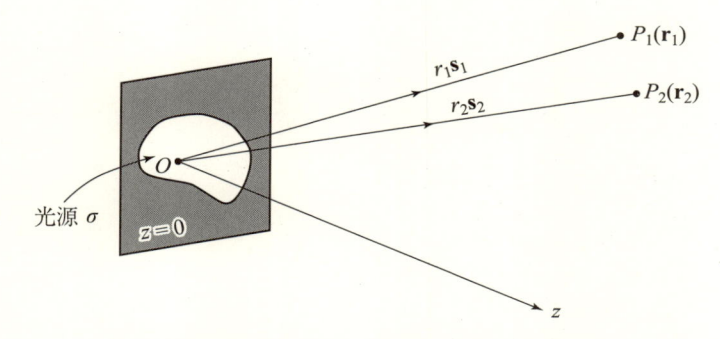

図 5.4 平面 2 次光源 σ からの放射に関係する記号の説明.

ことを示している[2]. $U^{(0)}(\boldsymbol{\rho}',\omega)$ はもちろん周波数に依存した実現要素の統計的集合の要素を表し,括弧 $\langle\ldots\rangle$ はその集合に対する平均を示している.

さて,光源が放射する半空間 $z>0$ 上の任意の 2 点 $P_1(\mathbf{r}_1)$ および $P_2(\mathbf{r}_2)$ における場の相互スペクトル密度関数 $W(\mathbf{r}_1,\mathbf{r}_2,\omega)$ を考えよう(図 5.4 を参照せよ).その関数は $W^{(0)}$ と同じ式,つまり,

$$W(\mathbf{r}_1,\mathbf{r}_2,\omega) = \langle U^*(\mathbf{r}_1,\omega)U(\mathbf{r}_2,\omega)\rangle \tag{2}$$

によって表現される.ここで,$\{U(\mathbf{r},\omega)\}$ は光源面 $z=0$ 上の場によって点 $\mathbf{r}$ に作られる場の集合を表している.$U(\mathbf{r},\omega)$ は第 1 のレーリー回折積分(Rayleigh diffraction integral)[M&W, 式(3.2-78)][3]

$$U(\mathbf{r},\omega) = -\frac{1}{2\pi}\int_\sigma U^{(0)}(\boldsymbol{\rho}',\omega)\left[\frac{\partial}{\partial z}\left(\frac{e^{ikR}}{R}\right)\right]d^2\rho' \tag{3}$$

---

[2]【訳者注】本書では,記号が一定のルールに従って使用されている.例えば,$\mathbf{r}\equiv(x,y,z)$ は 3 次元の位置ベクトルを,$\boldsymbol{\rho}\equiv(x,y)$ は 2 次元の位置ベクトルを表し,それぞれの位置ベクトルが光源上の点を表す場合には $\mathbf{r}'$ および $\boldsymbol{\rho}'$ のようにプライム符号を付けている.原著者の書く論文の多くでは,これらのルールが採用されている.

[3] 光源が 2 次元的な 2 次光源ではなく 3 次元的な 1 次光源であり,有限領域 D を占める光源分布 $Q(\mathbf{r},\omega)$ をもつとき,式(3)の代わりに式

$$U(\mathbf{r},\omega) = \int_D Q(\mathbf{r}',\omega)\frac{e^{ikR}}{R}d^3r'$$

を利用する.ここで,$R=|\mathbf{r}-\mathbf{r}'|$ である.この結果の証明は,例えば,C. H. Papas, *Theory of Electromagnetic Wave Propagation* (McGraw-Hill, New York, 1965), Section 2.1 を参照せよ.

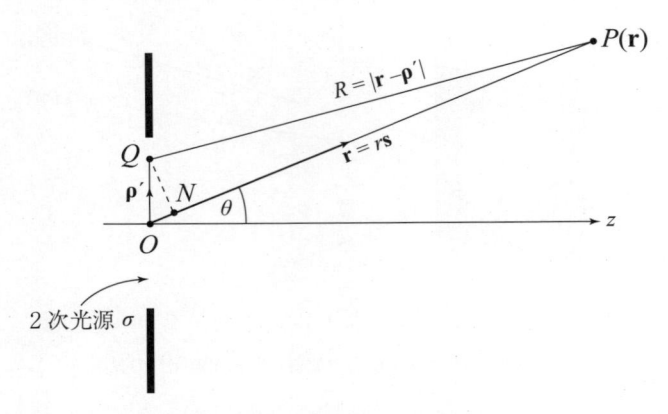

図5.5 大きな距離 r に対して成り立つ近似(5)の説明.

によって，「境界場」$U^{(0)}(\boldsymbol{\rho}', \omega)$ を用いて表現される．ここで，

$$R = |\mathbf{r} - \boldsymbol{\rho}'| \tag{4}$$

である．

遠方場，つまり光源領域内の原点から十分に離れた点 P における場を考えよう．その点における U を評価するために，$\mathbf{r} = r\mathbf{s}$ ($\mathbf{s}^2 = 1$) とおくと便利である．明らかに，十分に大きな距離 r に対して

$$R \sim r - \mathbf{s} \cdot \boldsymbol{\rho}' \tag{5}$$

が成り立つ．ここで，$\mathbf{s} \cdot \boldsymbol{\rho}'$ は距離 OQ の $\mathbf{s}$ 方向への射影 ON を表しているため(図5.5を参照せよ)，

$$\frac{e^{ikR}}{R} \sim \frac{e^{ikr}}{r} e^{-i k \mathbf{s} \cdot \boldsymbol{\rho}'} \tag{6}$$

となる．その結果，

$$\frac{\partial}{\partial z}\left(\frac{e^{ikR}}{R}\right) \sim ik\left(\frac{z}{r}\right)\frac{e^{ikr}}{r} e^{-i k \mathbf{s} \cdot \boldsymbol{\rho}'} \tag{7}$$

が導かれる．式(7)をレーリーの回折積分(3)に代入し $z/r = \cos\theta$ に注意す

ると，遠方領域における U の値を $U^{(\infty)}$ と表記して，

$$U^{(\infty)}(r\mathbf{s},\omega) \sim -\frac{\mathrm{i}k}{2\pi}\cos\theta\frac{\mathrm{e}^{\mathrm{i}kr}}{r}\int_{\sigma}U^{(0)}(\boldsymbol{\rho}',\omega)\mathrm{e}^{-\mathrm{i}k\mathbf{s}\cdot\boldsymbol{\rho}'}\,\mathrm{d}^2\rho' \tag{8}$$

を得る．ここで，θ は光源面上の原点から遠方領域の観測点 $P \equiv r\mathbf{s}$ を指す $\mathbf{s}$ 方向と z 軸(つまり，光源面の法線)のなす角である．

$U^{(0)}(\boldsymbol{\rho}',\omega)$ の 2 次元フーリエ変換 $\tilde{U}^{(0)}(\mathbf{f},\omega)$，すなわち

$$\tilde{U}^{(0)}(\mathbf{f},\omega) = \frac{1}{(2\pi)^2}\int_{(z=0)}U^{(0)}(\boldsymbol{\rho}',\omega)\mathrm{e}^{-\mathrm{i}\mathbf{f}\cdot\boldsymbol{\rho}'}\,\mathrm{d}^2\rho' \tag{9}$$

を導入すると便利である．ここで，$\mathbf{f}$ は 2 次元の空間周波数ベクトルである．形式的に式(9)の右辺の積分は 2 次光源を含む $z=0$ の全平面に広がっているが，実際には光源領域 σ の外部では $U^{(0)}(\boldsymbol{\rho}',\omega) = 0$ となるため，積分は光源領域 σ のみに限定される．

式(9)で与えられる $\tilde{U}^{(0)}$ の定義より，式(8)はよりコンパクトな形式

$$U^{(\infty)}(r\mathbf{s},\omega) \sim -2\pi\mathrm{i}k\cos\theta\,\tilde{U}^{(0)}(k\mathbf{s}_\perp,\omega)\frac{\mathrm{e}^{\mathrm{i}kr}}{r} \tag{10}$$

に書き改めることができる．ここで，$\mathbf{s}_\perp$ は 3 次元単位ベクトル $\mathbf{s}$ の光源面 $z=0$ への射影であり，2 次元ベクトルとみなされる．すなわち，$\mathbf{s} \equiv (s_x, s_y, s_z)$ と書くと，$\mathbf{s}_\perp \equiv (s_x, s_y, 0)$ となる．

式(2)によると，位置ベクトル $\mathbf{r}_1 \equiv r_1\mathbf{s}_1$ および $\mathbf{r}_2 \equiv r_2\mathbf{s}_2$ ($\mathbf{s}_1^2 = \mathbf{s}_2^2 = 1$) によって指定される遠方領域の 2 点における相互スペクトル密度は，

$$W^{(\infty)}(r_1\mathbf{s}_1, r_2\mathbf{s}_2, \omega) = \langle U^{(\infty)*}(r_1\mathbf{s}_1,\omega)U^{(\infty)}(r_2\mathbf{s}_2,\omega)\rangle \tag{11}$$

で与えられる．式(10)をこの式に代入すると，すぐに

$$W^{(\infty)}(r_1\mathbf{s}_1, r_2\mathbf{s}_2, \omega) = (2\pi k)^2\cos\theta_1\cos\theta_2\langle\tilde{U}^{(0)*}(k\mathbf{s}_{1\perp},\omega)\tilde{U}^{(0)}(k\mathbf{s}_{2\perp},\omega)\rangle\frac{\mathrm{e}^{\mathrm{i}k(r_2-r_1)}}{r_1 r_2} \tag{12}$$

となることがわかる．ここで，もちろん，θ_1 および θ_2 は z 軸の正方向と単位ベクトル $\mathbf{s}_1$ および $\mathbf{s}_2$ がなす角度である．式(12)の右辺には，$U^{(0)}$ の 2 次

元フーリエ成分の積の平均が含まれている．この平均が $W^{(0)}$ の 4 次元フーリエ変換として記述できることを示そう．$\tilde{U}^{(0)}$ の定義(9)を利用すると，

$$\langle \tilde{U}^{(0)*}(\mathbf{f}_1,\omega)\tilde{U}^{(0)}(\mathbf{f}_2,\omega)\rangle$$
$$= \frac{1}{(2\pi)^4}\iint_{(z=0)}\langle U^{(0)*}(\boldsymbol{\rho}'_1,\omega)U^{(0)}(\boldsymbol{\rho}'_2,\omega)\rangle \mathrm{e}^{-\mathrm{i}(\mathbf{f}_2\cdot\boldsymbol{\rho}'_2-\mathbf{f}_1\cdot\boldsymbol{\rho}'_1)}\,\mathrm{d}^2\rho'_1\mathrm{d}^2\rho'_2 \quad (13)$$

を得る．$W^{(0)}$ の 4 次元フーリエ変換

$$\tilde{W}^{(0)}(\mathbf{f}_1,\mathbf{f}_2,\omega) = \frac{1}{(2\pi)^4}\iint_{(z=0)} W^{(0)}(\boldsymbol{\rho}'_1,\boldsymbol{\rho}'_2,\omega)\mathrm{e}^{-\mathrm{i}(\mathbf{f}_1\cdot\boldsymbol{\rho}'_1+\mathbf{f}_2\cdot\boldsymbol{\rho}'_2)}\,\mathrm{d}^2\rho'_1\mathrm{d}^2\rho'_2 \quad (14)$$

を導入しよう．式(1)によると，式(13)の積分記号の内側にある期待値は，光源面上の場の相互スペクトル密度 $W^{(0)}(\boldsymbol{\rho}'_1,\boldsymbol{\rho}'_2,\omega)$ であり，したがって式(13)と(14)の右辺は，指数関数上の $\mathbf{f}_1$ の符号の違いを除くと互いに等しい．この相違点を考慮すると，これらの式の左辺もまた互いに等しくなり，したがって

$$\langle \tilde{U}^{(0)*}(\mathbf{f}_1,\omega)\tilde{U}^{(0)}(\mathbf{f}_2,\omega)\rangle = \tilde{W}^{(0)}(-\mathbf{f}_1,\mathbf{f}_2,\omega) \quad (15)$$

を得る．

最終的に，式(15)を式(12)に代入すると，遠方場の相互スペクトル密度の式

$$W^{(\infty)}(r_1\mathbf{s}_1,r_2\mathbf{s}_2,\omega) = (2\pi k)^2 \tilde{W}^{(0)}(-k\mathbf{s}_{1\perp},k\mathbf{s}_{2\perp},\omega)\frac{\mathrm{e}^{\mathrm{i}k(r_2-r_1)}}{r_1 r_2}\cos\theta_1\cos\theta_2 \quad (16)$$

を得る．これは基本式であり，これを利用すると任意のコヒーレンス状態をもつ統計的に定常な平面光源によって生成される遠方場の諸特性を求めることができる．これらの諸特性は，本章の後半で議論する．

式(16)は，2 次のコヒーレンス理論において，単色光の初等的回折理論におけるフラウンホーファーの式に対応するものである．これは単純な幾何学的係数を除き，単位ベクトル $\mathbf{s}_1$ および $\mathbf{s}_2$ によって指定される方向の遠方領域にある 2 点の放射場の相関は，光源面上の光の相互スペクトル密度の 4 次

元空間周波数成分 $\tilde{W}^{(0)}(\mathbf{f}_1, \mathbf{f}_2, \omega)$ によって与えられることを表している．ここで，その4次元空間周波数成分を決める2次元の空間周波数ベクトルは，$\mathbf{f}_1 = -k\mathbf{s}_{1\perp}$ および $\mathbf{f}_2 = k\mathbf{s}_2$ となる．$\mathbf{s}_{1\perp}$ と $\mathbf{s}_{2\perp}$ は単位ベクトルの成分であるため，式(16)から $W^{(0)}$ の $|\mathbf{f}_1| \leq k$ と $|\mathbf{f}_2| \leq k$ を満たす空間周波数ベクトルのみが遠方場の相互スペクトル密度 $W^{(\infty)}$ に寄与することがわかる．これらを，**低空間周波数成分**(low-spatial-frequency components)とよぶ．

対する不等式である $|\mathbf{f}_1| > k$ および $|\mathbf{f}_2| > k$ を満たす空間周波数成分は，**高空間周波数成分**(high-spatial-frequency components)とよばれる．もちろん，$|\mathbf{f}_1| > k$ と $|\mathbf{f}_2| \leq k$，もしくは $|\mathbf{f}_1| \leq k$ と $|\mathbf{f}_2| > k$ などのような「混合された」状態も存在する．基本式(16)は，光源の低空間周波数成分のみが遠方場に寄与することを示している．高空間周波数成分は，原点からの距離の増加に伴い振幅が指数関数的に減少し，その結果，遠方場には寄与しないエバネセント波(evanescent wave)を作り出す(例えば，M&W, 3.2節を参照せよ)．

すでに触れたように，式(16)から遠方場の諸特性を導くことができる．特に，遠方領域内の点 $P(r\mathbf{s})$ における場のスペクトル密度 $S^{(\infty)}(r\mathbf{s}, \omega)$ を考えよう．この量は，周波数 ω における光の強度ともよばれる．これは式

$$S^{(\infty)}(r\mathbf{s}, \omega) = \langle U^{(\infty)*}(r\mathbf{s}, \omega) U^{(\infty)}(r\mathbf{s}, \omega) \rangle \equiv W^{(\infty)}(r\mathbf{s}, r\mathbf{s}, \omega), \qquad (17)$$

もしくは，式(16)を利用して

$$S^{(\infty)}(r\mathbf{s}, \omega) = \left(\frac{2\pi k}{r}\right)^2 \tilde{W}^{(0)}(-k\mathbf{s}_\perp, k\mathbf{s}_\perp, \omega) \cos^2\theta \qquad (18)$$

で与えられる．$S^{(\infty)}$ には光源からの距離 r に対して逆2乗則の依存性があり，これは基本的波動理論の逆2乗則を連想させるものであることに注目すべきであろう．スペクトル密度の角度依存性は，比例係数 $\cos^2\theta$ によって与えられるばかりではなく，$\tilde{W}^{(0)}$ の方向ベクトル $\mathbf{s}$ に対する依存性を通して光源の空間的コヒーレンス特性にも依存する．

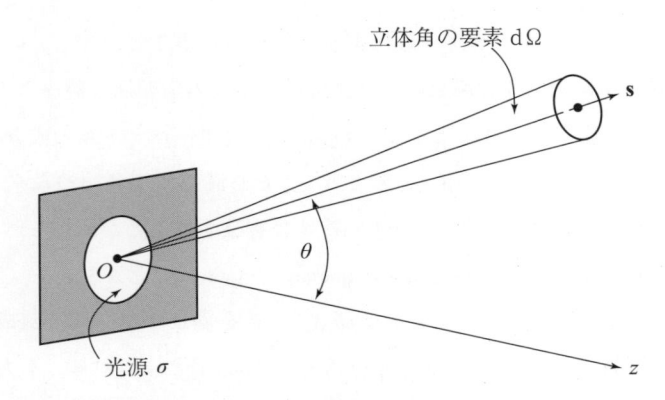

図 5.6 放射強度 $J_\omega(\mathbf{s})$ の意味の説明．それは周波数 ω のエネルギーが，遠方領域に向かって，単位ベクトル $\mathbf{s}$ 方向の単位立体角 $d\Omega$ あたりに放射される割合を示している．

式(18)には，光源からの距離が係数 $1/r^2$ を通してのみ入っているため，

$$S^{(\infty)}(r\mathbf{s}, \omega) = \frac{J_\omega(\mathbf{s})}{r^2} \tag{19}$$

とおくと便利である．ここで，明らかに

$$J_\omega(\mathbf{s}) = (2\pi k)^2 \tilde{W}^{(0)}(-k\mathbf{s}_\perp, k\mathbf{s}_\perp, \omega) \cos^2\theta \tag{20}$$

である．関数 $J_\omega(\mathbf{s})$ は周波数 ω における**放射強度**(radiant intensity)として，より正確には**スペクトル放射強度**(spectral radiant intensity)として知られる．これは空間的にインコヒーレントな光源からの光を扱う伝統的な放射測光学(radiometry)において，同じ名前をもつ物理量を一般化したものである．適切な単位系を使うと，放射強度は光源が周波数 ω を中心とする単位周波数あたりに，かつ単位ベクトル $\mathbf{s}$ によって定められる方向の単位立体角あたりに放射するパワーを表す量となる(図 5.6 を参照せよ)．

遠方場に関するもう 1 つの興味深い量は，そのスペクトルコヒーレンス度

5.2 遠方場における相関とスペクトル密度

$\mu^{(\infty)}(r_1\mathbf{s}_1, r_2\mathbf{s}_2, \omega)$ である．4.2 節の一般式(6a)によると，それは

$$\mu^{(\infty)}(r_1\mathbf{s}_1, r_2\mathbf{s}_2, \omega) = \frac{W^{(\infty)}(r_1\mathbf{s}_1, r_2\mathbf{s}_2, \omega)}{\sqrt{W^{(\infty)}(r_1\mathbf{s}_1, r_1\mathbf{s}_1, \omega)}\sqrt{W^{(\infty)}(r_2\mathbf{s}_2, r_2\mathbf{s}_2, \omega)}} \tag{21}$$

で与えられる．単純な位相係数を除くと，この式の右辺は式(16)を用いて光源の相互スペクトル密度関数によって記述される．つまり，

$$\mu^{(\infty)}(r_1\mathbf{s}_1, r_2\mathbf{s}_2, \omega) = \frac{\tilde{W}^{(0)}(-k\mathbf{s}_{1\perp}, k\mathbf{s}_{2\perp}, \omega)}{\sqrt{\tilde{W}^{(0)}(-k\mathbf{s}_{1\perp}, k\mathbf{s}_{1\perp}, \omega)}\sqrt{\tilde{W}^{(0)}(-k\mathbf{s}_{2\perp}, k\mathbf{s}_{2\perp}, \omega)}} e^{ik(r_2-r_1)} \tag{22}$$

となる．$\mu^{(\infty)}$ は遠方領域における2点 $P_1(r_1\mathbf{s}_1)$ および $P_2(r_2\mathbf{s}_2)$ の原点からの距離 r_1 および r_2 に依存するが，それは位相項 $k(r_2 - r_1)$ を通してのみである．

式(22)の2つの結果が特に興味深い．遠方領域において点 P_1 および P_2 が同じ方向に置かれるとき，つまり $\mathbf{s}_2 \equiv \mathbf{s}_1$ のとき，式(22)の右辺の第1項目は1の値をとり，

$$\mu^{(\infty)}(r_1\mathbf{s}, r_2\mathbf{s}, \omega) = e^{ik(r_2-r_1)} \tag{23}$$

を得る．その結果，

$$\left|\mu^{(\infty)}(r_1\mathbf{s}, r_2\mathbf{s}, \omega)\right| = 1 \tag{24}$$

となる．この式は，光源を基点とする任意の方向に沿って，遠方場は各周波数 ω において空間的に完全にコヒーレントであることを意味している．つまり**光源のコヒーレンス状態にかかわらず，遠方場は各周波数において完全な縦方向のスペクトルコヒーレンス**(longitudinal spectral coherence)[4]**をもつ**といえる[図 5.7 (a)]．

次に遠方領域の2点が，光源領域上の原点から $\mathbf{s}_1$ および $\mathbf{s}_2$ 方向に同じ距離に配置される状況を考えよう．このとき，スペクトルコヒーレンス度 $\mu^{(\infty)}(r\mathbf{s}_1, r\mathbf{s}_2, \omega)$ は**横方向のコヒーレンス**(transverse coherence)[5]を表現すると

---

[4]【訳者注】単に，「縦コヒーレンス」とよばれることもある．
[5]【訳者注】単に，「横コヒーレンス」とよばれることもある．

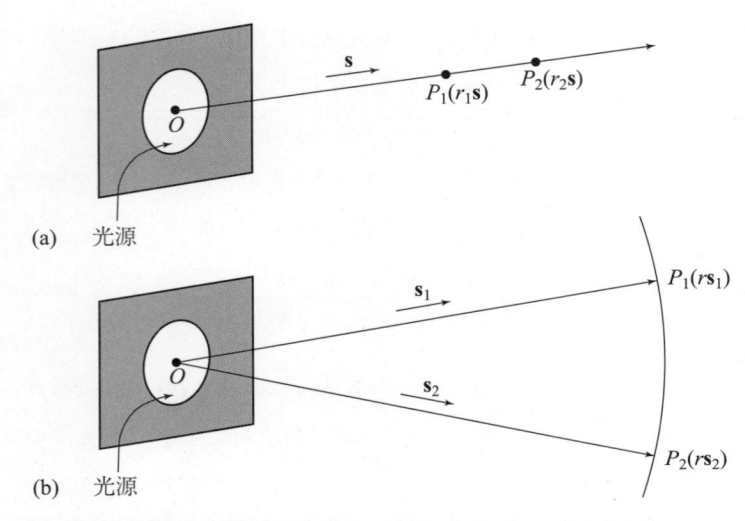

図 5.7 遠方領域における縦方向のスペクトルコヒーレンス(a)と横方向のスペクトルコヒーレンス(b)の説明.

いわれる．一般式(21)からすぐに，**遠方領域における光の横方向のコヒーレンス度は，距離 r には無関係で方向 s_1 および s_2 にのみ依存する**ことがわかる[図 5.7 (b)].

5.3 モデル光源からの放射

　異なるコヒーレンス状態の光源から放射された場の諸特性に関する洞察を深めるために，ある種のモデル光源によって作り出される場を考えると都合がよく便利である．これらのモデル光源には，少なくとも近似的に，自然界でよく出くわすか，もしくは実験室で簡単に作り出すことのできる光源を表すものがある．さらに，それらが生成する場は，しばしば比較的簡単な数学を利用して解析することができる．このようなモデル光源が属する1つの大きな分類として，いわゆる**シェルモデル光源**(Schell-model source)がある．この光源を最初に考えよう．

5.3.1 シェルモデル光源

この分類に属する平面2次光源は，そのスペクトルコヒーレンス度 $\mu^{(0)}(\boldsymbol{\rho}'_1, \boldsymbol{\rho}'_2, \omega)$ が2点の位置ベクトル $\boldsymbol{\rho}'_1$ および $\boldsymbol{\rho}'_2$ の差 $\boldsymbol{\rho}'_2 - \boldsymbol{\rho}'_1$ を通してのみ，その2点 P_1 および P_2 に依存するという特徴をもっている．そのため光源面上の光のスペクトルコヒーレンス度を，$\mu^{(0)}(\boldsymbol{\rho}'_1, \boldsymbol{\rho}'_2, \omega)$ ではなく $\mu^{(0)}(\boldsymbol{\rho}'_2 - \boldsymbol{\rho}'_1, \omega)$ と表記する．スペクトルコヒーレンス度の定義を思い出すと [4.2節の式(6b)]，平面2次シェルモデル光源の相互スペクトル密度関数は

$$W^{(0)}(\boldsymbol{\rho}'_1, \boldsymbol{\rho}'_2, \omega) = \sqrt{S^{(0)}(\boldsymbol{\rho}'_1, \omega)} \sqrt{S^{(0)}(\boldsymbol{\rho}'_2, \omega)} \mu^{(0)}(\boldsymbol{\rho}'_2 - \boldsymbol{\rho}'_1, \omega) \quad (1)$$

の形となることがわかる．

この種の光源によって生成される場の放射強度を表す式は，最初に式(1)の4次元の空間フーリエ変換を実行し，それを一般式[5.2節の式(20)]に代入することにより簡単に計算される．フーリエ変換において，$\boldsymbol{\rho}'_1 + \boldsymbol{\rho}'_2 = 2\boldsymbol{\rho}$ および $\boldsymbol{\rho}'_2 - \boldsymbol{\rho}'_1 = \boldsymbol{\rho}'$ と置いて積分変数を変換すると，この光源からの放射強度を表す式

$$J_\omega(\mathbf{s}) \equiv J_\omega(\theta) = \left(\frac{k}{2\pi}\right)^2 \cos^2\theta \int \mu^{(0)}(\boldsymbol{\rho}', \omega) H^{(0)}(\boldsymbol{\rho}', \omega) e^{-ik\mathbf{s}_\perp \cdot \boldsymbol{\rho}'} d^2\rho' \quad (2)$$

を得る．ここで

$$H^{(0)}(\boldsymbol{\rho}', \omega) = \int \sqrt{S^{(0)}(\boldsymbol{\rho} + \boldsymbol{\rho}'/2, \omega)} \sqrt{S^{(0)}(\boldsymbol{\rho} - \boldsymbol{\rho}'/2, \omega)} d^2\rho \quad (3)$$

である．

一例として，光源は半径 a の円形であり，そのスペクトル密度の空間分布とスペクトルコヒーレンス度が共にガウス関数であると考えよう．すなわち，

$$S^{(0)}(\rho, \omega) = \begin{cases} A^2 e^{-\rho^2/(2\sigma_s^2)} & \rho \leq a \text{ のとき} \\ 0 & \rho > a \text{ のとき} \end{cases} \quad (4)$$

および

$$\mu^{(0)}(\boldsymbol{\rho}', \omega) = \mathrm{e}^{-\rho'^2/(2\sigma_\mu^2)} \tag{5}$$

であり，A，σ_s，および σ_μ は位置に依存しないが，一般に周波数には依存するものとする．通常は，$a \gg \sigma_s$ である．この条件が成立すると仮定するので，以下で行う計算が簡単になる．この光源は**ガウス型シェルモデル光源**(Gaussian Schell-model source)として知られ，それが生成する場は**ガウス型シェルモデル場**(Gaussian Schell-model field)とよばれる．これらは，いろいろな部分的コヒーレント場の解析において，また擾乱をもつ大気中のビームの伝搬に関連して広く研究されてきた．ビーム状の形をもつこの種の場は，**ガウス型シェルモデルビーム**(Gaussian Schell-model beam)とよばれる．このビームについては第8章で触れる．

式(3)〜(5)を式(2)に代入すると，長々しいが単純な計算のあとで

$$H^{(0)}(\boldsymbol{\rho}', \omega) = 2\pi A^2 \sigma_s^2 \, \mathrm{e}^{-\rho'^2/(8\sigma_s^2)} \tag{6}$$

および

$$J_\omega(\theta) = J_\omega(0) \cos^2\theta \, \mathrm{e}^{-\frac{1}{2}(k\delta)^2 \sin^2\theta} \tag{7}$$

を得る．ここで，θ を以前と同様に単位ベクトル $\mathbf{s}$ が z 軸の正方向となす角であるとして，$J_\omega(\mathbf{s})$ ではなく $J_\omega(\theta)$ と記述し，さらに $a \gg \sigma_s$ だけでなく $a \gg \sigma_\mu$ も仮定した．また，式(7)において，

$$J_\omega(0) = (kA\sigma_s\delta)^2 \tag{8}$$

および

$$\frac{1}{\delta^2} = \frac{1}{(2\sigma_s)^2} + \frac{1}{\sigma_\mu^2} \tag{8a}$$

である．

式(5)から，$\sigma_\mu \to \infty$ のとき $\mu^{(0)}(\boldsymbol{\rho}', \omega) \to 1$ となることがわかる．このとき光源は十分に空間的にコヒーレントであるが，この極限の解釈には注意が

必要である．以前の仮定では，条件 $a \gg \sigma_\mu$ は，a/σ_μ の比が 1 よりも大きな有限値に近づくようにして，光源の直径も無限大にならなければならないことを要求する．さて，式(4)によると，光源上の空間的な強度分布はガウス型となっている．これは明らかに光源が最低次のエルミート - ガウスモード(Hermite-Gaussian mode)で動作しているレーザーの場合に直面する状況である．この場合 ($\sigma_\mu \to \infty$)，式(8a)は

$$\delta = 2\sigma_s \tag{9}$$

を意味することになる．さらに，$k\delta \equiv 2\pi(\delta/\lambda) = 4\pi\sigma_s/\lambda$ であり，現実のレーザーではこのパラメーターは 1 よりも十分に大きい．その結果，式(7)の指数項は，$\sin\theta \ll 1$ の場合に限り無視できない値をもつことになる．このような光源からの放射強度 $J_\omega(\theta)$ の式(7)は，近似的に

$$J_\omega(\theta) = J_\omega(0)\, e^{-\frac{1}{2}(k\delta)^2\theta^2} \tag{10}$$

と表現される．明らかにこの種の光源からの放射の角度分布は，式(9)より半角 $\theta \sim 1/(k\delta) = \lambda/(2\pi\delta) \sim \lambda/(4\pi\sigma_s)$ の領域に制限される．この場合，放射は効率よく非常に狭い角度領域に閉じ込められる．つまり，これらの条件下では光源はビーム，すなわちビームウエストが $w_0 = \delta = 2\sigma_s$ であるガウスビームを発生する．このように，ガウス型シェルモデル光源は最低次のエルミート - ガウスモードで動作しているレーザー光源の一般化であることを示した．

次にもう一方の極限的な場合である $\sigma_\mu \to 0$ の場合を考えよう．これは明らかに**インコヒーレント**の**極限**を表している(スペクトル相関長が 0)．この場合，式(8a)から $\delta \to 0$ となる．式(8)で与えられる係数 $J_\omega(0)$ が σ_s を固定した状態で非負の有限値をとるためには，積 $A\delta$ が有限値をとるように $A \to \infty$ である必要がある．このとき式(7)は簡単になり

$$J_\omega(\theta) = J_\omega(0)\cos^2\theta \tag{11}$$

と表される.したがってインコヒーレントの極限では,放射強度は θ と共に $\cos^2\theta$ に従って減少する.ランバート光源は $J_\omega(\theta) = J_\omega(0)\cos\theta$ であるため,少なくともインコヒーレント光源がガウス型シェルモデル光源の極限としてモデル化される場合,この結果は厳密にインコヒーレントな平面2次光源はランバート光源にはなり得ないことを示している.そのためランバート光源は,完全に空間的にインコヒーレントではないと思うかもしれない.実際にそうであることが,あとでわかるであろう(5.5節).

5.3.2 準均一光源

いわゆる**準均一光源**(quasi-homogeneous source)は,(再び平面2次光源と仮定される)シェルモデル光源をさらに細分化した重要な小分類に属している.このような光源については,スペクトル密度 $S^{(0)}(\boldsymbol{\rho}, \omega)$ の $\boldsymbol{\rho}$ に伴う変化は,スペクトルコヒーレンス度 $\mu^{(0)}(\boldsymbol{\rho}', \omega)$ の $\boldsymbol{\rho}' = \boldsymbol{\rho}'_2 - \boldsymbol{\rho}'_1$ に伴う変化に比べて十分に遅い.そのため,$S^{(0)}(\boldsymbol{\rho}, \omega)$ は $\boldsymbol{\rho}$ についての「遅い」関数("slow" function)であり,$\mu^{(0)}(\boldsymbol{\rho}', \omega)$ は $\boldsymbol{\rho}'$ についての「速い」関数("fast" function)であるといわれる.この振る舞いを図 5.8 に示す.さらにこの種の光源の大きさは,光の波長 $\lambda = 2\pi c/\omega$ に比べて大きいと仮定される.

準均一光源の場合,相互スペクトル密度の式(1)は簡単になる.これは明らかに,式

$$W^{(0)}(\boldsymbol{\rho}'_1, \boldsymbol{\rho}'_2, \omega) \approx S^{(0)}\left(\frac{\boldsymbol{\rho}'_1 + \boldsymbol{\rho}'_2}{2}, \omega\right)\mu^{(0)}(\boldsymbol{\rho}'_2 - \boldsymbol{\rho}'_1, \omega) \tag{12}$$

によって近似される.$W^{(0)}$ がこのような因数分解の形をもつことは,今後の解析をかなり簡単にする.

準均一平面光源によって生成される遠方場の放射強度とスペクトルコヒーレンス度の式を導くために,最初に式(12)の4次元の空間フーリエ変換を求めなければならない.この目的のために,式(1)から式(2)への変形の際と同

5.3 モデル光源からの放射

スペクトル密度（強度）
（遅い関数）

スペクトルコヒーレンス度
（速い関数）

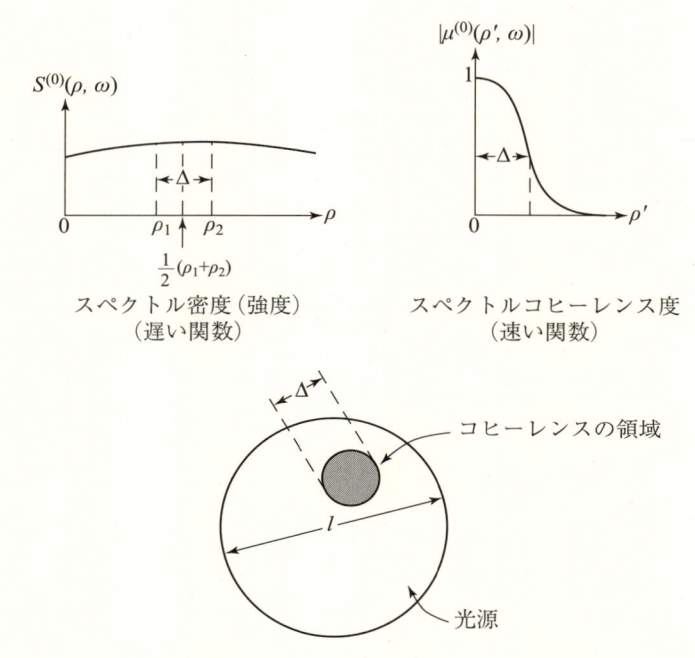

図 5.8 準均一光源の概念の説明．光源の実効的なスペクトルコヒーレンス領域は，光源上でスペクトル密度（強度）がはっきりと変化する領域よりも十分に小さい．

じ新しい変数

$$\boldsymbol{\rho} = \frac{1}{2}(\boldsymbol{\rho}'_1 + \boldsymbol{\rho}'_2), \qquad \boldsymbol{\rho}' = \boldsymbol{\rho}'_2 - \boldsymbol{\rho}'_1 \tag{13a}$$

を導入する．逆の関係は

$$\boldsymbol{\rho}'_1 = \boldsymbol{\rho} - \frac{1}{2}\boldsymbol{\rho}', \qquad \boldsymbol{\rho}'_2 = \boldsymbol{\rho} + \frac{1}{2}\boldsymbol{\rho}' \tag{13b}$$

となり，相互スペクトル密度関数(12)の4次元フーリエ変換（5.2節の式(14)で定義）$\tilde{W}^{(0)}$ は，因数分解の形

$$\tilde{W}^{(0)}(\mathbf{f}_1, \mathbf{f}_2, \omega) = \tilde{S}^{(0)}(\mathbf{f}_1 + \mathbf{f}_2, \omega)\tilde{\mu}^{(0)}\left[\frac{1}{2}(\mathbf{f}_2 - \mathbf{f}_1), \omega\right] \tag{14}$$

となることがすぐにわかる．ここで，$\tilde{S}^{(0)}$ と $\tilde{\mu}^{(0)}$ はそれぞれ $S^{(0)}$ と $\mu^{(0)}$ の 2

次元フーリエ変換

$$\tilde{S}^{(0)}(\mathbf{f},\omega) = \frac{1}{(2\pi)^2} \int_{(z=0)} S^{(0)}(\boldsymbol{\rho},\omega) e^{-i\mathbf{f}\cdot\boldsymbol{\rho}} \, d^2\rho \tag{15a}$$

および

$$\tilde{\mu}^{(0)}(\mathbf{f}',\omega) = \frac{1}{(2\pi)^2} \int_{(z=0)} \mu^{(0)}(\boldsymbol{\rho}',\omega) e^{-i\mathbf{f}'\cdot\boldsymbol{\rho}'} \, d^2\rho' \tag{15b}$$

である．式(14)は，準均一光源では光源分布の相互スペクトル密度の 4 次元フーリエ変換が，2 つの 2 次元フーリエ変換に因数分解されることを示している．その一方は光源のスペクトル密度を含む項であり，もう一方はそのスペクトルコヒーレンス度を含む項である．式(14)を使って，放射強度と遠方場のスペクトルコヒーレンス度[5.2 節の式(20)と(22)]がすぐに評価される．準均一光源によって生成される場の放射強度は，

$$J_\omega(\theta) = (2\pi k)^2 \tilde{S}^{(0)}(0,\omega) \tilde{\mu}^{(0)}(k\mathbf{s}_\perp,\omega) \cos^2\theta \tag{16}$$

で与えられる．ここで，係数

$$\tilde{S}^{(0)}(0,\omega) = \frac{1}{(2\pi)^2} \int_{(z=0)} S^{(0)}(\boldsymbol{\rho}',\omega) \, d^2\rho' \tag{17}$$

は光源のスペクトル密度の積分に比例する．なお，その積分範囲は形式的に光源面全体にわたっている．

式(16)は，放射強度の角度分布が $\cos^2\theta$ と光源上の光のスペクトルコヒーレンス度の 2 次元の空間フーリエ変換の積に依存することを示している．光源のスペクトル強度分布であるスペクトル密度 $S^{(0)}(\boldsymbol{\rho},\omega)$ は，式(17)で与えられる係数 $\tilde{S}^{(0)}(0,\omega)$ を通してのみ入っている．したがって，**準均一光源からの放射強度の角度分布は光源の形状に依存せず，本質的にはスペクトルコヒーレンス度 $\mu^{(0)}$ で記述される光源の空間的コヒーレンス特性によって決定される**．この結果は以前に 5.1 節において触れたことであるが，(**5.5 節で学ぶように準均一光源である**)ランバート光源によって生成される遠方領域全体の強度の角度分布は光源の形状に依存しないことを説明している．

5.3 モデル光源からの放射　121

準均一平面2次光源によって作られる放射の遠方領域におけるコヒーレンス特性も，すぐに求めることができる．式(14)より，

$$\tilde{W}^{(0)}(-k\mathbf{s}_{1\perp}, k\mathbf{s}_{2\perp}, \omega) = \tilde{S}^{(0)}[k(\mathbf{s}_{2\perp} - \mathbf{s}_{1\perp}), \omega] \tilde{\mu}^{(0)}\left[\frac{1}{2}k(\mathbf{s}_{1\perp} + \mathbf{s}_{2\perp}), \omega\right] \quad (18)$$

であり，さらにこれに似た式として，スペクトルコヒーレンス度を表す5.2節の式(22)の分母に現れる2つの項もすぐに求められる．式(18)を5.2節の式(22)に代入すると，

$$\mu^{(\infty)}(r_1\mathbf{s}_1, r_2\mathbf{s}_2, \omega) = \frac{\tilde{S}^{(0)}[k(\mathbf{s}_{2\perp} - \mathbf{s}_{1\perp}), \omega]}{\tilde{S}^{(0)}(0, \omega)} \tilde{G}^{(0)}(k\mathbf{s}_{1\perp}, k\mathbf{s}_{2\perp}, \omega) \, e^{ik(r_2-r_1)} \quad (19)$$

を得る．ここで，

$$\tilde{G}^{(0)}(k\mathbf{s}_{1\perp}, k\mathbf{s}_{2\perp}, \omega) = \frac{\tilde{\mu}^{(0)}\left[\frac{1}{2}k(\mathbf{s}_{1\perp} + \mathbf{s}_{2\perp}), \omega\right]}{\sqrt{\tilde{\mu}^{(0)}(k\mathbf{s}_{1\perp}, \omega)}\sqrt{\tilde{\mu}^{(0)}(k\mathbf{s}_{2\perp}, \omega)}} \quad (20)$$

である．さて，準均一光源に対しては，スペクトル密度 $S^{(0)}(\boldsymbol{\rho}, \omega)$ は $\boldsymbol{\rho}$ についての「遅い」関数であり，$\mu^{(0)}(\boldsymbol{\rho}', \omega)$ は $\boldsymbol{\rho}'$ についての「速い」関数である．そのため，フーリエ変換対に関するよく知られた相反関係により，$\tilde{S}^{(0)}(\mathbf{f}, \omega)$ は $\mathbf{f}$ についての「速い」関数になり，$\tilde{\mu}^{(0)}(\mathbf{f}', \omega)$ は $\mathbf{f}'$ についての「遅い」関数になる．これらの事実を利用すると，式(20)の右辺の式は1に近似され，遠方場のスペクトルコヒーレンス度を表す式(19)は簡単になり

$$\mu^{(\infty)}(r_1\mathbf{s}_1, r_2\mathbf{s}_2, \omega) = \frac{\tilde{S}^{(0)}[k(\mathbf{s}_{2\perp} - \mathbf{s}_{1\perp}), \omega]}{\tilde{S}^{(0)}(0, \omega)} e^{ik(r_2-r_1)} \quad (21)$$

と表される．この式は，単純な幾何学的な位相係数を除き，準均一平面2次光源によって生成される遠方場のスペクトルコヒーレンス度 $\mu^{(\infty)}(r_1\mathbf{s}_1, r_2\mathbf{s}_2, \omega)$ は，光源のスペクトル密度の正規化された空間フーリエ変換に等しいことを示している．

表記法の違いを除き，式(21)は，空間的にインコヒーレント光源からの準単色光を対象とした同時刻コヒーレンス度 $\gamma^{(\infty)}(r_1\mathbf{s}_1, r_2\mathbf{s}_2, 0) \equiv j^{(\infty)}(r_1\mathbf{s}_1, r_2\mathbf{s}_2)$

を表すファン・シッター - ゼルニケの定理[3.2 節の式(20)]の遠方領域形式とまったく同じ形となっている．明らかに式(21)は，空間-周波数領域において，その定理を準均一光源によって生成される遠方場に拡張したものとみなすことができる．このような光源は，大きなコヒーレンス領域をもち得ることに注意すべきである．

本節で導いた 2 つの主要な式である式(16)と式(21)を，式(21)については簡単化のために $r_2 = r_1$ とおいて，より詳しく解析しよう．これら 2 つの式は

$$J_\omega(\theta) = (2\pi k)^2 C\tilde{\mu}^{(0)}(k\mathbf{s}_\perp, \omega)\cos^2\theta \tag{16a}$$

および

$$\mu^{(\infty)}(r_1\mathbf{s}_1, r_2\mathbf{s}_2, \omega) = \frac{1}{C}\tilde{S}^{(0)}[k(\mathbf{s}_{2\perp} - \mathbf{s}_{1\perp}), \omega] \tag{21a}$$

と表現することができる．ここで，係数 $C \equiv \tilde{S}^{(0)}(0, \omega)$ は式(17)で与えられる．この 2 つの式は，準均一平面光源からの放射に関係する 2 つの興味深い**相反定理**(reciprocity theorem)を示している．その 1 つ目は，**放射強度の角度分布は主として光源上の光のスペクトルコヒーレンス度の 2 次元の空間フーリエ変換に依存し，すでに触れたように光源の形状には依存しない**ことを表している．2 つ目は，**遠方場のスペクトルコヒーレンス度は光源のスペクトル強度分布（スペクトル密度）の 2 次元の空間フーリエ変換に比例する**ことを表している．これら 2 つの結果は，概念的に以下の図に示される．この中で，矢印つきの線はフーリエ変換対を表すものとする．

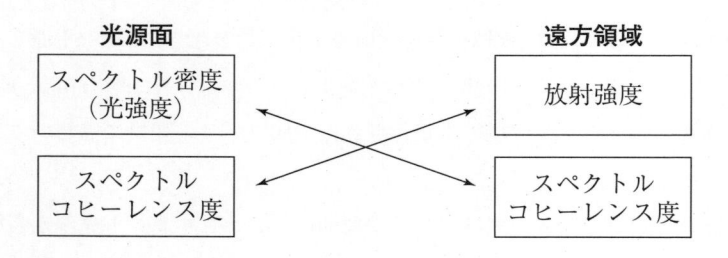

光源面		遠方領域
スペクトル密度 （光強度）	⤩	放射強度
スペクトル コヒーレンス度	⤪	スペクトル コヒーレンス度

これらの結果を簡単な例題によって証明しよう．一様強度分布をもつ半径 $a \gg \lambda$ の円形の準均一 2 次光源からの放射を考える．光源のスペクトル強度の空間分布とスペクトルコヒーレンス度はガウス型，つまり

$$S^{(0)}(\boldsymbol{\rho},\omega) = \begin{cases} A^2 e^{-\rho^2/(2\sigma_s^2)} & \rho \leq a \text{ のとき} \\ 0 & \rho > a \text{ のとき} \end{cases} \tag{22}$$

および

$$\mu^{(0)}(\boldsymbol{\rho}',\omega) = e^{-\rho'^2/(2\sigma_\mu^2)} \tag{23}$$

であり，パラメーター σ_s および σ_μ は一般に周波数に依存する．もし光源の大きさがスペクトル密度関数 $S^{(0)}$ の r.m.s.[6] 幅 σ_s に比べて十分に大きい，つまり $a \gg \sigma_s$ と仮定すれば計算は簡単になる．光源は準均一であると仮定されているので，$a \gg \sigma_\mu$ の関係もある．これらの状況下では，2 つの相反関係(16a)および(21a)より，この光源からの放射強度と遠方場のスペクトルコヒーレンス度を表す式

$$J_\omega(\theta) = (kA\sigma_\mu\sigma_s)^2 \cos^2\theta \, e^{-\frac{1}{2}[(k\sigma_\mu)^2 \sin^2\theta]} \tag{24}$$

および

$$\mu^{(\infty)}(r_1\mathbf{s}_1, r_2\mathbf{s}_2, \omega) = e^{-\frac{1}{2}(k\sigma_s)^2 u_{12}^2} \, e^{ik(r_2-r_1)} \tag{25}$$

を得る．ここで，

$$u_{12} = |\mathbf{s}_{2\perp} - \mathbf{s}_{1\perp}| \tag{26}$$

である．

図 5.9 は，式(24)から計算された正規化放射強度 $J_\omega(\theta)/J_\omega(0)$ の極線図を表している．この図には，スペクトルコヒーレンス度 μ の r.m.s. 幅 σ_μ のさまざまな値をもつ光源からの放射に対応する結果が描かれている．$k\sigma_\mu$ の小

---

6 【訳者注】"r.m.s." は，"root-mean-square" の略．厳密には「2 乗平均平方根」であるが，単に，「2 乗平均」とよばれることも多い．

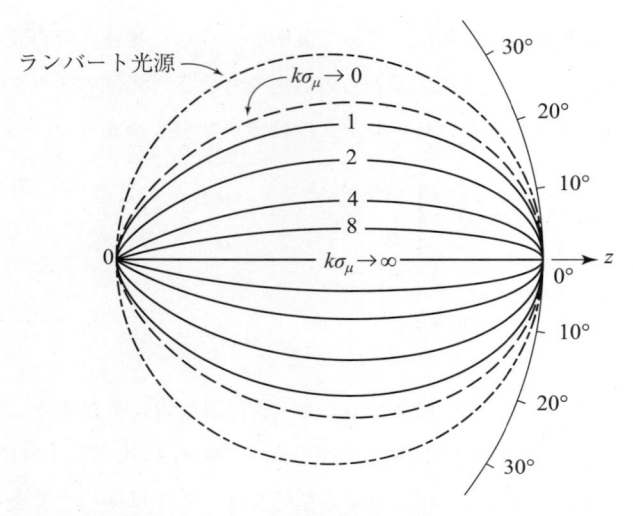

図 5.9 ガウス型の相関をもつ準均一光源からの正規化放射強度の極線図．この図は 5.3 節の式 (24) により計算され，スペクトルコヒーレンス度 μ の r.m.s. 幅 σ_μ のいろいろな値に対してプロットされている．原点からパラメーター $k\sigma_\mu$ の値が付記された曲線上の代表的な点を指すベクトルの長さは，そのベクトルの方向における正規化放射強度を表している．[E. Wolf and W. H. Carter, *Opt. Commun.* **13** (1975), 205-206 より改変]

さな値に対しては放射は広い立体角にわたって広がるが，$k\sigma_\mu$ が増加するにつれて，つまり光源がより空間的にコヒーレントになるにつれて放射は指向性をもつようになり，最終的にはビームとなる．比較のために，ランバート光源からの放射に対応する分布をあわせて表示している．図 5.10 は式 (25) から計算された遠方領域における光のスペクトルコヒーレンス度の振る舞いを描いている．これは光源の実効的な大きさが増加する（$k\sigma_s$ が増加する）につれて，コヒーレンス度の絶対値が評価可能な値をとる角度はより狭くなることを示している．

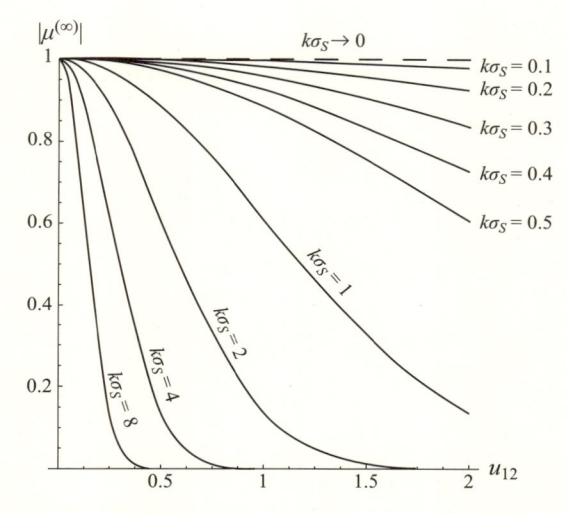

図 5.10 準均一ガウス型平面 2 次光源によって生成される遠方場のスペクトルコヒーレンス度の絶対値の振る舞い．スペクトルコヒーレンス度は 5.3 節の式 (25) で与えられ，変数 u_{12} は同節の式 (26) で定義されている．[W. H. Carter and E. Wolf, *J. Opt. Soc. Amer.* **67** (1977), 785-796 より改変]

5.4 同一の放射強度分布を生成する異なる空間的コヒーレンス状態の光源

　光源が高い指向性をもつ場，すなわち細いビームを作り出すためには，例えばよく安定化されたレーザーのように光源は空間的に十分にコヒーレントでなければならないとしばしば主張される．しかし，これは正しくない．適切な条件の下では，異なるコヒーレンス状態をもつ部分的コヒーレント光源が，レーザービームと同様の指向性をもつビームを発生する．本節では，具体的に，異なるコヒーレンス状態をもつ光源が同じ遠方領域の強度分布，すなわち同じ放射強度分布をもつ場を作り出すことを示す．

　5.2 節の式 (14) と (20) から，統計的に定常な平面 2 次光源によって生成さ

れる場の放射強度は，

$$J_\omega(\mathbf{s}) = \left(\frac{k}{2\pi}\right)^2 \cos^2\theta \iint W^{(0)}(\boldsymbol{\rho}_1', \boldsymbol{\rho}_2', \omega) e^{-i k \mathbf{s}_\perp \cdot (\boldsymbol{\rho}_2' - \boldsymbol{\rho}_1')} d^2\rho_1' d^2\rho_2' \tag{1}$$

と表現されることがわかる．光源面における場の相互スペクトル密度 $W^{(0)}$ を，その面におけるスペクトル密度とスペクトルコヒーレンス度によって表現しよう[4.2 節の式(6b)]．このとき式(1)は

$$J_\omega(\mathbf{s}) = \left(\frac{k}{2\pi}\right)^2 \cos^2\theta \iint \sqrt{S^{(0)}(\boldsymbol{\rho}_1', \omega)} \sqrt{S^{(0)}(\boldsymbol{\rho}_2', \omega)}$$
$$\times \mu^{(0)}(\boldsymbol{\rho}_1', \boldsymbol{\rho}_2', \omega) e^{-i k \mathbf{s}_\perp \cdot (\boldsymbol{\rho}_2' - \boldsymbol{\rho}_1')} d^2\rho_1' d^2\rho_2' \tag{2}$$

となる．式(2)は光源面の光のスペクトル強度分布 $S^{(0)}(\boldsymbol{\rho}', \omega)$ とスペクトルコヒーレンス度 $\mu^{(0)}(\boldsymbol{\rho}_1', \boldsymbol{\rho}_2', \omega)$ の双方が放射強度に寄与することを示している．そのため，スペクトル分布 $S_1^{(0)}(\boldsymbol{\rho}', \omega)$ とスペクトルコヒーレンス度 $\mu_1^{(0)}(\boldsymbol{\rho}_1', \boldsymbol{\rho}_2', \omega)$ をもつ光源と，スペクトル分布 $S_2^{(0)}(\boldsymbol{\rho}', \omega)$ とスペクトルコヒーレンス度 $\mu_2^{(0)}(\boldsymbol{\rho}_1', \boldsymbol{\rho}_2', \omega)$ をもつ光源は 2 つの異なる光源であるが，同じ放射強度 $J_\omega(\mathbf{s})$ を作り出す可能性が出てくる．異なる言い方をすると，2 つの光源が式(2)において同じ積分値をもち，その結果，同じ放射強度を作り出すように，スペクトル密度とスペクトルコヒーレンス度の間には「トレードオフ」の関係がありそうである．そして実際に，これがあり得ることがわかっている．5.3 節で議論したガウス型シェルモデル光源を使うと，簡単な例をあげることができる．5.3 節の式(6)〜(8)からすぐに，同節の式(8a)，つまり

$$\frac{1}{\delta^2} = \frac{1}{(2\sigma_s)^2} + \frac{1}{\sigma_\mu^2} \tag{3}$$

で定義される量 δ が同じ値となるようなスペクトル密度の r.m.s. 幅 σ_s とスペクトルコヒーレンス度の r.m.s. 幅 σ_μ をもつ 2 つの光源は，放射強度の相対的角度分布が同じとなる場を生成することがわかる．さらに 5.3 節の式(7)と(8)から明らかなように，式

5.4 同一の放射強度分布を生成する異なる空間的コヒーレンス状態の光源　127

$$J_\omega(0) = (kA\sigma_s\delta)^2 \tag{4}$$

もまた同じ値をもつように係数 A [5.3 節の式(4)を参照せよ]が決められたなら，相対的にだけではなく放射強度の絶対的な値も同じになる．

このような 2 つの「等価」光源に対して，式(3)の右辺の 2 項の和が同じ

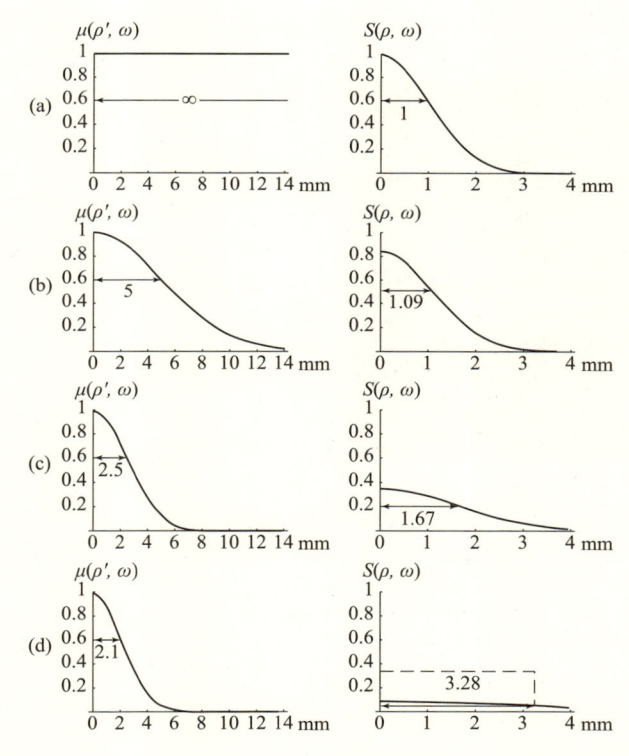

図 5.11　コヒーレントなレーザー光源[(a)]と遠方領域において同じ強度分布の場を作り出す 3 つの部分的コヒーレント光源[(b), (c), (d)]のスペクトルコヒーレンス度とスペクトル強度分布の振る舞いの説明．4 つの光源を記述するパラメーターは，(a) $\sigma_\mu = \infty$, $\sigma_S = 1$ mm, $A = 1$ (任意単位), (b) $\sigma_\mu = 5$ mm, $\sigma_S = 1.09$ mm, $A = 0.84$, (c) $\sigma_\mu = 2.5$ mm, $\sigma_S = 1.67$ mm, $A = 0.36$, (d) $\sigma_\mu = 2.1$ mm, $\sigma_S = 3.28$ mm, $A = 0.09$. これらすべての光源の正規化放射強度は $J_\omega(\theta)/J_\omega(0) = \cos^2\theta \exp[-2(k\delta_L)^2\sin^2\theta]$ である ($\sigma_S = 1$ mm)．[E. Wolf and E. Collett, *Opt. Commun.* **25** (1978), 293-296 より改変]

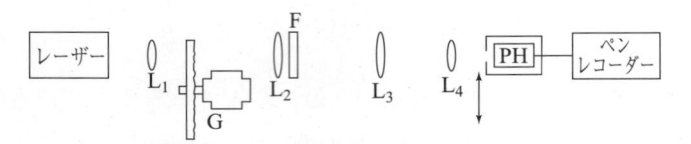

図 5.12 異なる空間的コヒーレンス特性をもつ光源が同一の放射強度の角度分布を作り出すことを検証するために利用された光学系. L_1, L_2, L_3 および L_4 はレンズ, F は振幅フィルター, G は回転すりガラス板, PH は光検出器. ［P. DeSantis, F. Gori, G. Guattari and C. Palma, *Opt. Commun.* **29** (1979), 256-260 より改変］

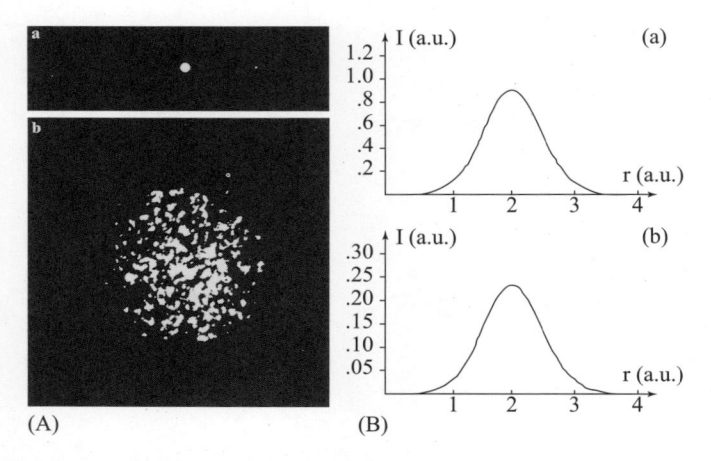

図 5.13 （A）コヒーレントなレーザー光源の強度分布（a）と部分的コヒーレント「等価」光源の強度分布（b）.（B）左側に示された 2 つの光源によって生成された場の遠方領域における強度 I（任意ではあるが, 同一の単位系を使用）の角度分布の測定値. ［P. DeSantis, F. Gori, G. Guattari and C. Palma, *Opt. Commun.* **29** (1979), 256-260 より転載］

とならなければならないことは, スペクトル密度とスペクトルコヒーレンス度の寄与の間にトレードオフの関係があることを示している. このようなトレードオフの関係を示した計算結果が図 5.11 に示されている. これらの理論的予測の実験的検証は図 5.13 に示されており, その結果は図 5.12 に示された光学系を用いて得られたものである.

図 5.14 に, 同じ初期 r.m.s. 半径 $\sigma_s = 0.1\,\mathrm{cm}$ をもつがスペクトルコヒーレ

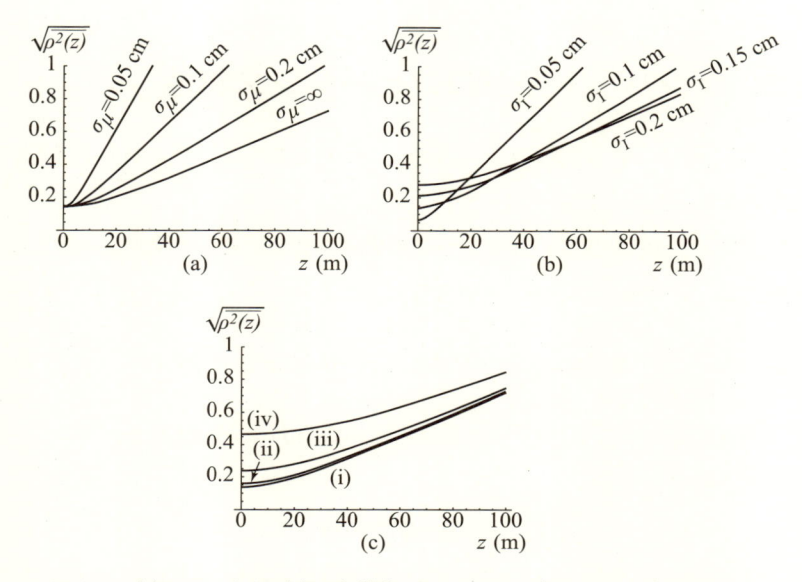

図 5.14 (a) r.m.s. ビーム半径の初期値は同一であるが ($\sigma_S = 0.1$ cm), 異なるコヒーレンス度をもつビームの r.m.s. ビーム半径

$$\left[\overline{\rho^2(z)}\right]^{\frac{1}{2}}, \quad \overline{\rho^2(z)} = \iint_{-\infty}^{\infty} \rho^2 S(\boldsymbol{\rho}, z) \, d^2\rho \Big/ \iint_{-\infty}^{\infty} S(\boldsymbol{\rho}, z) \, d^2\rho.$$

各ビームの波長は 6328Å とした. (b) 同じコヒーレンス度 $\sigma_\mu = 0.2$ cm をもつが異なる r.m.s. 半径 σ_S の初期値をもつビームの r.m.s. ビーム半径. 各ビームの波長は 6328Å とした. (c) 異なる r.m.s. ビーム半径 σ_S と異なるコヒーレンス度の幅 σ_μ をもつが 5.4 節で議論された「等価定理」で予測される等しい遠方場のビーム角 θ_B をもつビームの r.m.s. ビーム半径. 4 つのビームのパラメーターは (i) $\sigma_S = 0.1$ cm, $\sigma_\mu = \infty$, (ii) $\sigma_S = 0.109$ cm, $\sigma_\mu = 0.5$ cm, (iii) $\sigma_S = 0.167$ cm, $\sigma_\mu = 0.25$ cm, および (iv) $\sigma_S = 0.328$ cm, $\sigma_\mu = 0.21$ cm である. 各ビームの波長は 6328 Å とした. [J. T. Foley and M. S. Zubairy, *Opt. Commun.* **26** (1978), 297-300 より改変]

ンス度が異なる光源 (a) から, また, 同じスペクトルコヒーレンス度の r.m.s. 幅をもつが強度の r.m.s 幅が異なる光源 (b) から伝搬したビームの半径の変化が示されている. 図 5.14 (c) は等価定理を描いている. 式 (3) に従って光源の空間的コヒーレンスと光源の空間的強度分布の間にはトレードオフの関係があり, それが遠方領域で同じ角度拡がりもつビームを作り出している.

5.5 ランバート光源のコヒーレンス特性

5.3 節で導いた相反定理の 1 つに戻り，それを利用してランバート光源の空間的コヒーレンス特性を明らかにしよう．

5.3 節の式 (16) で与えられる 1 つ目の相反定理によると，準均一平面 2 次光源によって生成される場の放射強度は

$$J_\omega(\mathbf{s}) = (2\pi k)^2 \tilde{S}^{(0)}(0,\omega) \tilde{\mu}^{(0)}(k\mathbf{s}_\perp, \omega) \cos^2\theta \tag{1}$$

で与えられる．ここで，$\tilde{S}^{(0)}(0,\omega)$ は同節の式 (17) で定義される．ランバート光源の場合，

$$J_\omega(\mathbf{s}) = J_\omega^{(0)} \cos\theta \tag{2}$$

となる．ここで，$J_\omega^{(0)}$ はその光源の $\theta = 0$ 方向の放射強度を表す．

通常そうであるように，スペクトルが光源上のすべての点で等しいと仮定する．つまり，$S^{(0)}(\rho',\omega) \equiv S^{(0)}(\omega)$ とする．このとき 5.3 節の式 (17) は，

$$\tilde{S}^{(0)}(0,\omega) = \frac{A}{(2\pi)^2} S^{(0)}(\omega) \tag{3}$$

となる．ここで，A は光源の面積を表す．次に式 (3) を式 (1) に代入し，式 (2) を利用して $\tilde{\mu}^{(0)}$ について解くと，すぐに

$$\tilde{\mu}^{(0)}(k\mathbf{s}_\perp, \omega) = \frac{J_\omega^{(0)}}{Ak^2 S^{(0)}(\omega) \sqrt{1 - \mathbf{s}_\perp^2}} \tag{4}$$

となることがわかる．ここで，$\cos\theta = \sqrt{1 - \mathbf{s}_\perp^2}$ の関係を用いた．

次に式 (4) の 2 次元の空間フーリエ変換を行い，領域 $|\mathbf{s}_\perp| > 1$ からの寄与を無視する．それはエバネセント波に関係するものであり，$\mu^{(0)}$ が波長程度のスケールで素早く変化しなければ，その寄与は無視できる．このとき $\mu^{(0)}$

を表す式

$$\mu^{(0)}(\boldsymbol{\rho}', \omega) \approx \frac{J_\omega^{(0)}}{Ak^2 S^{(0)}(\omega)} \int_{\mathbf{s}_\perp^2 \le 1} \frac{1}{\sqrt{1-\mathbf{s}_\perp^2}} e^{ik\mathbf{s}_\perp \cdot \boldsymbol{\rho}'} \, d^2(k\mathbf{s}_\perp) \tag{5}$$

を得る.さて,$\mu^{(0)}(0, \omega) = 1$ なので,式 (5) より

$$1 \approx \frac{J_\omega^{(0)}}{Ak^2 S^{(0)}(\omega)} \int_{\mathbf{s}_\perp^2 \le 1} \frac{1}{\sqrt{1-\mathbf{s}_\perp^2}} \, d^2(k\mathbf{s}_\perp) \tag{6}$$

が導かれる.式 (5) と (6) より,光源のスペクトルコヒーレンス度は

$$\mu^{(0)}(\boldsymbol{\rho}', \omega) = \frac{F(\boldsymbol{\rho}', \omega)}{F(0, \omega)} \tag{7}$$

と表現される.ここで,

$$F(\boldsymbol{\rho}', \omega) = \int_{\mathbf{s}_\perp^2 \le 1} \frac{1}{\sqrt{1-\mathbf{s}_\perp^2}} e^{ik\mathbf{s}_\perp \cdot \boldsymbol{\rho}'} \, d^2(k\mathbf{s}_\perp) \tag{8}$$

である.右辺の積分は解析的に評価することができ,

$$\mu^{(0)}(\boldsymbol{\rho}', \omega) = \frac{\sin(k\rho')}{k\rho'} \tag{9}$$

となることがわかる (M&W, p. 248).この式は**スペクトルが光源上の各点で同じとなるすべての準均一平面 2 次ランバート光源は,同じスペクトルコヒーレンス度をもち,それは式 (9) で与えられる**ことを意味している.それを光源上の任意の 2 点の間の正規化された距離 $k\rho' \equiv k|\boldsymbol{\rho}'_2 - \boldsymbol{\rho}'_1|$ の関数として図 5.15 に示す.光源面上の光の相関長 $\Delta\rho'_c$ は,大ざっぱな見積では $(k\Delta\rho'_c) \approx \pi/2$,もしくは $k = 2\pi/\lambda$ より

$$\Delta\rho'_c \approx \lambda/4 \tag{10}$$

によって与えられる.このように,**ランバート光源は空間的に完全にインコヒーレントではなく,波長程度の距離の間隔で相関をもつ**ことを示した.

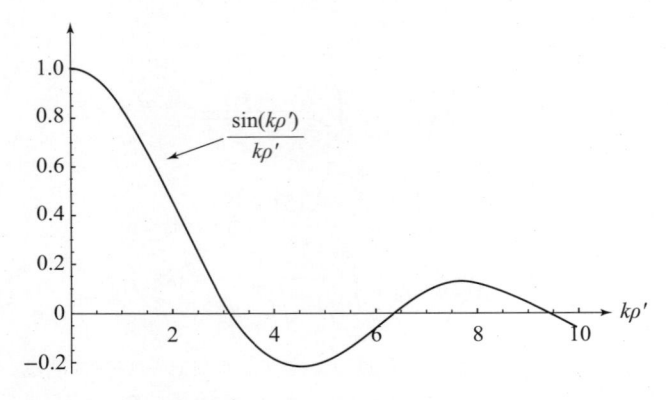

図 5.15 準均一平面 2 次ランバート光源のスペクトルコヒーレンス度.

5.6 伝搬に伴うスペクトル変化．スケーリング則

　一般に光のスペクトルは，自由空間を伝搬する際には変化しないのが当然であると思われている．1986 年に，スペクトルは一般に光の伝搬に伴い変化し[7]，その変化は光源の空間的コヒーレンス特性によって引き起こされるという現象が発見された．本節では，この現象について議論し，正規化された遠方領域のスペクトルが光源のスペクトルと同じになるために，光源のスペクトルコヒーレンス度が満たすべき条件を導出する．ここでは，準均一光源によって作られる遠方領域におけるスペクトル変化のみを考える．

　準均一平面 2 次光源から出射される光の遠方領域スペクトルは，5.2 節の式 (19) および 5.3 節の式 (16) によると，

$$S^{(\infty)}(r\mathbf{s},\omega) = \left(\frac{k}{r}\right)^2 \left(\int_{z=0} S^{(0)}(\boldsymbol{\rho}',\omega)\,\mathrm{d}^2\rho'\right) \tilde{\mu}^{(0)}(k\mathbf{s}_\perp,\omega)\cos^2\theta \quad (1)$$

によって与えられる．もし光源のスペクトルが個々の点で等しければ，すな

---

[7] E. Wolf, *Phys. Rev. Lett.* **56** (1986), 1370-1372. このテーマに関する多くの出版物のレビューについては，E. Wolf and D. F. V. James, *Rep. Prog. Phys.* **59** (1996), 771-818 を参照せよ.

わち，もし $S^{(0)}(\boldsymbol{\rho}', \omega) \equiv S^{(0)}(\omega)$ であれば，式(1)は

$$S^{(\infty)}(r\mathbf{s}, \omega) = \left(\frac{k}{r}\right)^2 A S^{(0)}(\omega) \tilde{\mu}^{(0)}(k\mathbf{s}_\perp, \omega) \cos^2\theta \tag{2}$$

となる．ここで，以前と同様に A は光源の面積を表す．

そのため，正規化された遠方領域スペクトルは

$$\begin{aligned}
s^{(\infty)}(r\mathbf{s}, \omega) &\equiv \frac{S^{(\infty)}(r\mathbf{s}, \omega)}{\int_0^\infty S^{(\infty)}(r\mathbf{s}, \omega)\, \mathrm{d}\omega} \\
&= \frac{k^2 S^{(0)}(\omega) \tilde{\mu}^{(0)}(k\mathbf{s}_\perp, \omega)}{\int_0^\infty k^2 S^{(0)}(\omega) \tilde{\mu}^{(0)}(k\mathbf{s}_\perp, \omega)\, \mathrm{d}\omega}
\end{aligned} \tag{3}$$

となり，正規化された光源スペクトルは

$$s^{(0)}(r\mathbf{s}, \omega) = \frac{S^{(0)}(\omega)}{\int_0^\infty S^{(0)}(\omega)\, \mathrm{d}\omega} \tag{4}$$

となる．

式(3)と(4)の比較から，一般に2つの正規化されたスペクトルは互いに異なり，その相違はスペクトルコヒーレンス度 $\mu^{(0)}$ によって記述される光源の空間的コヒーレンス特性によるものであることが明らかである．

ガウス型のスペクトルをもつ光源からの放射について，このような「相関に誘起される」スペクトル変化の例が図5.16に与えられている．図5.16は異なる方向で観察される遠方領域スペクトルの相違を示している．光源面の法線から測った観測角が増加するに従い，スペクトル線は長波長(低周波)側への偏移である赤方偏移(red shift)を受ける．例えば図5.17に示されるように，光源の空間的コヒーレンス特性が異なれば，異なるタイプの変化が引き起こされるかもしれない．

式(3)より明らかであるが，もし $\tilde{\mu}^{(0)}(k\mathbf{s}_\perp, \omega)$ が

$$\tilde{\mu}^{(0)}(k\mathbf{s}_\perp, \omega) = F(\omega)\tilde{H}(\mathbf{s}_\perp) \tag{5}$$

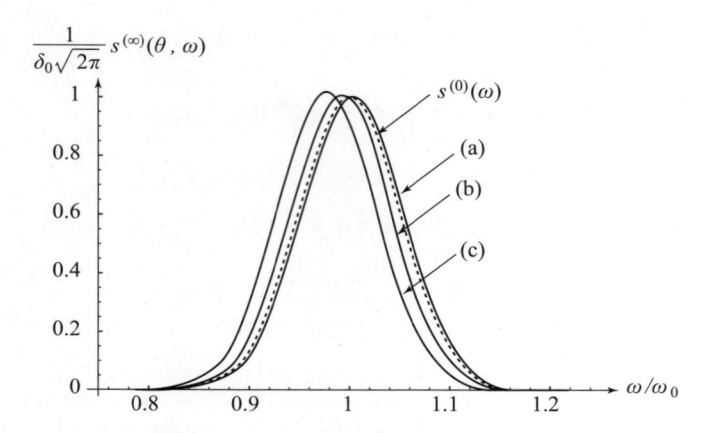

図 5.16 平面 2 次光源の空間的コヒーレンスが，出射された光の正規化された遠方領域スペクトルに及ぼす効果の説明．正規化された光源スペクトル $s^{(0)}(\omega)$ はガウス型で $\sigma_S/\omega_0 = 1/20$ の値をもつ線スペクトルである（ω_0 は中心周波数，σ_S は r.m.s. 幅）．スペクトルコヒーレンス度は，λ_0 を対応する波長として，r.m.s. 幅が $\sigma_\mu = 10\lambda_0$ であるガウス型の空間的形状をもつと仮定された．正規化された遠方領域スペクトルは(a)光軸上，(b) $\theta = 2°$，および(c) $\theta = 30°$ の位置について描かれている．[Z. Dacic and E. Wolf, *J. Opt. Soc. Amer.* **A5** (1998), 1118-1126 より改変]

の形式に因数分解されたなら，正規化された遠方領域スペクトルは観測方向 **s** に依存しない．このとき式(3)は簡単化され

$$s^{(\infty)}(r\mathbf{s}, \omega) = \frac{k^2 S^{(0)}(\omega) F(\omega)}{\int_0^\infty k^2 S^{(0)}(\omega) F(\omega) \, d\omega} \tag{6}$$

となる．

因数分解の条件(5)より，もしそれが領域 $|\mathbf{s}_\perp| \le 1$（これは **s** が単位ベクトルであることの結果である）だけでなくすべての 2 次元ベクトル **s** に対して成り立つと仮定すると，興味深い結果が導かれる．明らかに，光源のスペクトルに含まれる個々の周波数についてスペクトルコヒーレンス度 $\mu^{(0)}(\boldsymbol{\rho}', \omega)$ が原点に対して半径 k の円内に実効的に帯域制限されていれば，もしくはより物理的に言うと，$\mu^{(0)}(\boldsymbol{\rho}', \omega)$ が波長 $\lambda = 2\pi c/\omega$ 程度の距離でそれほど顕著

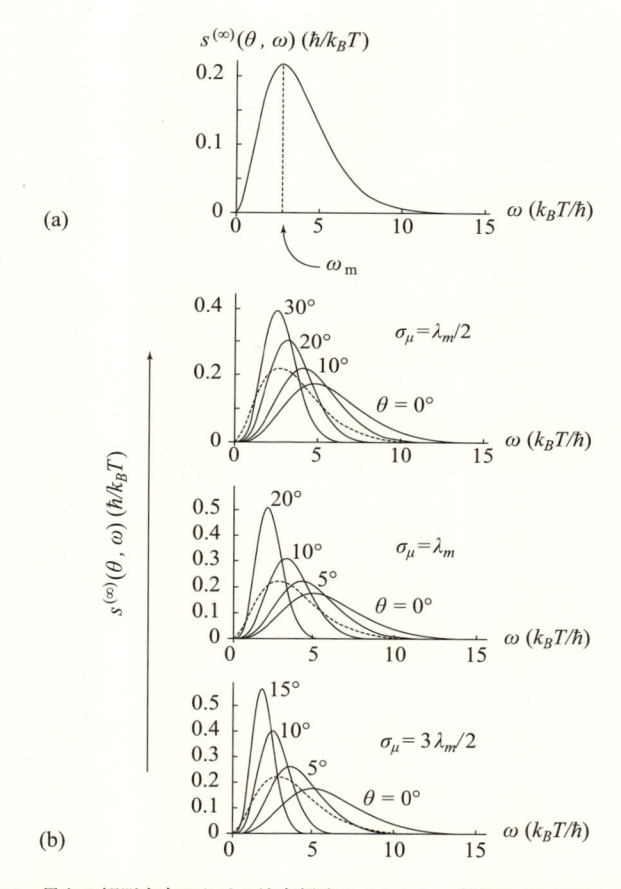

図 5.17 異なる観測方向における遠方領域スペクトル．光源はガウス型の空間分布をもち，プランクの法則によって与えられるスペクトルをもつ準均一平面光源であり，そのスペクトルコヒーレンス度は(a) sinc 関数および(b)ガウス関数で与えられている．周波数 ω_m はプランク型スペクトルが最大値をとる周波数であり，その位置は点線で示されている．点線の曲線はシフトしていないスペクトルを表す．[E. Wolf, *Appl. Phys.* **B60** (1995), 303-308 より改変]

に変動しなければ，この仮定は近似的に成立する．この状況が成り立つと仮定して，式(5)をフーリエ変換すると，

$$\mu^{(0)}(\boldsymbol{\rho}', \omega) = k^2 F(\omega) H(k\boldsymbol{\rho}') \tag{7}$$

を得る．ここで，H はもちろん $\tilde{H}$ のフーリエ変換である．$\mu^{(0)}(\rho',\omega)$ は相関係数なので，

$$\mu^{(0)}(0,\omega) = 1 \qquad \text{すべての } \omega \text{ に対して} \tag{8}$$

である．したがって式(7)は，

$$k^2 F(\omega) = \frac{1}{H(0)} \tag{9}$$

の関係があることを示している．式(9)の左辺は周波数に依存するが，右辺はそうではないため，α を定数として

$$F(\omega) = \frac{\alpha}{k^2} \tag{10}$$

となることがわかる．

これらの結果から，2つの重要な結論が導き出される．式(10)を式(6)に代入すると正規化された遠方場のスペクトルの式

$$s^{(\infty)}(r\mathbf{s},\omega) = \frac{S^{(0)}(\omega)}{\displaystyle\int_0^\infty S^{(0)}(\omega)\,\mathrm{d}\omega} \tag{11}$$

を得る．この式は，正規化された光のスペクトルが遠方領域全体で等しい，つまり観測方向に依存しないだけではなく，それが正規化された光源スペクトルにも等しいことを示している．

条件(10)が満たされるとき，その結果，正規化された遠方領域スペクトルが光源スペクトルに等しいとき，スペクトルコヒーレンス度は必ずある決まった関数形をもつ．この結論は，式(10)を式(7)に代入し $\alpha H(k\rho') = h(k\rho')$ とおくとすぐに導かれる．このとき，以前と同様に $\rho' = \rho_2 - \rho_1$ とすると，光源のスペクトルコヒーレンス度の式

$$\mu^{(0)}(\rho',\omega) = h(k\rho') \tag{12}$$

を得る．理由は明らかであるが，この式は**スケーリング則**(scaling law)として知られる．前述の解析によると，**光源上の各点においてそのスペクトルが**

等しく，かつスケーリング則[式(12)]に従う任意の平面2次光源は，正規化されたスペクトルが遠方領域全体で同じであり，かつそれが正規化された光源スペクトルに等しい光を発生する[8]．

そのスペクトルが光源の各点において同じである準均一平面2次ランバート光源のスペクトルコヒーレンス度は[式(9), 5.5 節]

$$\mu^{(0)}(\rho', \omega) = \frac{\sin(k\rho')}{k\rho'}, \tag{13}$$

となること，すなわちランバート光源はスケーリング則を満たすことを前に学んだ．多くの実験室の光源と自然界で直面する多くの光源がランバート光源であることを考えると，なぜ伝搬に伴う「スペクトルの不変性(spectral invariance)」が，これほどまでに長い間，一般に誤って受け入れられてきたのかがわかるだろう．

これまでは，遠方領域全体におけるスペクトルの空間的不変性のみを考えてきた．しかし，より一般的には，**スケーリング則**を満たす任意の準均一光源によって生成される場の正規化スペクトルは，おそらく光源面から波長程度もしくはそれ以下の距離の点を除き，よい近似で光源が放射する半空間全体で等しいという結果を構築することができる[9]．

自由空間であっても伝搬に伴い光のスペクトルが変化するという予測は，実験的に検証された．最初の検証実験は，双方共に熱放射光を出射する2つの異なる光源を用いて行われた．最初の検証実験では，平面I上の開口の前にタングステンランプが置かれ[図 5.18 (a)を参照せよ]，開口を通過した光は光学系を通ったあと平面II上に2次光源を作り出す．これら2つの平面上と2次光源の遠方領域に置かれた平面III上のスペクトルが測定された．

第1の光学系は普通のレンズであった[図 5.18 (a)]．このとき，平面II上の2次光源は，スケーリング則に従ったスペクトルコヒーレンス度をも

---

[8] 条件(12)を「スペクトル不変性」に対する十分条件として導出したが，その条件は必要条件にもなっている[E. Wolf, *J. Mod. Opt.* **39** (1992), 9-20, Theorem II, p.19]．
[9] H. Roychowdhury and E. Wolf, *Opt. Commun.* **215** (2003), 199-203.

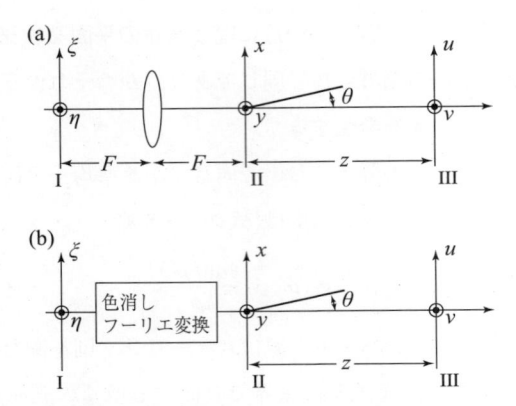

図 5.18 準均一平面 2 次光源に対するスケーリング則の有効性を示すために使われた 2 つのシステム．[G. M. Morris and D. Faklis, *Opt. Commun.* **62** (1987), 5-11 より改変]

つことが示される．第 2 の光学系[図 5.18 (b)]は，フーリエ色消しレンズ (Fourier achromat)であり，これは白色光の処理に使用するために設計された光学素子の組み合わせで構成されていた．この光学系では，平面 II 上の光はスケーリング則に従わないことが示される．実際，レンズが色消しにされている周波数全体にわたり，その光は実効的に周波数に依存しない．本節で概説した理論によると，第 1 の場合，平面 III 上の光の正規化スペクトルはすべての観測報方向 θ で等しいが，第 2 の場合，それは θ に依存する．

図 5.19 は実験の結果を示している．図 5.19 (a)は第 1 のシステム(従来型のレンズ)を使った場合に，遠方領域のすべての点で測定されたスペクトルを示している．すでに触れたように，この場合はスケーリング則が満足されているので，正規化された光のスペクトルはすべての方向 θ において等しく，それは正規化された 2 次光源のスペクトルに等しいことが理論的に予測される．このことは正に実験が証明したことである．図 5.19 (b)には，フーリエ色消しレンズを使った実験において得られた遠方領域の測定スペクトルが示されている．この場合，平面 II 上の 2 次光源はスケーリング則を満た

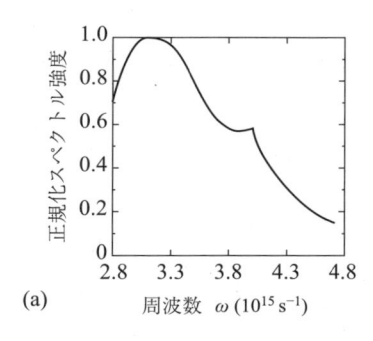

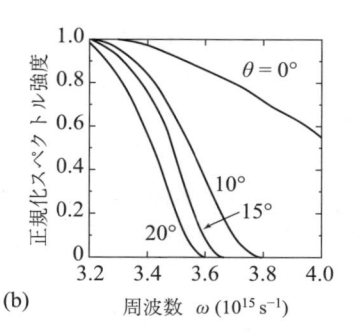

図 5.19 (a) スケーリング則が満たされるときに観測されたスペクトル. (b) スケーリング則が満たされないときに観測されたスペクトル. [G. M. Morris and D. Faklis, *Opt. Commun.* **62** (1987), 5-11 より改変]

さないので,異なる方向で観察される正規化スペクトルは θ に依存する.これは実験的に確認され,図 5.19 (b) に示す結果が得られている.

問題

5.1 平面 2 次光源が平面 $z = 0$ 上で有限領域を占めており,半空間 $z > 0$ に光を放射している.
 (a) もし光源のゆらぎが定常性をもつ集合によって記述されるならば,その光源よって作られる場の放射強度が
$$J_\omega(\mathbf{s}) = k^2 A \tilde{C}(k\mathbf{s}_\perp, \omega) \cos^2 \theta$$
と表現されることを示せ.ここで,$\tilde{C}(\mathbf{K}, \omega)$ はいわゆる光源上で平均化された相関関数 $C(\mathbf{r}', \omega)$ のフーリエ変換であり,その相関関数は A を光源の面積として,式
$$C(\mathbf{r}', \omega) = \frac{1}{A} \int W^{(0)}(\mathbf{r} - \mathbf{r}'/2, \mathbf{r} + \mathbf{r}'/2) \, d^2 r$$
で定義される.
 (b) 光源が (i) シェルモデル型,および (ii) 準均一のとき,前項 (a) の式を利用して放射強度の式を求めよ.

5.2 有限の大きさの準均一平面 2 次光源 σ が半空間 $z > 0$ に光を放射している.

周波数 ω における全放射束は，式

$$F_\omega = \int_\sigma J_\omega(\mathbf{s})\,\mathrm{d}\Omega$$

によって与えられる．ここで，$J_\omega(\mathbf{s})$ はその光源の放射強度であり，積分は光源から半空間 $z > 0$ における無限大の半球を見込む立体角 2π にわたる．$S^{(0)}(\mathbf{r}, \omega)$ を光源上のスペクトル密度分布として，

$$F_\omega \leq \int_\sigma S^{(0)}(\mathbf{r}, \omega)\,\mathrm{d}^2 r$$

を示せ．

5.3 2 つの平面 2 次ガウス型シェルモデル光源が，遠方領域全体で同じスペクトルコヒーレンス度をもつ場を生成する条件を求めよ．
　このような 2 つの光源からの放射強度の式を導出せよ．

5.4 空間的にインコヒーレントな 3 次元 1 次光源が有限領域 D を占めている．そのゆらぎは統計的に定常であり光源のスペクトルはすべての点において等しい．
　(a) 場の正規化スペクトルは光源領域 D の外のすべての点において等しいことを示せ．
　(b) 遠方領域におけるスペクトルコヒーレンス度の式を導出せよ．

5.5 (a) 2 つの統計的に定常な準均一 3 次元 1 次光源分布 $Q(\mathbf{r}, \omega)$ が，等しい遠方領域スペクトルをもつ場を生成する十分条件を求めよ．
　(b) このような 2 つの光源の例を挙げよ．
　(c) 光源がスケーリング則に従う，すなわち個々の光源のスペクトルコヒーレンス度が

$$\mu_Q(\mathbf{r}', \omega) = h(kr'), \qquad (k = \omega/c)$$

の形をもつような (a) の特別な場合も考えよ．

5.6 有限体積を占める統計的に定常な 3 次元光源を考える．
　(a) 光源のコヒーレントモードを使った放射強度の式を導出せよ．
　(b) すべての方向（完全な 4π の立体角を満たす方向）にわたる放射強度の積分が 0 ならば，光源は非放射 (non-radiating) であるといわれる．もし，光源が非放射であれば，そのすべての光源モードについても非放射であることを示せ．

5.7 ゆらぎをもつ3次元光源分布 $Q(\mathbf{r}, t)$ からの放射強度は，式
$$J_\omega(\mathbf{s}) = (2\pi)^6 \tilde{W}_Q(-k\mathbf{s}, k\mathbf{s}, \omega)$$
で与えられることを示せ．ここで，$\tilde{W}_Q(\mathbf{K}_1, \mathbf{K}_2, \omega)$ は光源の相互スペクトル密度関数 $W_Q(\mathbf{r}_1, \mathbf{r}_2, \omega) = \langle Q^*(\mathbf{r}_1, \omega) Q(\mathbf{r}_2, \omega) \rangle$ の6次元の空間フーリエ変換であり，
$$\tilde{W}_Q(\mathbf{K}_1, \mathbf{K}_2, \omega) = \frac{1}{(2\pi)^6} \iint W_Q(\mathbf{r}_1, \mathbf{r}_2, \omega) e^{-i(\mathbf{K}_1 \cdot \mathbf{r}_1 + \mathbf{K}_2 \cdot \mathbf{r}_2)} \, d^3 r_1 d^3 r_2$$
で与えられる．光源が空間的に完全にインコヒーレントであるとき，放射強度が方向に依存しないことも示せ．

5.8 有限体積を占める完全にコヒーレントかつ統計的に定常な3次元光源分布 $Q(\mathbf{r}, t)$ を考える．このような光源の相互スペクトル密度は，因数分解された形式
$$W_Q(\mathbf{r}'_1, \mathbf{r}'_2, \omega) = G^*(\mathbf{r}'_1, \omega) G(\mathbf{r}'_2, \omega)$$
をもつ．
（a）前問の結果を利用して，その光源によって生成される場の放射強度の式を求めよ．
（b）光源が一様，等位相，かつ球形であるとする．その半径がある値をとると，光源は放射しないことを示せ．

第6章
散乱における
コヒーレンスの効果

　光が物体に入射されると，その光は本来の行路からずれてしまう．つまり，物体によって散乱される．例えば，原子や分子，ほこりの微粒子，もしくは巨視的な集合体による散乱など，散乱にはいろいろと異なるタイプがある．その集合体は均一(homogeneous)もしくは不均一(inhomogeneous)，等方的(isotropic)もしくは非等方的(anisotropic)かもしれない．また，それらの振る舞いは時間と共に変動する場合もあれば，変動しない場合もある．このとき，それぞれを**動的散乱**(dynamic scattering)および**静的散乱**(static scattering)とよぶ．散乱体の応答は線形であっても，非線形であってもよい．また，媒質は決定論的(deterministic)であっても，ランダム(random)であってもよい．

　これらのことから，光散乱は非常に広範なテーマであることが明らかである．本章では，かなり広い内容を含むが，散乱過程の1つの分類である線形かつ等方的であり統計的に定常な媒質による散乱のみを考える．決定論的および確率論的(stochastic)な2種類の静的散乱媒質を考え，そこに入射する決定論的および確率論的な場について議論する．

6.1 決定論的媒質による単色平面波の散乱

最初に，線形の散乱体に入射した単色波

$$V^{(i)}(\mathbf{r}, t) = U^{(i)}(\mathbf{r}, \omega)\mathrm{e}^{-\mathrm{i}\omega t} \tag{1}$$

の散乱を考えよう．その散乱体は自由空間で有限領域 D を占めるものとする（図 6.1）．ここで，$\mathbf{r}$ は散乱体の内部もしくは外部にある任意の点の位置ベクトルを表し，t は時間，ω は周波数を表す．媒質の物理的な特性は，屈折率 (refractive index) $n(\mathbf{r}, \omega)$ によって記述されると仮定する．

まず，

$$V(\mathbf{r}, t) = U(\mathbf{r}, \omega)\mathrm{e}^{-\mathrm{i}\omega t} \tag{2}$$

を点 $\mathbf{r}$ における全体の場とする．このとき $U(\mathbf{r}, \omega)$ は方程式

$$\nabla^2 U(\mathbf{r}, \omega) + k^2 n^2(\mathbf{r}, \omega) U(\mathbf{r}, \omega) = 0 \tag{3}$$

を満足する．ここで，k は周波数 ω に関係づけられた自由空間の波数，つ

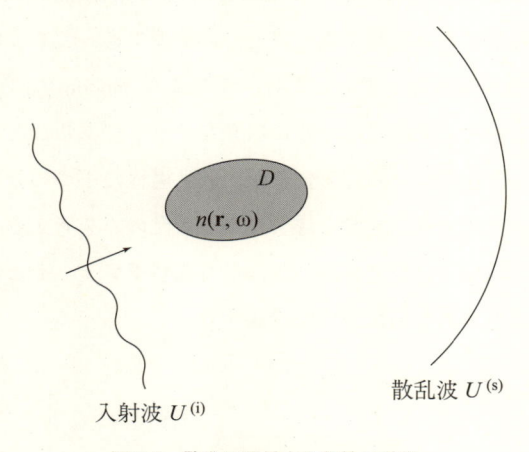

図 6.1 散乱に関係する記号の説明．

まり

$$k = \omega/c \tag{4}$$

であり，c は真空中での光の速度である．式(3)を

$$\nabla^2 U(\mathbf{r},\omega) + k^2 U(\mathbf{r},\omega) = -4\pi F(\mathbf{r},\omega) U(\mathbf{r},\omega) \tag{5}$$

と書き直すと便利である．ここで，物理量

$$F(\mathbf{r},\omega) = \frac{1}{4\pi} k^2 [n^2(\mathbf{r},\omega) - 1] \tag{6}$$

は媒質の**散乱ポテンシャル**(scattering potential)とよばれる．屈折率 $n(\mathbf{r},\omega)$ と電気感受率(dielectric susceptibility) $\eta(\mathbf{r},\omega)$ の間には

$$n^2(\mathbf{r},\omega) = 1 + 4\pi\eta(\mathbf{r},\omega) \tag{7}$$

の関係があるので，散乱ポテンシャルは

$$F(\mathbf{r},\omega) = k^2 \eta(\mathbf{r},\omega) \tag{8}$$

のように簡単な形で書き表すことができる．

場 $U(\mathbf{r},\omega)$ を入射場 $U^{(i)}(\mathbf{r},\omega)$ と散乱場 $U^{(s)}(\mathbf{r},\omega)$ の和として，つまり

$$U(\mathbf{r},\omega) = U^{(i)}(\mathbf{r},\omega) + U^{(s)}(\mathbf{r},\omega) \tag{9}$$

と記述しよう．実際には，この関係式は散乱場 $U^{(s)}(\mathbf{r},\omega)$ の定義とみなすことができる．入射場は全空間においてヘルムホルツ方程式

$$(\nabla^2 + k^2) U^{(i)}(\mathbf{r},\omega) = 0 \tag{10}$$

を満たすと仮定する．

よく知られたベクトル恒等式を利用し，散乱場 $U^{(s)}(\mathbf{r},\omega)$ は無限遠では外向きの球面波として振る舞うものと仮定すると，式(5)と(10)，さらに式(9)から，全体の場は方程式

$$U(\mathbf{r},\omega) = U^{(i)}(\mathbf{r},\omega) + \int_D F(\mathbf{r}',\omega) U(\mathbf{r}',\omega) G(|\mathbf{r}-\mathbf{r}'|,\omega) \, \mathrm{d}^3 r' \tag{11}$$

に従うことが示される (B&W, 13.1.1 節と比較せよ). ここで, $G(R,\omega)$ ($R = |\mathbf{r} - \mathbf{r}'|$) はヘルムホルツ演算子の自由空間における外向きのグリーン関数

$$G(R,\omega) = \mathrm{e}^{ikR}/R \tag{12}$$

である. 式 (11) は式 (9) とあわせて, 散乱ポテンシャル $F(\mathbf{r},\omega)$ をもつ媒質により単色波が散乱される場合の, 散乱場を表す基本的な積分方程式である. これは一般には, **ポテンシャル散乱の積分方程式**として知られている.

一般に, 式 (11) を解析的に解くことはできない. しかし, 散乱が弱い場合には, 式 (11) に対する比較的単純な解析的近似解がすぐに導かれる. 弱い散乱とは, 散乱体全体にわたり散乱場の強さ $|U^{(s)}|$ が入射場の強さ $|U^{(i)}|$ よりも十分に小さく

$$|U^{(s)}(\mathbf{r},\omega)| \ll |U^{(i)}(\mathbf{r},\omega)| \tag{13}$$

を満たすことを意味している. 式 (6) と (11) から, 屈折率が 1 からあまり大きく離れていなければ, 散乱は弱いことが明らかである. この場合には, 式 (11) の被積分関数に含まれる全体の場 U をよい近似で入射場 $U^{(i)}$ に置き換えることができる. このとき, 積分方程式 (11) は

$$U(\mathbf{r},\omega) \approx U^{(i)}(\mathbf{r},\omega) + \int_D F(\mathbf{r}',\omega) U^{(i)}(\mathbf{r}',\omega) G(|\mathbf{r}-\mathbf{r}'|,\omega)\, \mathrm{d}^3 r' \tag{14}$$

となる. これはポテンシャル散乱の積分方程式の解に対する**第 1 次ボルン近似** (first-order Born approximation) として知られている. 式 (11) とは異なり, 式 (14) は積分方程式ではなく, 実際には入射場 $U^{(i)}$ と散乱ポテンシャル $F(\mathbf{r},\omega)$ による散乱問題の解となっていることを注意しておく.

興味深いことに, 第 1 次ボルン近似の精度の範囲内では, 式 (5) は簡単になり

$$\nabla^2 U(\mathbf{r},\omega) + k^2 U(\mathbf{r},\omega) = -4\pi F(\mathbf{r},\omega) U^{(i)}(\mathbf{r},\omega) \tag{15}$$

と表される．この式は体積領域 D を占めるスカラーの光源分布[1]

$$\rho(\mathbf{r}, \omega) = F(\mathbf{r}, \omega) U^{(i)}(\mathbf{r}, \omega) \tag{16}$$

からの放射を表す方程式とまったく同じである．したがって第 1 次ボルン近似の精度の範囲内では，静的かつ線形の媒質における散乱過程と，局所的な光源分布からの放射過程は数学的には互いに等しいといえる．

今後のために，散乱体に入射する波動は

$$U^{(i)}(\mathbf{r}, \omega) = a(\omega) e^{ik\mathbf{s}_0 \cdot \mathbf{r}} \tag{17}$$

と表されるように周波数 ω の単色平面波であり，実単位ベクトル $\mathbf{s}_0$ の方向に伝搬すると仮定して，式(14)から散乱媒質の遠方領域における散乱場の式を導出する．これらの状況下では，式(14)は

$$U(\mathbf{r}, \omega) \approx a(\omega) e^{ik\mathbf{s}_0 \cdot \mathbf{r}} + a(\omega) \int_D F(\mathbf{r}', \omega) e^{ik\mathbf{s}_0 \cdot \mathbf{r}'} G(|\mathbf{r} - \mathbf{r}'|, \omega) \, d^3 r' \tag{18}$$

となる．ここで，グリーン関数 $G(R, \omega) \equiv G(|\mathbf{r} - \mathbf{r}'|, \omega)$ は，

$$G(|\mathbf{r} - \mathbf{r}'|, \omega) \sim \frac{e^{ikr}}{r} e^{-ik\mathbf{s} \cdot \mathbf{r}'} \tag{19}$$

によって近似される．式(19)の近似は，図 6.2 から明らかである．その図では，$r = OP$ および $|\mathbf{r} - \mathbf{r}'| \approx \overline{QP} \sim \overline{OP} - \overline{ON} \approx r - \mathbf{s} \cdot \mathbf{r}'$ であり，N は点 $Q(\mathbf{r}')$ から直線 OP に落とした垂線の足となっている．

式(14)に対して式(19)を利用し，さらに式(17)を使うと，遠方領域における場は

$$U(r\mathbf{s}, \omega) = a(\omega) \left(e^{ik\mathbf{s}_0 \cdot \mathbf{r}} + A(\mathbf{s}, \omega) \frac{e^{ikr}}{r} \right) \tag{20}$$

で与えられることがわかる．ここで，

$$A(\mathbf{s}, \omega) = \int_D F(\mathbf{r}', \omega) e^{-ik(\mathbf{s} - \mathbf{s}_0) \cdot \mathbf{r}'} \, d^3 r' \tag{21}$$

---

[1] 例えば，C. H. Papas, *Theory of Electromagnetic Wave Propagation* (McGraw-Hill, New York, 1965), Eq.(56), p.11 を参照せよ．

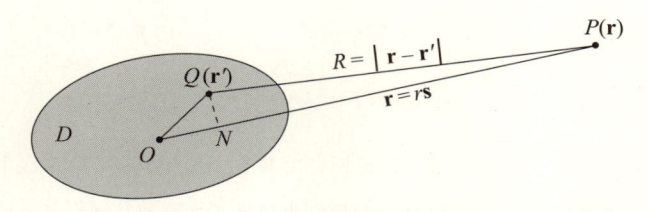

図 6.2　自由空間のグリーン関数 $G(|\mathbf{r}-\mathbf{r}'|,\omega)$ に対する 6.1 節の遠方領域近似 (19) の導出に関係する記号.

である．数学的な言葉で説明すると，式(20)は固定された方向 $\mathbf{s}$ に沿って $kr \to \infty$ とする場合の，遠方場への漸近近似を表している．式(20)の右辺にある球面波の振幅関数 $A(\mathbf{s},\omega)$ は，**散乱振幅**(scattering amplitude)として知られている．散乱ポテンシャルのフーリエ変換 $\tilde{F}(\mathbf{K},\omega)$

$$\tilde{F}(\mathbf{K},\omega) = \int_D F(\mathbf{r}',\omega) e^{i\mathbf{K}\cdot\mathbf{r}'} d^3 r' \tag{22}$$

を導入すると，式(21)は

$$A(\mathbf{s},\omega) = \tilde{F}[k(\mathbf{s}-\mathbf{s}_0),\omega] \tag{23}$$

と表される．式(23)は，第1次ボルン近似の精度の範囲内では，散乱振幅 $A(\mathbf{s},\omega)$ は散乱ポテンシャルの3次元の空間フーリエ変換の一成分に等しいことを示している．その成分は，$\mathbf{s}_0$ を入射方向に沿った単位ベクトルとして，空間周波数ベクトル $\mathbf{K} = k(\mathbf{s}-\mathbf{s}_0)$ によって与えられる．

6.2　決定論的媒質による部分的コヒーレント波の散乱

ここでは決定論的な散乱体に入射する光が単色ではなく，部分的にコヒーレントであるようなもう少し複雑な状況を考えよう．その光のゆらぎは，統計的に少なくとも広義の定常性をもつと仮定する．

6.2 決定論的媒質による部分的コヒーレント波の散乱

$W^{(i)}(\mathbf{r}_1, \mathbf{r}_2, \omega)$ を入射光の相互スペクトル密度関数とする．このとき以前に学んだように，$W^{(i)}$ は

$$W^{(i)}(\mathbf{r}_1, \mathbf{r}_2, \omega) = \langle U^{(i)*}(\mathbf{r}_1, \omega) U^{(i)}(\mathbf{r}_2, \omega) \rangle \tag{1}$$

と表すことができる[4.1 節の式(13)]．ここで，括弧 $\langle \ldots \rangle$ は入射場の単色の実現要素の統計的な集合に対する平均を表すものとする．

散乱場も同様に単色の実現要素 $U^{(s)}(\mathbf{r}, \omega)$ の集合によって表現され，その相互スペクトル密度は類似した形

$$W^{(s)}(\mathbf{r}_1, \mathbf{r}_2, \omega) = \langle U^{(s)*}(\mathbf{r}_1, \omega) U^{(s)}(\mathbf{r}_2, \omega) \rangle \tag{2}$$

で表現することができる．

散乱場 $U^{(s)}$ と入射場 $U^{(i)}$ はポテンシャル散乱の積分方程式によって結ばれている．第 1 次ボルン近似の精度の範囲内では，散乱場 $U^{(s)}$ は 6.1 節の式(14)の右辺にある積分によって与えられる．その積分および式(1)と(2)を使うと，

$$W^{(s)}(\mathbf{r}_1, \mathbf{r}_2, \omega) = \int_D \int_D W^{(i)}(\mathbf{r}'_1, \mathbf{r}'_2, \omega) F^*(\mathbf{r}'_1, \omega) F(\mathbf{r}'_2, \omega) \\ \times G^*(|\mathbf{r}_1 - \mathbf{r}'_1|, \omega) G(|\mathbf{r}_2 - \mathbf{r}'_2|, \omega) \, \mathrm{d}^3 r'_1 \mathrm{d}^3 r'_2 \tag{3}$$

となることがわかる．

式(3)の結果についてより明確な洞察を得るために，相互スペクトル密度 $W^{(i)}(\mathbf{r}'_1, \mathbf{r}'_2, \omega)$ を，入射光のスペクトル密度 $S^{(i)}(\mathbf{r}'_1, \omega)$ と $S^{(i)}(\mathbf{r}'_2, \omega)$，およびスペクトルコヒーレンス度[4.2 節の式(6b)]を使って

$$W^{(i)}(\mathbf{r}'_1, \mathbf{r}'_2, \omega) = \sqrt{S^{(i)}(\mathbf{r}'_1, \omega)} \sqrt{S^{(i)}(\mathbf{r}'_2, \omega)} \mu^{(i)}(\mathbf{r}'_1, \mathbf{r}'_2, \omega) \tag{4}$$

と表現しよう．このとき散乱場の相互スペクトル密度を表す式(3)は，

$$W^{(s)}(\mathbf{r}_1, \mathbf{r}_2, \omega) = \int_D \int_D \sqrt{S^{(i)}(\mathbf{r}'_1, \omega)} \sqrt{S^{(i)}(\mathbf{r}'_2, \omega)} \mu^{(i)}(\mathbf{r}'_1, \mathbf{r}'_2, \omega) F^*(\mathbf{r}'_1, \omega) F(\mathbf{r}'_2, \omega) \\ \times G^*(|\mathbf{r}_1 - \mathbf{r}'_1|, \omega) G(|\mathbf{r}_2 - \mathbf{r}'_2|, \omega) \, \mathrm{d}^3 r'_1 \mathrm{d}^3 r'_2 \tag{5}$$

となる．よくあるように，もし散乱体に入射する光のスペクトルが位置に依存しなければ，式(5)において $S^{(i)}(\mathbf{r}'_1,\omega) = S^{(i)}(\mathbf{r}'_2,\omega) \equiv S^{(i)}(\omega)$ とすることができるので，その式は

$$W^{(s)}(\mathbf{r}_1,\mathbf{r}_2,\omega) = S^{(i)}(\omega) \int_D\int_D \mu^{(i)}(\mathbf{r}'_1,\mathbf{r}'_2,\omega) F^*(\mathbf{r}'_1,\omega) F(\mathbf{r}'_2,\omega)$$
$$\times G^*(|\mathbf{r}_1-\mathbf{r}'_1|,\omega) G(|\mathbf{r}_2-\mathbf{r}'_2|,\omega)\, d^3r'_1 d^3r'_2 \quad (6)$$

となる．特に，場の2つの点が一致した場合には，つまり $\mathbf{r}_1 = \mathbf{r}_2 \equiv \mathbf{r}$ であれば，式(6)の左辺は散乱場のスペクトル $S^{(s)}(\mathbf{r},\omega)$ を表し，

$$S^{(s)}(\mathbf{r},\omega) = S^{(i)}(\omega) \int_D\int_D \mu^{(i)}(\mathbf{r}'_1,\mathbf{r}'_2,\omega) F^*(\mathbf{r}'_1,\omega) F(\mathbf{r}'_2,\omega)$$
$$\times G^*(|\mathbf{r}-\mathbf{r}'_1|,\omega) G(|\mathbf{r}-\mathbf{r}'_2|,\omega)\, d^3r'_1 d^3r'_2 \quad (7)$$

となる．この式は，たとえ静的散乱であっても散乱場のスペクトルは一般に入射場のスペクトルとは異なり，その変化は(1)入射光の空間的コヒーレンス特性，(2)ポテンシャルの(媒質の分散による)周波数依存性，(3)自由空間のグリーン関数の周波数依存性に起因することを示している．通常，狭帯域の入射光を使う場合には，その変化は主にスペクトルコヒーレンス度 $\mu^{(i)}(\mathbf{r}'_1,\mathbf{r}'_2,\omega)$ によって記述される入射光の空間的コヒーレンス特性によって引き起こされる．

第1次ボルン近似の精度の範囲内では，放射と散乱の過程は互いに等しいことを前に述べた[6.1節の式(15)に続く議論を参照せよ]．5.6節では部分的コヒーレント光源によって放射された場のスペクトルは，光源のスペクトルとは異なる可能性があることも学んだ．したがって，ここで導出した結果は，つまり時間に依存しない媒質(静的散乱媒質)によって散乱された光のスペクトルが一般に入射光のスペクトルとは異なることは，予想されることであった．

前述の結果のいくつかを，簡単な例によって説明しよう．単位ベクトル $\mathbf{s}_0$ の方向に伝搬する多色平面波が，散乱体に入射すると考える．この波動は，

$a(\omega)$ をランダム振幅として，(括弧 $\{\ldots\}$ で表記される) 統計的集合

$$\{U^{(i)}(\mathbf{r}, \omega)\} = \{a(\omega)\} e^{iks_0 \cdot \mathbf{r}} \tag{8}$$

によって記述できる．式(8)を式(1)に代入すると，散乱体に入射する波動の相互スペクトル密度関数

$$W^{(i)}(\mathbf{r}_1, \mathbf{r}_2, \omega) = S^{(i)}(\omega) e^{iks_0 \cdot (\mathbf{r}_2 - \mathbf{r}_1)} \tag{9}$$

を得る．ここで，

$$S^{(i)}(\omega) = \langle a^*(\omega) a(\omega) \rangle \tag{10}$$

は入射波のスペクトルを表す．式(9)と式(4)からすぐに，入射波のスペクトルコヒーレンス度は，

$$\mu^{(i)}(\mathbf{r}_1, \mathbf{r}_2, \omega) = e^{iks_0 \cdot (\mathbf{r}_2 - \mathbf{r}_1)} \tag{11}$$

で与えられることがわかる．この場合，すべての 2 点 $\mathbf{r}_1$ および $\mathbf{r}_2$ について $|\mu^{(i)}(\mathbf{r}_1, \mathbf{r}_2, \omega)| = 1$ となるので，入射波は全空間にわたり周波数 ω において空間的に完全にコヒーレントである．

式(5)と(11)，および入射光のスペクトルが位置に依存しないことから，散乱光の相互スペクトル密度は第 1 次ボルン近似の精度の範囲内で，

$$W^{(s)}(\mathbf{r}_1, \mathbf{r}_2, \omega) = \langle U^{(s)*}(\mathbf{r}_1, \omega) U^{(s)}(\mathbf{r}_2, \omega) \rangle \tag{12}$$

となる．ここで，

$$U^{(s)}(\mathbf{r}, \omega) = \sqrt{S^{(i)}(\omega)} \int_D F(\mathbf{r}', \omega) G(|\mathbf{r} - \mathbf{r}'|, \omega) e^{iks_0 \cdot \mathbf{r}'} \, d^3 r' \tag{13}$$

である．相互スペクトル密度 $W^{(s)}(\mathbf{r}_1, \mathbf{r}_2, \omega)$ は $\mathbf{r}_1$ の関数と $\mathbf{r}_2$ の関数の積となっているため，式(4)の形式で定義される散乱場のスペクトルコヒーレンス度 $\mu^{(s)}(\mathbf{r}_1, \mathbf{r}_2, \omega)$ は，その大きさが 1 となることがすぐにわかる．これは

散乱場もまた周波数 ω において空間的に完全にコヒーレントであることを意味する．この例のようにコヒーレンス状態が散乱によって変化しないことは，むしろ例外的である．一般には，光のスペクトルだけではなく，そのコヒーレンス状態も散乱に伴い変化する．

散乱場については，その遠方領域における振る舞いにのみ関心があることが多い．自由空間のグリーン関数に対して遠方領域近似 [6.1 節の式 (19)] を利用すると，$U^{(s)}(\mathbf{r}, \omega)$ の式を簡単に導くことができる．その結果，式 (13) は

$$\begin{aligned} U^{(s)}(r\mathbf{s}, \omega) &= \sqrt{S^{(i)}(\omega)}\,\frac{e^{ikr}}{r}\int_D F(\mathbf{r}', \omega) e^{-ik(\mathbf{s}-\mathbf{s}_0)\cdot\mathbf{r}'}\,\mathrm{d}^3 r' \\ &= \sqrt{S^{(i)}(\omega)}\,\tilde{F}[k(\mathbf{s}-\mathbf{s}_0), \omega]\,\frac{e^{ikr}}{r} \end{aligned} \qquad (14)$$

となる．ここで $\tilde{F}(\mathbf{K}, \omega)$ は散乱ポテンシャルの 3 次元フーリエ変換であり，それは 6.1 節の式 (22) で定義されている．式 (14) と (12) から，遠方領域における散乱場の相互スペクトル密度およびスペクトル密度は，

$$W^{(s)}(r\mathbf{s}_1, r\mathbf{s}_2, \omega) = \frac{1}{r^2} S^{(i)}(\omega) \tilde{F}^*[k(\mathbf{s}_1-\mathbf{s}_0), \omega]\tilde{F}[k(\mathbf{s}_2-\mathbf{s}_0), \omega] \qquad (15)$$

および

$$S^{(s)}(r\mathbf{s}, \omega) \equiv W^{(s)}(r\mathbf{s}, r\mathbf{s}, \omega) = \frac{1}{r^2} S^{(i)}(\omega) \left|\tilde{F}[k(\mathbf{s}-\mathbf{s}_0), \omega]\right|^2 \qquad (16)$$

で与えられることがわかる．

前述の式は空間-周波数領域におけるコヒーレンス特性に関係するものである．ここで簡単に，空間-時間領域におけるコヒーレンス特性を考えよう．以前に学んだように，その特性は相互スペクトル密度のフーリエ変換である相互コヒーレンス関数 $\Gamma(\mathbf{r}_1, \mathbf{r}_2, \tau)$ によって記述される [4.1 節の式 (2)]．本節での取り扱いでは，散乱体に入射する波動は多色の平面波であり，その相

互スペクトル密度関数は式(9)で与えられる．したがって，

$$\Gamma^{(i)}(\mathbf{r}_1, \mathbf{r}_2, \tau) = \int_0^\infty S^{(i)}(\omega) e^{i k \mathbf{s}_0 \cdot (\mathbf{r}_2 - \mathbf{r}_1)} e^{-i\omega\tau} \, d\omega$$

$$= \int_0^\infty S^{(i)}(\omega) e^{-i\omega[\tau - \mathbf{s}_0 \cdot (\mathbf{r}_2 - \mathbf{r}_1)/c]} \, d\omega \tag{17}$$

となる[2]．この波動のコヒーレンス度 $\gamma^{(i)}(\mathbf{r}_1, \mathbf{r}_2, \tau)$ は，3.1 節の式(10)に従い式(17)を正規化することによって得られ，

$$\gamma^{(i)}(\mathbf{r}_1, \mathbf{r}_2, \tau) = \frac{\int_0^\infty S^{(i)}(\omega) e^{-i\omega[\tau - \mathbf{s}_0 \cdot (\mathbf{r}_2 - \mathbf{r}_1)/c]} \, d\omega}{\int_0^\infty S^{(i)}(\omega) \, d\omega} \tag{18}$$

となる．遠方領域における散乱場の相互コヒーレンス関数は，式(15)をフーリエ変換することによって得られ，

$$\Gamma^{(s)}(r\mathbf{s}_1, r\mathbf{s}_2, \tau) = \frac{1}{r^2} \int_0^\infty S^{(i)}(\omega) \tilde{F}^*[k(\mathbf{s}_1 - \mathbf{s}_0), \omega] \tilde{F}[k(\mathbf{s}_2 - \mathbf{s}_0), \omega] e^{-i\omega\tau} \, d\omega \tag{19}$$

となる．散乱場のコヒーレンス度 $\gamma^{(s)}(r\mathbf{s}_1, r\mathbf{s}_2, \tau)$ の式は，上述の議論と同様に，3.1 節の式(10)に従い式(19)を正規化することによって得られる．

6.3 ランダム媒質による散乱

6.3.1 一般的な公式

これまで散乱体は決定論的であると仮定してきた．この場合の散乱ポテンシャル $F(\mathbf{r}, \omega)$ は，位置の関数として明確に定義される．しかし，そうではない場合，つまり散乱ポテンシャルが位置についてのランダム関数になる場合がよくある．その一例が擾乱をもつ大気であり，そこでは温度と圧力の不規則なゆらぎにより，その屈折率が時間と空間の双方についてランダムに変化する．典型的には 1/10 秒程度といった十分に短い時間では時間的なゆら

2【訳者注】4.1 節の式(2)の逆変換として，4.4 節の式(7)を参照せよ．

ぎは無視できるため，これを擾乱大気の「凍結モデル(frozen model)」とよぶ．このような状況下では本質的には静的散乱を扱うことになるが，本節ではそれを対象とする考察を行う．この場合，第1次ボルン近似の精度の範囲内で成り立つ散乱場の相互スペクトル密度の式は，前節の式(3)と(5)を散乱媒質の集合に対して平均することにより求められる．この平均を下つき文字mのついた括弧(つまり，それを$\langle\ldots\rangle_m$と書く)によって表記しよう．このとき，前節の式(5)から，

$$W^{(s)}(\mathbf{r}_1, \mathbf{r}_2, \omega) = \int_D \int_D \sqrt{S^{(i)}(\mathbf{r}'_1, \omega)} \sqrt{S^{(i)}(\mathbf{r}'_2, \omega)} \mu^{(i)}(\mathbf{r}'_1, \mathbf{r}'_2, \omega) C_F(\mathbf{r}'_1, \mathbf{r}'_2, \omega)$$
$$\times G^*(|\mathbf{r}_1 - \mathbf{r}'_1|, \omega) G(|\mathbf{r}_2 - \mathbf{r}'_2|, \omega) \, d^3 r'_1 \, d^3 r'_2 \qquad (1)$$

を得る．ここで，

$$C_F(\mathbf{r}'_1, \mathbf{r}'_2, \omega) = \langle F^*(\mathbf{r}'_1, \omega) F(\mathbf{r}'_2, \omega) \rangle_m \qquad (2)$$

は，**散乱ポテンシャルの相関関数**である．式(1)には暗に2つの異なる平均が含まれていることに注意すべきである．つまり，入射場の集合に対する平均と，散乱体の集合に対する平均である．散乱は(第1次ボルン近似の意味で)弱いと仮定してきたので，この2つの平均過程を互いに独立に扱うことができる．

散乱場のスペクトル密度は，$\mathbf{r}_1 = \mathbf{r}_2 = \mathbf{r}$とおくことにより式(1)から直ちに求めることができ，その結果，

$$S^{(s)}(\mathbf{r}, \omega) = \int_D \int_D \sqrt{S^{(i)}(\mathbf{r}'_1, \omega)} \sqrt{S^{(i)}(\mathbf{r}'_2, \omega)} \mu^{(i)}(\mathbf{r}'_1, \mathbf{r}'_2, \omega) C_F(\mathbf{r}'_1, \mathbf{r}'_2, \omega)$$
$$\times G^*(|\mathbf{r} - \mathbf{r}'_1|, \omega) G(|\mathbf{r} - \mathbf{r}'_2|, \omega) \, d^3 r'_1 d^3 r'_2 \qquad (3)$$

となることがわかる．

式(2)と(3)には巨視的には似ているが微視的には異なる散乱体に対する平均が含まれているが，これらの平均値を少なくともよい近似で，ある1つ

の散乱体を対象とする実験から推定することができる．例えば，検出器の開口は必ず有限サイズとなるが，これはしばしば空間的平均化の作用をするため，本質的にはアンサンブル平均として機能する[3]．

遠方領域における散乱場の相互スペクトル密度とスペクトルの式は，再び自由空間のグリーン関数に対する 6.1 節の遠方領域近似(19)を使うことにより，式(1)および(3)からすぐに求めることができる．このとき式(1)と(3)は，$\mathbf{s}_1$, $\mathbf{s}_2$ および $\mathbf{s}$ を固定して $kr \to \infty$ とすると，

$$W^{(s)}(r\mathbf{s}_1, r\mathbf{s}_2, \omega) \approx \frac{1}{r^2} \int_D \int_D \sqrt{S^{(i)}(\mathbf{r}'_1, \omega)} \sqrt{S^{(i)}(\mathbf{r}'_2, \omega)} \mu^{(i)}(\mathbf{r}'_1, \mathbf{r}'_2, \omega) C_F(\mathbf{r}'_1, \mathbf{r}'_2, \omega)$$
$$\times e^{-ik(\mathbf{s}_2 \cdot \mathbf{r}'_2 - \mathbf{s}_1 \cdot \mathbf{r}'_1)} d^3r'_1 d^3r'_2 \tag{4}$$

および

$$S^{(s)}(r\mathbf{s}, \omega) \approx \frac{1}{r^2} \int_D \int_D \sqrt{S^{(i)}(\mathbf{r}'_1, \omega)} \sqrt{S^{(i)}(\mathbf{r}'_2, \omega)} \mu^{(i)}(\mathbf{r}'_1, \mathbf{r}'_2, \omega) C_F(\mathbf{r}'_1, \mathbf{r}'_2, \omega)$$
$$\times e^{-ik\mathbf{s} \cdot (\mathbf{r}'_2 - \mathbf{r}'_1)} d^3r'_1 d^3r'_2 \tag{5}$$

となる．遠方領域における散乱場のスペクトルコヒーレンス度は式(4)および(5)を，スペクトルコヒーレンス度を定義する 4.2 節の式(6b)に，つまり

$$\mu^{(s)}(r\mathbf{s}_1, r\mathbf{s}_2, \omega) = \frac{W^{(s)}(r\mathbf{s}_1, r\mathbf{s}_2, \omega)}{\sqrt{S^{(s)}(r\mathbf{s}_1, \omega)} \sqrt{S^{(s)}(r\mathbf{s}_2, \omega)}} \tag{6}$$

に代入することにより求められる．

これまでは散乱体は連続媒質であると仮定してきた．その解析は簡単に粒子系による散乱に拡張することができるが，これは実際的にかなり興味深い状況である．もし，各粒子の散乱ポテンシャルが同じ $f(\mathbf{r}, \omega)$ であり，粒子は位置ベクトル $\mathbf{r}_1, \mathbf{r}_2, \ldots$，で指定される点に置かれるとすると，全粒子系の

---

[3] L. G. Shirley and N. George, *Appl. Opt.* **27** (1988) 1850-1861, Section II, および J. C. Dainty 編, *Laser Speckle and Related Phenomena*, second edition (Springer, New York, 1984), Section 2.6.1 に掲載の J. W. Goodman の論文を参照せよ．

散乱ポテンシャルは

$$F(\mathbf{r},\omega) = \sum_n f(\mathbf{r}-\mathbf{r}_n,\omega) \tag{7}$$

となる．この散乱ポテンシャルの相関関数は，明らかに，

$$C_F(\mathbf{r}_1,\mathbf{r}_2,\omega) = \langle F^*(\mathbf{r}_1,\omega)F(\mathbf{r}_2,\omega)\rangle = \sum_m \sum_n \langle f^*(\mathbf{r}_1-\mathbf{r}_m,\omega)f(\mathbf{r}_2-\mathbf{r}_n,\omega)\rangle \tag{8}$$

である．ここで，期待値は粒子の集合に対してとっている．

本節と前節で導いた式は，任意のコヒーレンス状態をもつ光の，決定論的もしくはランダムな媒質による散乱特性を解明するために利用される．それを例題によって説明しよう．

6.3.2 例題

入射場が空間的にコヒーレントな多色平面波のとき，その相互スペクトル密度は 6.2 節の式(9)で与えられる．それを式(4)に代入すると，遠方領域における散乱場の相互スペクトル密度関数の式として

$$\begin{aligned}W^{(s)}(r\mathbf{s}_1,r\mathbf{s}_2,\omega) &\sim \frac{1}{r^2}S^{(i)}(\omega)\int_D\int_D e^{iks_0\cdot(\mathbf{r}'_2-\mathbf{r}'_1)}C_F(\mathbf{r}'_1,\mathbf{r}'_2,\omega)e^{-ik(\mathbf{s}_2\cdot\mathbf{r}'_2-\mathbf{s}_1\cdot\mathbf{r}'_1)}d^3r'_1 d^3r'_2\\&= \frac{1}{r^2}S^{(i)}(\omega)\tilde{C}_F[-k(\mathbf{s}_1-\mathbf{s}_0),k(\mathbf{s}_2-\mathbf{s}_0),\omega]\end{aligned} \tag{9}$$

を得る．ここで，

$$\tilde{C}_F(\mathbf{K}_1,\mathbf{K}_2,\omega) = \int_D\int_D C_F(\mathbf{r}'_1,\mathbf{r}'_2,\omega)e^{-i(\mathbf{K}_1\cdot\mathbf{r}'_1+\mathbf{K}_2\cdot\mathbf{r}'_2)}d^3r'_1 d^3r'_2 \tag{10}$$

は散乱ポテンシャルの相関関数 $C_F(\mathbf{r}'_1,\mathbf{r}'_2,\omega)$ の 6 次元の空間フーリエ変換である．

散乱体の遠方領域における散乱場のスペクトルは，$\mathbf{s}_1=\mathbf{s}_2=\mathbf{s}$ とおくと式(9)からすぐに求められる．その結果，

$$S^{(s)}(r\mathbf{s},\omega) \sim \frac{1}{r^2}S^{(i)}(\omega)\tilde{C}_F[-k(\mathbf{s}-\mathbf{s}_0),k(\mathbf{s}-\mathbf{s}_0),\omega] \tag{11}$$

を得る．散乱体はガウス型の相関をもつ均一な等方的媒質であるとしよう．このとき，その相関関数は，A および σ を正の定数とすると，

$$C_F(\mathbf{r}_1, \mathbf{r}_2, \omega) = \frac{A}{\left(\sigma\sqrt{2\pi}\right)^3} e^{-|\mathbf{r}_2-\mathbf{r}_1|^2/(2\sigma^2)} \tag{12}$$

となる．σ は散乱体の大きさに比べて小さいと仮定する．式 (10)〜(12) を使い，単純な計算を行うと，遠方領域における散乱場のスペクトル密度は

$$S^{(s)}(r\mathbf{s}, \omega) = \frac{AV}{r^2} S^{(i)}(\omega) e^{-2(k\sigma)^2 \sin^2(\theta/2)} \tag{13}$$

で与えられることがわかる．ここで，V は散乱体積，θ は散乱角 ($\mathbf{s} \cdot \mathbf{s}_0 = \cos\theta$) である．

この状況を入射光が空間的にコヒーレントではなく，周辺光[4]である場合と比較しよう．この入射場の相互スペクトル密度関数は，6.2 節の式 (9) ではなく，

$$W^{(i)}(\mathbf{r}_1, \mathbf{r}_2, \omega) = S^{(i)}(\omega) \frac{\sin(k|\mathbf{r}_2 - \mathbf{r}_1|)}{|\mathbf{r}_2 - \mathbf{r}_1|} \tag{14}$$

の形をもつ．この場合には，少し計算すると，式 (5) が

$$S^{(s)}(r\mathbf{s}, \omega) = \frac{AV}{r^2} \frac{1}{2(k\sigma)^2} S^{(i)}(\omega) \left[1 - e^{-2(k\sigma)^2}\right] \tag{15}$$

となることが示される．

$k\sigma \ll 1$ (相関が極めて小さい散乱体) のとき，式 (15) と (13) が等しくなることを簡単に確かめることができる．しかし，$k\sigma \gg 1$ のとき，つまり散乱体の相関長 σ が入射光の換算波長 $\lambda/(2\pi) = 1/k = c/\omega$ よりも十分に大きい場合には，遠方領域における散乱光の角度分布は 2 つの場合で完全に異なる．この事実は図 6.3 に示されている．

式 (11) に戻ると，散乱によって引き起こされるスペクトル変化に関係する前述の議論と 6.1 節の式 (16) に続くコメントから予測されたように，遠方領

---

[4]【訳者注】原文では，"ambient" (light)．文字通り，周辺を取り巻く環境光を指す．具体的には，5.5 節で議論されたランバート光源からの出射光を意味する．

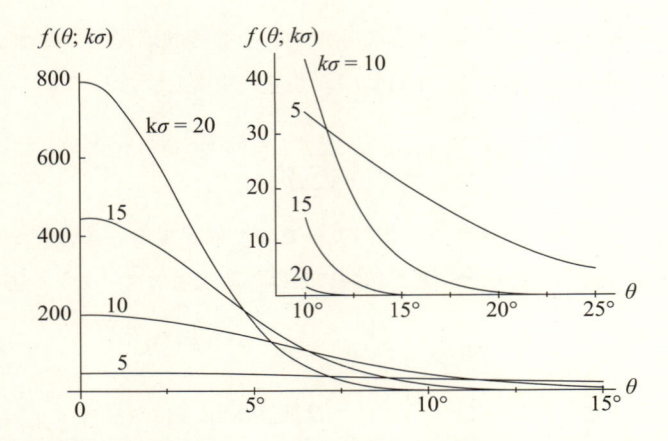

図 6.3 空間的にコヒーレントな平面波を入射した場合の散乱光と周辺光を入射した場合の散乱光のスペクトルの比 $f(\theta; k\sigma) = [S^{(s)}(\omega)]_{\text{coh}}/[S^{(s)}]_{\text{amb}}$. 入射光は r.m.s. 幅 σ のガウス型の相関をもつ等方的な媒質によって散乱され,散乱光は第 1 次ボルン近似の精度の範囲内で評価された. [J. Jannson, T. Jannson and E. Wolf, *Opt. Lett.* **13** (1988), 1060-1062 より改変]

域における散乱場のスペクトルは一般に光源のスペクトルとは異なることがわかる[5].

散乱光の角度分布に及ぼすスペクトルコヒーレンスの効果は実験的に研究され[6],その角度分布に及ぼす入射光のコヒーレンス状態の効果についての主な特徴が確認された.

もう1つの例題として,同一微粒子のランダムな分布により空間的にコヒーレントな多色平面波が散乱される場合を考えよう. 遠方領域における散乱光のスペクトル密度は,式(10)で定義される $\tilde{C}_F$ を使って,式(11)で与え

---

[5] 例えば,E. Wolf, J. T. Foley and F. Gori, *J. Opt. Soc. Amer.* **A6** (1989), 1142-1149; errata (正誤表),同誌 **A7** (1990), 173 を参照せよ.

[6] F. Gori, C. Palma and M. Santarsiero, *Opt. Commun.* **74** (1990), 353-356.

られる．この場合の $\tilde{C}_F$ は，

$$\tilde{C}_F(-\mathbf{K}, \mathbf{K}, \omega) = \sum_m \sum_n \int_D \int_D \langle f^*(\mathbf{r}'_1 - \mathbf{r}_m, \omega) f(\mathbf{r}'_2 - \mathbf{r}_n, \omega) \rangle \mathrm{e}^{-i[\mathbf{K} \cdot (\mathbf{r}'_2 - \mathbf{r}'_1)]} \, d^3 r'_1 d^3 r'_2 \tag{16}$$

で与えられる．新しい変数 $\mathbf{R}_{1m} = \mathbf{r}'_1 - \mathbf{r}_m$, $\mathbf{R}_{2n} = \mathbf{r}'_2 - \mathbf{r}_n$ を導入しよう．このとき，式(16)は

$$\begin{aligned}\tilde{C}_F(-\mathbf{K}, \mathbf{K}, \omega) &= \left\langle \sum_m \sum_n \mathrm{e}^{-i\mathbf{K} \cdot (\mathbf{r}_n - \mathbf{r}_m)} \right\rangle \\ &\times \int_D \int_D \langle f^*(\mathbf{R}_{1m}, \omega) f(\mathbf{R}_{2n}, \omega) \rangle \mathrm{e}^{-i\mathbf{K} \cdot (\mathbf{R}_{2n} - \mathbf{R}_{1m})} \, d^3 R_{1m} d^3 R_{2n} \end{aligned} \tag{17}$$

となるが，これは

$$\tilde{C}_F(-\mathbf{K}, \mathbf{K}, \omega) = \left| \tilde{f}(\mathbf{K}, \omega) \right|^2 S(\mathbf{K}) \tag{18}$$

のようにコンパクトな形に書くことができる．ここで，$\tilde{f}(\mathbf{K}, \omega)$ は $f(\mathbf{r}, \omega)$ のフーリエ変換であり，

$$S(\mathbf{K}) = \left\langle \left| \sum_m \mathrm{e}^{-i\mathbf{K} \cdot \mathbf{r}_m} \right|^2 \right\rangle \tag{19}$$

はいわゆる**粒子系の一般化構造関数**(generalized structure function)である[7]．

式(18)を式(11)に代入すると，遠方領域における散乱場のスペクトルの式

$$S^{(s)}(r\mathbf{s}, \omega) = \frac{1}{r^2} S^{(i)}(\omega) \left| \tilde{f}[k(\mathbf{s} - \mathbf{s}_0), \omega] \right|^2 S[k(\mathbf{s} - \mathbf{s}_0)] \tag{20}$$

を得る．この式は入射波のスペクトルが，粒子系からの散乱により変化することを示している．その変化は，個々の粒子の散乱ポテンシャル $f(\mathbf{r}, \omega)$ と粒子系の構造関数 $S(\mathbf{K})$ によって引き起こされる．

---

[7] この関数は無秩序系(disordered system)の理論で重要な役割を果たす構造因子(structure factor)に比例する [例えば，J. M. Ziman, *Models of Disorder* (Cambridge University Press, Cambridge, 1979) を参照せよ]．

粒子散乱によって生じるスペクトル変化の例は，Dogariu と Wolf によって議論された[8]．また，粒子系の密度相関関数(density correlation function)を求めるために，散乱によって発生するスペクトル変化を利用する可能性も示された[9]．

6.3.3 準均一媒質による散乱[10]

ランダム媒質の重要な分類に，いわゆる**準均一媒質**[11]（**局所的均一媒質**[12]ともよばれる）がある．このような媒質の基本的性質を説明するために，はじめに

$$\mu_F(\mathbf{r}_1, \mathbf{r}_2, \omega) = \frac{C_F(\mathbf{r}_1, \mathbf{r}_2, \omega)}{\sqrt{C_F(\mathbf{r}_1, \mathbf{r}_1, \omega)}\sqrt{C_F(\mathbf{r}_2, \mathbf{r}_2, \omega)}} \tag{21}$$

で定義される散乱ポテンシャルの正規化相関係数を導入する．ここで，$C_F(\mathbf{r}_1, \mathbf{r}_2, \omega)$ は散乱ポテンシャル $F(\mathbf{r}, \omega)$ の相関関数であり，式(2)で定義される．関数

$$I_F(\mathbf{r}, \omega) \equiv C_F(\mathbf{r}, \mathbf{r}, \omega) = \langle F^*(\mathbf{r}, \omega) F(\mathbf{r}, \omega) \rangle_m \tag{22}$$

をあわせて導入すると便利である．これは点 $\mathbf{r}$ における散乱ポテンシャルの強さを表している．

準均一媒質は，各周波数 ω において以下の性質をもっている．

(1) 正規化相関係数 $\mu_F(\mathbf{r}_1, \mathbf{r}_2, \omega)$ は2つの空間変数 $\mathbf{r}_1$ および $\mathbf{r}_2$ に依存するが，それは差 $\mathbf{r}_2 - \mathbf{r}_1$ を通してのみである．この場合，$\mu_F(\mathbf{r}_1, \mathbf{r}_2, \omega)$ の代わりに $\mu_F(\mathbf{r}_2 - \mathbf{r}_1, \omega)$ と書く．

---

8 A. Dogariu and E. Wolf, *Opt. Lett.* **23** (1998), 1340-1342.
9 G. Gbur and E. Wolf, *Opt. Commun.* **168** (1999), 39-45.
10 本節の解析は主に以下の論文に基づいている．W. H. Carter and E. Wolf, *Opt. Commun.* **67** (1998), 85-90; D. G. Fischer and E. Wolf, *J. Opt. Soc. Amer.* **A11** (1994), 1128-1135; および T. D. Visser, D. G. Fischer and E. Wolf, *J. Opt. Soc. Amer.* **A23** (2006), 1631-1638.
11 【訳者注】原文では，"quasi-homogeneous media".
12 このような媒質からの散乱は R. A. Silverman, *Proc. Cambridge Philos. Soc.* **54** (1958), 530-537 によって初めて考察されたと思われる．/ 【訳者注】原文では，"locally homogeneous media".

(2) 散乱ポテンシャルの強さ $I_F(\mathbf{r}, \omega)$ の $\mathbf{r}$ に伴う変化は, $\mu_F(\mathbf{r}_2 - \mathbf{r}_1, \omega)$ の差 $\mathbf{r}' = \mathbf{r}_2 - \mathbf{r}_1$ に伴う変化に比べて, かなりゆっくりとしている. したがって $I_F(\mathbf{r}, \omega)$ は, $|\mu_F(\mathbf{r}', \omega)|$ が評価可能な値をとる距離では, ほぼ一定値を保つ.

これらの性質を, $I_F(\mathbf{r}, \omega)$ は $\mathbf{r}$ についての**遅い**関数と, $\mu_F(\mathbf{r}', \omega)$ は $\mathbf{r}'$ についての**速い**関数と表現することがある. このような特性をもつ媒質の例は, 対流圏や閉じ込められたプラズマ (confined plasma) である.

条件 (1) および (2) は, 5.3.2 節で議論したように準均一光源を表す条件と実によく似ている. そこでは[13], この種の光源とその出射光はある種の相反関係に従うことを示した. 以前に触れた放射と散乱の類似性により, やや似た結果が散乱の場合にも得られることが予想される. これが実際にそうであることを示そう.

式 (21) を

$$C_F(\mathbf{r}_1, \mathbf{r}_2, \omega) = \sqrt{I_F(\mathbf{r}_1, \omega)} \sqrt{I_F(\mathbf{r}_2, \omega)} \mu_F(\mathbf{r}_1, \mathbf{r}_2, \omega) \tag{23}$$

と書き直そう. 準均一散乱体の性質により, C_F は

$$C_F(\mathbf{r}_1, \mathbf{r}_2, \omega) = I_F\left(\frac{\mathbf{r}_1 + \mathbf{r}_2}{2}, \omega\right) \mu_F(\mathbf{r}_2 - \mathbf{r}_1, \omega) \tag{24}$$

にように近似される.

この媒質に入射する波動は, スペクトル密度 $S(\omega)$ の多色平面波であり, 単位ベクトル $\mathbf{s}_0$ によって指定される方向に伝搬すると仮定する. 6.2 節の式 (11) によると, このような波動のスペクトルコヒーレンス度は

$$\mu^{(i)}(\mathbf{r}_1, \mathbf{r}_2, \omega) = e^{ik\mathbf{s}_0 \cdot (\mathbf{r}_2 - \mathbf{r}_1)} \tag{25}$$

---

[13] 5.3.2 節では準均一平面光源を考えた. しかし, 極めてよく似た結果がこの分類に属する 3 次元光源の場合にも得られるが, これを示すことはむずかしくない (M&W, 5.8.2 節を参照せよ).

のように簡単な形となる．式(25)と，さらにこの波動のスペクトルが位置に依存しないことを利用すると，遠方領域における散乱場の相互スペクトル密度を表す式(9)が適用できる．その式に含まれるフーリエ変換は，

$$\tilde{C}_F(\mathbf{K}_1, \mathbf{K}_2, \omega) = \int_D\!\!\int_D I_F\left(\frac{\mathbf{r}'_1 + \mathbf{r}'_2}{2}, \omega\right) \mu_F(\mathbf{r}'_2 - \mathbf{r}'_1, \omega) \mathrm{e}^{-\mathrm{i}(\mathbf{K}_1\cdot\mathbf{r}'_1 + \mathbf{K}_2\cdot\mathbf{r}'_2)} \,\mathrm{d}^3 r'_1 \mathrm{d}^3 r'_2 \tag{26}$$

で与えられる．右辺の積分は，積分の変数を変換するとかなり簡単になる．

$$\mathbf{r} = \frac{1}{2}(\mathbf{r}'_1 + \mathbf{r}'_2), \qquad \mathbf{r}' = \mathbf{r}'_2 - \mathbf{r}'_1 \tag{27a}$$

とおこう．このとき，逆の関係

$$\mathbf{r}'_1 = \mathbf{r} - \frac{1}{2}\mathbf{r}', \qquad \mathbf{r}'_2 = \mathbf{r} + \frac{1}{2}\mathbf{r}' \tag{27b}$$

があるので，計算すると式(26)は

$$\tilde{C}_F(\mathbf{K}_1, \mathbf{K}_2, \omega) = \int_D\!\!\int_D I_F(\mathbf{r}, \omega) \mu_F(\mathbf{r}', \omega)\, \mathrm{e}^{-\mathrm{i}[\mathbf{K}_1\cdot(\mathbf{r}-\frac{1}{2}\mathbf{r}') + \mathbf{K}_2\cdot(\mathbf{r}+\frac{1}{2}\mathbf{r}')]} \,\mathrm{d}^3 r\, \mathrm{d}^3 r' \tag{28}$$

となる．ここで，変換式(27)のヤコビアンは1であることを利用したが，これは簡単に確かめることができよう．

式(28)より，

$$\tilde{C}_F(\mathbf{K}_1, \mathbf{K}_2, \omega) = \tilde{I}_F(\mathbf{K}_1 + \mathbf{K}_2, \omega) \tilde{\mu}_F\left(\frac{1}{2}(\mathbf{K}_2 - \mathbf{K}_1), \omega\right) \tag{29}$$

となることがわかる．ここで，

$$\tilde{I}_F(\mathbf{K}, \omega) = \int_D I_F(\mathbf{r}, \omega) \mathrm{e}^{-\mathrm{i}\mathbf{K}\cdot\mathbf{r}} \,\mathrm{d}^3 r \tag{30a}$$

および

$$\tilde{\mu}_F(\mathbf{K}', \omega) = \int_D \mu_F(\mathbf{r}', \omega) \mathrm{e}^{-\mathrm{i}\mathbf{K}'\cdot\mathbf{r}'} \,\mathrm{d}^3 r' \tag{30b}$$

は，それぞれ I_F および μ_F のフーリエ変換である．$\tilde{C}_F$ について，式(29)を式(9)に代入すると，多色平面波で照明された準均一媒質の遠方領域におけ

る散乱場の相互スペクトル密度の式

$$W^{(s)}(r\mathbf{s}_1, r\mathbf{s}_2, \omega) \sim \frac{1}{r^2} S^{(i)}(\omega) \tilde{I}_F[k(\mathbf{s}_2 - \mathbf{s}_1), \omega] \, \tilde{\mu}_F\left[k\left(\frac{\mathbf{s}_1 + \mathbf{s}_2}{2} - \mathbf{s}_0\right), \omega\right] \quad (31)$$

を得る.

式(31)より,スペクトル密度は

$$S^{(s)}(r\mathbf{s}, \omega) = \frac{1}{r^2} S^{(i)}(\omega) \tilde{I}_F(0, \omega) \, \tilde{\mu}_F[k(\mathbf{s} - \mathbf{s}_0), \omega] \quad (32)$$

で与えられることがわかる.ここで,式(30a)により,

$$\tilde{I}_F(0, \omega) = \int_D \langle |F(\mathbf{r}, \omega)|^2 \rangle_m \, \mathrm{d}^3 r \quad (33)$$

である.

散乱場のスペクトルコヒーレンス度も式(31)から簡単に求められ,

$$\mu^{(s)}(r\mathbf{s}_1, r\mathbf{s}_2, \omega) = \frac{\tilde{I}_F[k(\mathbf{s}_2 - \mathbf{s}_1), \omega]}{\tilde{I}_F(0, \omega)} G(\mathbf{s}_1, \mathbf{s}_2; \mathbf{s}_0, \omega) \quad (34)$$

となることがわかる.ここで,

$$G(\mathbf{s}_1, \mathbf{s}_2; \mathbf{s}_0, \omega) = \frac{\tilde{\mu}_F\left[k\left(\frac{\mathbf{s}_1 + \mathbf{s}_2}{2} - \mathbf{s}_0\right), \omega\right]}{\sqrt{\tilde{\mu}_F[k(\mathbf{s}_1 - \mathbf{s}_0), \omega]} \sqrt{\tilde{\mu}_F[k(\mathbf{s}_2 - \mathbf{s}_0), \omega]}} \quad (35)$$

である.準均一散乱体では $\mu_F(\mathbf{r}', \omega)$ はその空間変数についての速い関数なので,フーリエ変換対に関するよく知られた相反定理より,$\tilde{\mu}_F(\mathbf{K}, \omega)$ は $\mathbf{K}$ についての遅い関数となる.これらの状況下では

$$\tilde{\mu}_F[k(\mathbf{s}_1 - \mathbf{s}_0), \omega] \approx \tilde{\mu}_F[k(\mathbf{s}_2 - \mathbf{s}_0), \omega] \approx \tilde{\mu}_F\left[k\left(\frac{\mathbf{s}_1 + \mathbf{s}_2}{2} - \mathbf{s}_0\right), \omega\right] \quad (36)$$

となる.その結果,式(34)は簡単になり

$$\mu^{(s)}(r\mathbf{s}_1, r\mathbf{s}_2, \omega) \approx \frac{\tilde{I}_F[k(\mathbf{s}_2 - \mathbf{s}_1), \omega]}{\tilde{I}_F(0, \omega)} \quad (37)$$

と表される.式(32)と(37)より,準均一媒質による多色平面波の散乱について以下の2つの**相反関係**(reciprocity relation)が導かれる.

(1) 遠方領域における散乱場のスペクトルは，散乱体の相関係数のフーリエ変換に比例する．
(2) 遠方領域における散乱場のスペクトルコヒーレンス度は，散乱ポテンシャルの強さのフーリエ変換に比例する．

散乱についてのこれらの相反関係は，5.3.2 節で触れた準均一光源からの放射についての相反定理［同節の式(16)と(21)を参照せよ］に類似している．

これら 2 つの相反関係を表す結果として，ガウス型の相関をもつ媒質からの散乱に関係する数値計算結果を図 6.4 に示す．

問 題

6.1 自由空間を伝搬する単色平面波が，その屈折率が 1 に近い半径 a の均一な球によって散乱される．球の境界における散乱ポテンシャルの不連続性は無視できると仮定して，第 1 次ボルン近似の精度の範囲内で，入射方向と角度 θ をなす方向の散乱振幅を求めよ．

6.2 有限体積を占める弱いランダム散乱体に多色平面波が入射する．遠方領域における散乱場の正規化スペクトルと入射場の正規化スペクトルがどれほど違っているかを示す式を導出せよ．

6.3 有限領域 D を占める決定論的な散乱体に多色平面波が入射する．第 1 次ボルン近似の精度の範囲内で成立する，遠方領域における散乱場のコヒーレンス度 $\gamma(r_1\mathbf{s}_1, r_2\mathbf{s}_2, \tau)$, $(\mathbf{s}_1^2 = \mathbf{s}_2^2 = 1)$ の式を導出せよ．
　(1) $r_1 = r_2$ および (2) $\mathbf{s}_1 = \mathbf{s}_2$ という特別な場合についても考察せよ．これら 2 つの場合の物理的重要性について論ぜよ．

6.4 空間的にコヒーレントな平面波の，弱い均一散乱体による散乱を考える．その散乱ポテンシャルの相関関数は $C_F(\mathbf{r}_1, \mathbf{r}_2, \omega) \equiv C_F(\mathbf{r}_2 - \mathbf{r}_1, \omega)$ である．
　(a) 遠方領域における散乱場の相互スペクトル密度，スペクトル，およびスペクトルコヒーレンス度の式を導出せよ．
　(b) 散乱体がデルタ関数の相関をもつような特別な場合をあわせて考察せよ．つまり，$\delta^{(3)}$ を 3 次元のディラックのデルタ関数，$A(\omega)$ を位置に

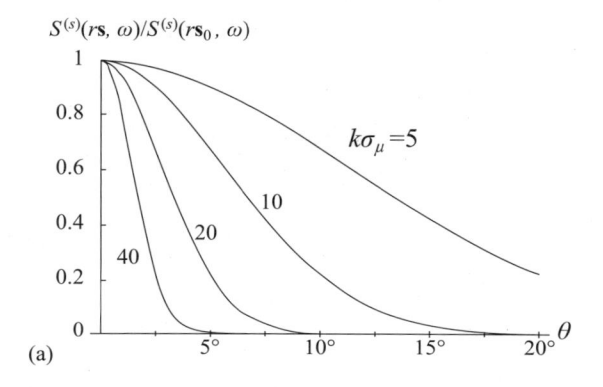

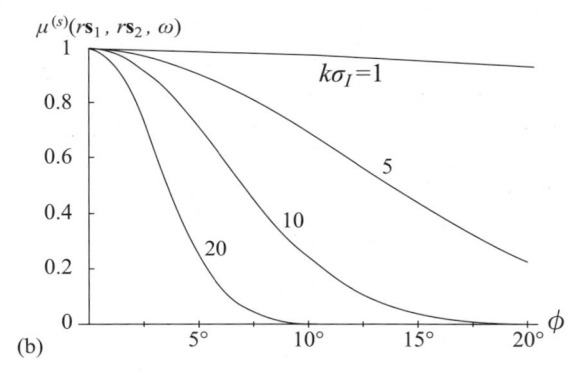

図 6.4 ガウス型の相関をもつ準均一球状媒質による多色平面波の散乱の効果の説明. 媒質の散乱ポテンシャルの正規化相関係数 μ_F およびその強度 I_F は，式 $\mu_F(\mathbf{r}', \omega) = e^{-r'^2/(2\sigma_\mu^2)}$ および $I_F(\mathbf{r}, \omega) = e^{-r^2/(2\sigma_I^2)}$ によって与えられる. (a) 遠方領域における散乱場の正規化スペクトル密度 $S^{(s)}(r\mathbf{s}, \omega)/S^{(s)}(r\mathbf{s}_0, \omega)$. これは，散乱の方向 $\mathbf{s}$ と入射の方向 $\mathbf{s}_0$ の間の角 θ の関数として描かれている. (b) 遠方領域における散乱場の $\mathbf{s}_1$ および $\mathbf{s}_2$ 方向のスペクトルコヒーレンス度 $\mu^{(s)}(r\mathbf{s}_1, r\mathbf{s}_2, \omega)$. $\mathbf{s}_1$ および $\mathbf{s}_2$ は入射方向 $\mathbf{s}_0$ について対称に置かれ，$\mathbf{s}_1 \cdot \mathbf{s}_0 = \mathbf{s}_2 \cdot \mathbf{s}_0 = \cos\phi$ の関係をもっている. [T. D. Visser, D. G. Fischer and E. Wolf, *J. Opt. Soc. Amer.* **A23** (2006), 1631-1638 より改変]

依存しない関数として，散乱体の相関が

$$C_F(\mathbf{r}_1, \mathbf{r}_2, \omega) = A(\omega)\delta^{(3)}(\mathbf{r}_2 - \mathbf{r}_1)$$

となる場合を考えよ.

6.5 スペクトル密度 $S^{(0)}(\omega)$ をもつコヒーレントな平面波が $z > 0$ の半空間を伝搬し，その半空間におかれた有限のランダム媒質によって散乱される．散乱ポテンシャル $F(\mathbf{r}, \omega)$ の相関関数は $C_F(\mathbf{r}_1, \mathbf{r}_2, \omega)$ である．

第 1 次ボルン近似の精度の範囲内では，散乱場のスペクトル $S^{(s)}(\mathbf{r}, \omega)$ は

$$S^{(s)}(\mathbf{r}, \omega) = S^{(0)}(\omega) M(\mathbf{r}, \omega)$$

と表されることを示せ．また，この場合の「スペクトル修正因子」$M(\mathbf{r}, \omega)$ の具体的な表現式を導出せよ．

第7章
高次のコヒーレンスの効果

7.1 はじめに

これまでの章では,2つの時空間の点 $(\mathbf{r}_1, t_1)$ および $(\mathbf{r}_2, t_2)$ における,場の変数間の相関に依存するコヒーレンス現象を扱ってきた.これは**2次のコヒーレンス現象**とよばれる.ゆらぎが統計的に定常であり,場の偏光特性を考慮しない場合には,この現象は空間-時間領域における「時空間」相関関数(相互コヒーレンス関数)[3.1節の式(6)]

$$\Gamma(\mathbf{r}_1, \mathbf{r}_2, \tau) = \langle V^*(\mathbf{r}_1, t) V(\mathbf{r}_2, t+\tau) \rangle \tag{1}$$

によって記述される.もしくは,等価であるが,空間-周波数領域の相関関数である相互スペクトル密度[4.1節の式(13)]によって

$$W(\mathbf{r}_1, \mathbf{r}_2, \omega) = \langle U^*(\mathbf{r}_1, \omega) U(\mathbf{r}_2, \omega) \rangle \tag{2}$$

と記述される.式(1)と(2)で与えられる2つの相関関数は,フーリエ変換対となっている[4.1節の式(2)].

これまで議論してきたコヒーレンス現象は,これらの相関関数によって記述することができるが,異なる相関関数を使って解析しなければならないコ

ヒーレンス現象もある．それらに関する理論は少々複雑なので，いわゆる 4 次の相関関数で記述される相関現象のみを考えることにする．その相関関数は，

$$\Gamma^{(2,2)}(\mathbf{r}_1,t_1;\mathbf{r}_2,t_2;\mathbf{r}_3,t_3;\mathbf{r}_4,t_4) = \langle V^*(\mathbf{r}_1,t_1)V^*(\mathbf{r}_2,t_2)V(\mathbf{r}_3,t_3)V(\mathbf{r}_4,t_4)\rangle \quad (3)$$

で定義される[1]．式(3)の $\Gamma^{(2,2)}$ に記した最初の上つき文字は，相関関数に場の変数 V の 2 つの複素共役，つまり $V^*(\mathbf{r}_1,t_1)$ と $V^*(\mathbf{r}_2,t_2)$ が含まれることを表している．一方，2 番目の上つき文字は，そこに 2 つの（共役ではない）場の変数 $V(\mathbf{r}_3,t_3)$ と $V(\mathbf{r}_4,t_4)$ が含まれることを表している．この表記法では，

$$\Gamma^{(1,1)}(\mathbf{r}_1,t_1;\mathbf{r}_2,t_2) = \langle V^*(\mathbf{r}_1,t_1)V(\mathbf{r}_2,t_2)\rangle \quad (4)$$

は式(1)で定義される相互コヒーレンス関数を表すが，これは場の集合が必ずしも定常ではない場合に適用される．

一般に，相関関数 $\Gamma^{(2,2)}$ と $\Gamma^{(1,1)}$ の間には，単純な関係は存在しない．しかし，**ガウス確率過程**（Gaussian random process）として知られる確率過程の重要かつ広い分類があり，そこでは非負整数 M および N をもつ相関関数 $\Gamma^{(M,N)}$ が最低次の相関関数によって表現される．このような確率過程は，結合確率密度

$$p_n(V_1,V_2,\ldots,V_n;\mathbf{r}_1,t_1;\mathbf{r}_2;t_2;\ldots;\mathbf{r}_n,t_n)$$

がすべてガウス分布となる性質をもっている[2]．この種の確率過程は自然界ではかなり頻繁に現れる．その理由は，例えば 2.1 節の式(9)と関連してすでに触れた．

---

[1] 任意の次数の相関関数による確率論的場の一般的な統計的記述法については，M&W の 8.2 節および 8.3 節を参照せよ．

[2] 任意の数の実変数もしくは複素変数のガウス分布についてのわかりやすい議論は，C. L. Mehta, "Coherence and Statistics of Radiation" in *Lectures in Theoretical Physics*, Vol. VIIC, W. E. Britten ed. (University of Colorado Press, Boulder, CO, 1965), pp. 345-401 に与えられている．C. L. Mehta, in *Progress in Optics*, E. Wolf ed. (North-Holland, Amsterdam, 1970), Vol.VIII, Appendix A, pp.431-434 および K. S. Miller, *Multidimensional Gaussian Distributions* (J. Wiley, New York, 1964) も参照せよ．

任意の数の変数をもつガウス確率過程(それは**多変量ガウス確率過程**[3]として知られている)には,それが1次および2次のモーメント(相関)によって完全に記述できるという基本的な性質がある.例えば,この過程について簡単化のために1次のモーメント(平均)を0と仮定すると,

$$\Gamma^{(2,2)}(\mathbf{r}_1, t_1; \mathbf{r}_2, t_2; \mathbf{r}_3, t_3; \mathbf{r}_4, t_4)$$
$$\equiv \langle V^*(\mathbf{r}_1, t_1) V^*(\mathbf{r}_2, t_2) V(\mathbf{r}_3, t_3) V(\mathbf{r}_4, t_4) \rangle$$
$$= \langle V^*(\mathbf{r}_1, t_1) V(\mathbf{r}_3, t_3) \rangle \langle V^*(\mathbf{r}_2, t_2) V(\mathbf{r}_4, t_4) \rangle$$
$$+ \langle V^*(\mathbf{r}_1, t_1) V(\mathbf{r}_4, t_4) \rangle \langle V^*(\mathbf{r}_2, t_2) V(\mathbf{r}_3, t_3) \rangle, \quad (5a)$$

つまり,

$$\Gamma^{(2,2)}(\mathbf{r}_1, t_1; \mathbf{r}_2, t_2; \mathbf{r}_3, t_3; \mathbf{r}_4, t_4) = \Gamma^{(1,1)}(\mathbf{r}_1, t_1; \mathbf{r}_3, t_3) \Gamma^{(1,1)}(\mathbf{r}_2, t_2; \mathbf{r}_4, t_4)$$
$$+ \Gamma^{(1,1)}(\mathbf{r}_1, t_1; \mathbf{r}_4, t_4) \Gamma^{(1,1)}(\mathbf{r}_2, t_2; \mathbf{r}_3, t_3) \quad (5b)$$

が成り立つ.ここで,$\Gamma^{(1,1)}$ は式(4)で定義される.すぐにわかるように,これは 7.3 節で議論する強度干渉法に特に関係するとても重要な式である.これは,任意の多変量ガウス確率過程について成立する一般的な**モーメント定理**(moment theorem)の特別な場合に相当する.そこでは,任意の次数 (M, N) の相関は,次数 $(1, 1)$ の相関で記述される.

2.1 節で触れたように熱放射光はガウス確率過程の実現要素となるが,これはその光が室温では主に自然放出の過程で作られるためである.

7.2 電波による強度干渉法[4]

1950 年頃の電波天文学の初期に,電波星の角直径を測定しようという試みがなされた.この測定には極端に長い基線を使わなければならないと(結

---

[3] 【訳者注】原文では,"multivariate Gaussian random process".
[4] 電波および光による強度干渉法のわかりやすい説明は,R. Hanbury Brown, *The Intensity Interferometer* (Taylor and Francis, London, 1974) に与えられている.

局は誤って)推測されたため，マイケルソン型の天体干渉計(3.3.1 節を参照せよ)を使うことは現実的ではないと思われた．その当時，電波星の角直径はせいぜい数分にすぎないということだけが知られており，それは可視星と同程度に小さいと信じる天文学者もいた．この場合，メートル級の波長では，数百もしくは恐らく数千 km の基線をもつ干渉計が必要となる．明らかに，このような長い距離に対しては要求される安定性を保つことはできないので，マイケルソン型の干渉計を使うことはできないであろう．

1950 年代の初めに，英国の技術者の Robert Hanbury Brown は異なるタイプの天体電波干渉計を利用する可能性を考えた．マイケルソン天体干渉計では，遠方の星から干渉計の 2 枚の外部反射鏡 M_1 および M_2 (図 3.10 を参照せよ)に到達する光は，検出面に伝搬し，そこで干渉パターンを形成する．干渉縞の可視度の計測から，星の角直径はファン・シッター‐ゼルニケの定理を使って推定することができる．ハンブリー・ブラウン干渉計では，アンテナ A_1 および A_2 (図 7.1 を参照せよ)に到達する信号は相関器(乗算器)を使って比較される．このタイプの最初の干渉計は，1952 年に報告された[5]．数 km 間隔のアンテナを使い，2 つの星の角直径が測定された．それ以来，その結果の正しさは他の干渉計によって確認されてきた．

電波による強度干渉計の動作原理は，以下のように考えると理解される．

$$I(\mathbf{r}_j, t) = V^*(\mathbf{r}_j, t) V(\mathbf{r}_j, t), \qquad (j = 1, 2) \tag{1}$$

を 2 つのアンテナ A_1 および A_2 に到達する電波の瞬時強度とし，それを統計的に定常な集合の要素であると仮定する．これらのアンテナは，それぞれ点 $\mathbf{r}_1$ および $\mathbf{r}_2$ の近傍に置かれている．簡単化のために波動場のベクトル性を無視し，それをスカラー関数で表現しよう．もしアンテナに到達する波動の強度の平均値 $\langle I(\mathbf{r}_1, t) \rangle$ および $\langle I(\mathbf{r}_2, t) \rangle$ が電気的に引き算されるならば，強

---

[5] R. Hanbury Brown, R. C. Jennison and M. K. Das Gupta, *Nature* **170** (1952), 1061-1063. R. Hanbury Brown and R. Q. Twiss, *Phil. Mag.* **45** (1954), 663-682 も参照せよ．

7.2 電波による強度干渉法

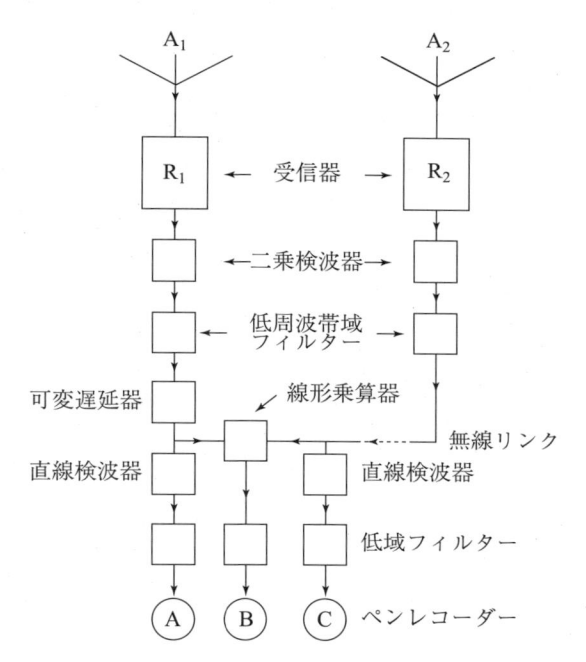

図 7.1 電波強度干渉計のブロック線図. [R. Hanbury Brown, *The Intensity Interferometer* (Taylor and Francis, London, 1974), p.84 より改変]

度ゆらぎは

$$\Delta I(\mathbf{r}_j, t) = I(\mathbf{r}_j, t) - \langle I(\mathbf{r}_j, t) \rangle, \qquad (j = 1, 2) \tag{2}$$

で与えられる. そのため, 2つのアンテナにおける強度ゆらぎの相関は,

$$\langle \Delta I(\mathbf{r}_1, t) \Delta I(\mathbf{r}_2, t + \tau) \rangle = \langle [I(\mathbf{r}_1, t) - \langle I(\mathbf{r}_1, t) \rangle][I(\mathbf{r}_2, t + \tau) - \langle I(\mathbf{r}_2, t + \tau) \rangle] \rangle \tag{3}$$

となる. ここで, τ は 2 つのアンテナに到達する波動の間の時間遅延を表す. 式(3)の右辺の積を実行し, 場の集合に対する定常性の仮定により

$\langle I(\mathbf{r}_2, t+\tau)\rangle = \langle I(\mathbf{r}_2, t)\rangle$ が成り立つことを利用すると,式(3)は

$$\begin{aligned}\langle \Delta I(\mathbf{r}_1,t)\Delta I(\mathbf{r}_2,t+\tau)\rangle &= \langle I(\mathbf{r}_1,t)I(\mathbf{r}_2,t+\tau)\rangle - \langle I(\mathbf{r}_1,t)\rangle\langle I(\mathbf{r}_2,t)\rangle \\ &\quad - \langle I(\mathbf{r}_1,t)\rangle\langle I(\mathbf{r}_2,t)\rangle + \langle I(\mathbf{r}_1,t)\rangle\langle I(\mathbf{r}_2,t)\rangle \\ &= \langle I(\mathbf{r}_1,t)I(\mathbf{r}_2,t+\tau)\rangle - \langle I(\mathbf{r}_1,t)\rangle\langle I(\mathbf{r}_2,t)\rangle \end{aligned} \quad (4)$$

となる.式(4)の右辺を,アンテナに入射するゆらぎをもつ場を使って表現しよう.このとき,

$$\begin{aligned}\langle \Delta I(\mathbf{r}_1,t)\Delta I(\mathbf{r}_2,t+\tau)\rangle &= \langle V^*(\mathbf{r}_1,t)V(\mathbf{r}_1,t)V^*(\mathbf{r}_2,t+\tau)V(\mathbf{r}_2,t+\tau)\rangle \\ &\quad - \langle V^*(\mathbf{r}_1,t)V(\mathbf{r}_1,t)\rangle\langle V^*(\mathbf{r}_2,t)V(\mathbf{r}_2,t)\rangle \end{aligned} \quad (5)$$

となることがわかる.右辺の第1項目は,以前に触れた4次の相関関数

$$\langle V^*(\mathbf{r}_1,t)V(\mathbf{r}_1,t)V^*(\mathbf{r}_2,t+\tau)V(\mathbf{r}_2,t+\tau)\rangle \equiv \Gamma^{(2,2)}(\mathbf{r}_1,t,\mathbf{r}_2,t+\tau;\mathbf{r}_1,t,\mathbf{r}_2,t+\tau) \quad (6)$$

である[7.1節の式(3)].

　アンテナに到達する波動場は,天体電波源の多くの独立した寄与の重ね合わせによって生じていると仮定してよい.その結果,2.1節の式(9)に関連して触れた中心極限定理により,アンテナに到達する場はガウス確率過程の実現要素となる.この状況で波動場は統計的に定常であると仮定すると,4次の相関関数(6)は7.1節の式(5a)より

$$\begin{aligned}&\langle V^*(\mathbf{r}_1,t)V(\mathbf{r}_1,t)V^*(\mathbf{r}_2,t+\tau)V(\mathbf{r}_2,t+\tau)\rangle \\ &= \langle V^*(\mathbf{r}_1,t)V(\mathbf{r}_1,t)\rangle\langle V^*(\mathbf{r}_2,t+\tau)V(\mathbf{r}_2,t+\tau)\rangle \\ &\quad + \langle V^*(\mathbf{r}_1,t)V(\mathbf{r}_2,t+\tau)\rangle\langle V^*(\mathbf{r}_2,t+\tau)V(\mathbf{r}_1,t)\rangle \\ &= \langle I(\mathbf{r}_1,t)I(\mathbf{r}_2,t)\rangle + \Gamma^{(1,1)}(\mathbf{r}_1,\mathbf{r}_2,\tau)\Gamma^{(1,1)}(\mathbf{r}_2,\mathbf{r}_1,-\tau) \end{aligned} \quad (7)$$

と書くことができる.もしくは,$\Gamma^{(1,1)}$には

$$\Gamma^{(1,1)}(\mathbf{r}_2,\mathbf{r}_1,-\tau) = \Gamma^{(1,1)*}(\mathbf{r}_1,\mathbf{r}_2,\tau) \quad (8)$$

の関係があるので，

$$\langle V^*(\mathbf{r}_1,t)V(\mathbf{r}_1,t)V^*(\mathbf{r}_2,t+\tau)V(\mathbf{r}_2,t+\tau)\rangle$$
$$= \langle I(\mathbf{r}_1,t)I(\mathbf{r}_2,t)\rangle + \left|\Gamma^{(1,1)}(\mathbf{r}_1,\mathbf{r}_2,\tau)\right|^2 \tag{9}$$

となる．式(9)を式(5)に代入すると，強度ゆらぎの相関について

$$\langle \Delta I(\mathbf{r}_1,t)\Delta I(\mathbf{r}_2,t+\tau)\rangle = \left|\Gamma^{(1,1)}(\mathbf{r}_1,\mathbf{r}_2,\tau)\right|^2 \tag{10}$$

の式を得る．式(10)の右辺にある2次の相関関数 $\Gamma^{(1,1)}(\mathbf{r}_1,\mathbf{r}_2,\tau)$ は，以前は $\Gamma(\mathbf{r}_1,\mathbf{r}_2,\tau)$ と表記した相互コヒーレンス関数である．それを正規化した

$$\frac{\Gamma(\mathbf{r}_1,\mathbf{r}_2,\tau)}{\sqrt{\Gamma(\mathbf{r}_1,\mathbf{r}_1,0)}\sqrt{\Gamma(\mathbf{r}_2,\mathbf{r}_2,0)}} \equiv \frac{\Gamma(\mathbf{r}_1,\mathbf{r}_2,\tau)}{\sqrt{\langle I(\mathbf{r}_1,t)\rangle\langle I(\mathbf{r}_2,t)\rangle}}$$
$$= \gamma(\mathbf{r}_1,\mathbf{r}_2,\tau) \tag{11}$$

は，点 $\mathbf{r}_1$ および $\mathbf{r}_2$ における波動場のコヒーレンス度である．したがって式(10)は

$$\langle \Delta I(\mathbf{r}_1,t)\Delta I(\mathbf{r}_2,t+\tau)\rangle = \langle I(\mathbf{r}_1,t)\rangle\langle I(\mathbf{r}_2,t)\rangle|\gamma(\mathbf{r}_1,\mathbf{r}_2,\tau)|^2 \tag{12}$$

と表すことができ，これは

$$\frac{\langle \Delta I(\mathbf{r}_1,t)\Delta I(\mathbf{r}_2,t+\tau)\rangle}{\langle I(\mathbf{r}_1,t)\rangle\langle I(\mathbf{r}_2,t)\rangle} = |\gamma(\mathbf{r}_1,\mathbf{r}_2,\tau)|^2 \tag{13}$$

と書くこともできる．

式(13)は熱放射光に対する強度干渉法の基本公式である．この公式は，熱放射場内の2点 $\mathbf{r}_1$ および $\mathbf{r}_2$ におけるコヒーレンス度の絶対値が，これらの点における強度ゆらぎの相関と平均強度の測定によって決定されることを示している．

マイケルソン天体干渉計を利用すると，実際には大気の擾乱がその位相についての情報を本質的に破壊するものの，原理的には可視度の測定から2つの反射鏡における複素コヒーレンス度 $\gamma(\mathbf{r}_1,\mathbf{r}_2,\tau)$ を決定できることを思い出

そう．一方，ここで示したように強度干渉法では，コヒーレンス度の大きさ $|\gamma(\mathbf{r}_1, \mathbf{r}_2, \tau)|$ を決定することができる．そのためファン・シッター - ゼルニケの定理を利用すると，光源を空間的にインコヒーレントであると仮定して，その面上の強度分布に関する情報を得ることができる．しかし式 (13) から明らかなように，原理的にも，この測定によってコヒーレンス度の位相に関する情報を得ることはできない．しかし，3.3.1 節で簡単に議論したように，この制限は天体の形が回転対称であればまったく問題にはならない．

7.3 ハンブリー・ブラウン - トゥイス効果と光による強度干渉法

強度干渉法により電波星の角直径の測定にはじめて成功したあと，Hanbury Brown と Twiss は光の波長域においても同様の手法を利用して星の角直径を測定する可能性を研究した．もしこれが可能であれば，価値ある新しい情報がかなり得られることは明らかであった．その当時まで，光の波長域で星の直径を測定する唯一の方法はマイケルソン天体干渉計の利用であった．実用的なむずかしさのために，この方法の利用は 1920 年代の Michelson と Pease による測定に限られてきた．彼らは，たった 6 個の星の角直径を決定しただけだった．この測定におけるむずかしさの原因は，地表では星を見込む角が 10^{-4} 秒程度といった極端に小さな角度であったことにある．これにより，数百 m の基線をもつ干渉計の利用が必要になる．さらに大気の擾乱が星の像のボケと歪みを作り出す．主にこれらの理由から，最初に測定された少数の星を除いては，星の角直径の測定に Michelson の方法が応用されることはなかった．

一見して強度干渉法は，Michelson の方法にあったいくつかの制限を解決するだろうと思われたが，実際にもまさにそうであることがわかった．しかし，電波ではなく光による強度干渉法の理論は，主に光のゆらぎの検出の量

子力学的性質により，かなり厄介であることがわかった．最初にこの複雑さを無視して，電波による強度干渉法に対して導いた 7.2 節の式 (13) が，光電効果を使ったまったく異なる検出過程が利用されたときでも適用できるものと仮定する．7.2 節の式 (10) は，検出器が古典的場の強度ゆらぎの相関を測定するという暗黙の仮定に基づいて導出された．7.5 節では，この式が，なぜ光電検出器が使われた場合であっても，信号対雑音比に関係する厄介な問題を無視する限り適用できるのかを説明する．その厄介な問題はもちろん実際に考慮しなければならないが，これを無視しても根底にある基本的な物理的原理の理解を妨げることにはならない．

電波のスペクトル領域では，強度ゆらぎの相関を決定する手順は簡単である．それは，電波の強度ゆらぎ $\Delta I(\mathbf{r}, t)$ を測定する二乗検波器 (square-law detector) がよく知られた電子機器だからである．点 $\mathbf{r}_1$ と $\mathbf{r}_2$ の近傍に 2 つの電波アンテナを設置するだけでよい．出力信号は電子相関器でかけ合わされ，積は平均化され記録される．

状況は光を利用する場合にはまったく異なっている．十分に速い応答をもつ光検出器は光電検出器である．しかし，この検出器は光電効果を利用する高度に「非古典的」な機器である．これは，十分に短い波長の電磁放射が金属の表面に衝突したとき，そこから電子が放出される現象である．放出された電子のエネルギーは金属表面に照射する光の強度ではなく，光の周波数に依存することがかなり以前から知られてきた．強度が増加すると放出される電子の数は増加するが，そのエネルギーは増加しない．これらの観察結果は光の古典的波動理論に矛盾する．Einstein は 1905 年に出版された有名な論文において，これらの観察結果を光の粒子的性質に基づいて，すなわち，光電面に入射する光は粒子によって構成されていると仮定することによって説明した．その粒子は，その当時は light quanta とよばれたが，現在はでは光子 (photon) とよばれている．Einstein の論文は，ある状況下では電磁場を量子化する必要があることを明確に示した最初の論文であった．1921 年に彼

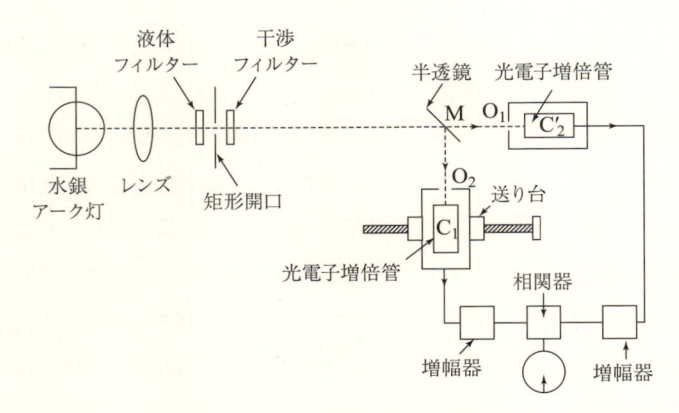

図 7.2　ハンブリー・ブラウン-トゥイス効果の実証に使用された装置．〔R. Hanbury Brown and R. Q. Twiss, *Nature* **177** (1956), 27-29 より改変〕

は，「理論物理学への貢献，特に光電効果の法則の発見」によりノーベル物理学賞を授与された．

　7.2 節の基本公式(13)を，電波の検出に対し古典的波動理論を使って導出した．しかし，光電効果の非古典的特性により，その公式がこの効果を使って検出した光の波動に対しても成り立つことは決して明らかではない．実際，あとで触れるがこの問題については激しい論争があった．結局は，このような状況であっても，古典的定式化の妥当性が認められるかたちで解決した．それを正しいとする根拠には，7.4 節で議論する光の波動-粒子の二重性に関係する美しい物理が含まれていた．また，それには光のゆらぎの光電検出理論の発展も必要だったが，その理論は主にこの問題を取り巻く疑問を明らかにするために定式化されたものだった．

　強度干渉法により電波星の直径を求めることに成功した直後の 1956 年に，Hanbury Brown と Twiss はこの方法が光を使った場合にもうまく機能するかを調べる室内実験を行った[6]．水銀アーク灯からの光はフィルターを

---

[6] R. Hanbury Brown and R. Q. Twiss, *Nature* **177** (1956), 27-29.

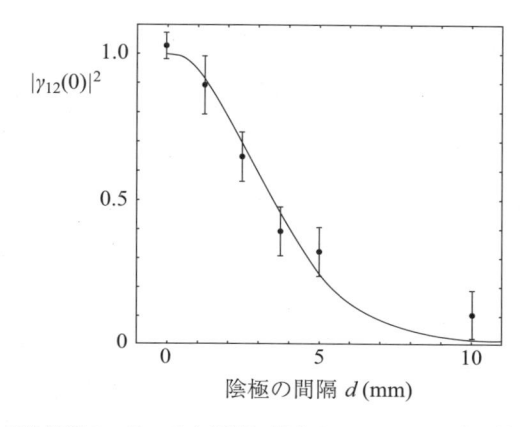

図 7.3 光電陰極間のいろいろな間隔に対するコヒーレンス度の絶対値の 2 乗 $|\gamma_{12}(0)|^2$ の実験値と理論値. [R. Hanbury Brown and R. Q. Twiss, *Proc. Roy. Soc.* (London) **A243** (1958), 291-319 より改変]

通され,半透鏡によって 2 本のビームに分割され,そしてその 2 本のビームは 2 つの光電子増倍管に入射される.その一方の光電子増倍管はビームを横切る方向に動くようになっている(図 7.2 を参照せよ).光電子増倍管が動くと,2 つの光電陰極上の光のコヒーレンス度は光学配置に基づいて算出される結果に従って変化する.2 つの光電子増倍管からの電気信号は電気回路に入力され,そこで増幅される.出力は乗算器(相関器)で互いにかけ合わされる.この装置を使って,強度相関が可動式の光電子増倍管のさまざまな位置について測定され,系の配置,光のスペクトル分布,そして回路の電気的特性から算出される理論値と比較された.結果は図 7.3 に示されているが,これは古典的理論による予測とよく一致しているように見える[7].

室内実験が成功したにもかかわらず,この効果をめぐる論争が続き,同様の実験の結果ではあるが,その効果は実在しないことを示唆する論文が出版

---

[7] いわゆる擬似熱光源を使って,類似する実験が W. Martienssen and E. Spiller, *Am. J. Phys.* **32** (1964), 919-926 によって行われた.この光源はレーザー光を回転すりガラスに通して,その光の統計的特性を変化させることによって作り出された.このようにしてその統計的特性がガウス分布に支配される光が作り出されたが,通常の熱光源とは異なり,それは非常に高い統計的縮退をもっていた(付録 I を参照せよ).このことがその効果の実証をかなり容易にした.

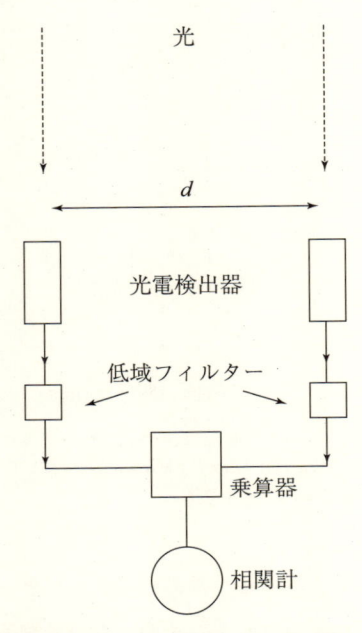

図 7.4 天体光強度干渉計のブロック線図．[R. Hanbury Brown, *The Intensity Interferometer* (Taylor and Francis, London, 1974), p. 48 より改変]

された．あとになってその否定的な結果は，主に有意な信号対雑音比を得るために必要とされる測定時間をかなり短く見積もり過ぎていたためであることが示された[8]．

ハンブリー・ブラウン-トゥイス効果をめぐる論争を解決に導いた議論と，なぜ光強度干渉計の原理を理解するために「古典理論」が適用されるのかについて概説する前に，1956〜1966 年の間に建設された最初の 2 つの干渉計について簡単に説明しよう．

天体光強度干渉計の検出器部分のブロック線図が図 7.4 に示されている．

---

[8] 実験の 1 つ [A. Ádám, L. Jánossy and P. Varga, *Ann. Phys.* (Leipzig) **16** (1955), 408-413] では，有意な信号対雑音比を得るためには（地球の推定年齢よりも長い）10^{11} 年必要であろうと見積もられた．E. Brannen and H. I. S. Ferguson, *Nature* **178** (1956), 481-482 によって記述された実験では，有意な信号対雑音比を得るために要求される見積時間は 1,000 年であった．

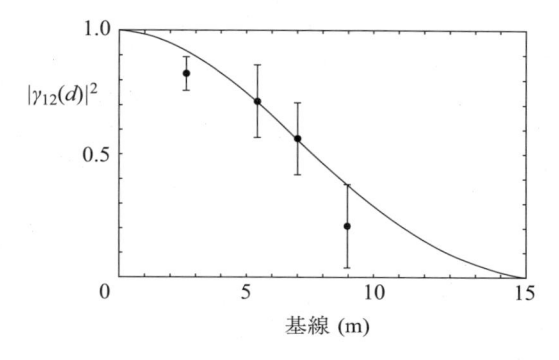

図 7.5 シリウス A 星からの光のコヒーレンス度の絶対値の 2 乗．点は測定値を表しており，確率誤差もあわせて表示している．曲線は角直径 0.0069 秒の星に対する理論値を示している．[R. Hanbury Brown and R. Q. Twiss, *Proc. Roy. Soc.* (London) **A248** (1958), 222-237 より改変]

この種の最初の干渉計[9]はやや原始的な装置であり，そこでは英国軍によって使われていたサーチライトの 2 つの放物面反射器が使われていた．その主な目的は 2 つの光電検出器に星からの光を集めることであり，きれいな像を作り出すことではなかった．なぜなら，すでに述べたように，2 つの検出器上の強度ゆらぎの相関は入射光のコヒーレンス度の絶対値にのみ依存し，その位相には依存しないため，入射光の位相は本手法によって星の角直径を求める際に何の役割も果たさないからである[7.2 節の式(13)を参照せよ]．同様の理由により，大気のゆらぎはマイケルソン天体干渉計を使用する測定に比べて，この手法による測定ではあまり問題にはならない．

この干渉計を使って，Hanbury Brown と Twiss は約 9 m までの基線を使いシリウス星の角直径が 6.9×10^{-3} 秒であることを見つけた（図 7.5 を参照せよ）．

可視星の角直径を強度干渉法により決定できることを十分に証明したので，Hanbury Brown と Twiss および共同研究者達は，オーストラリアのシド

---

[9] R. Hanbury Brown and R. Q. Twiss, *Nature* **178** (1956), 1046-1048; *Proc. Roy. Soc.* (London), **A248** (1958), 222-237.

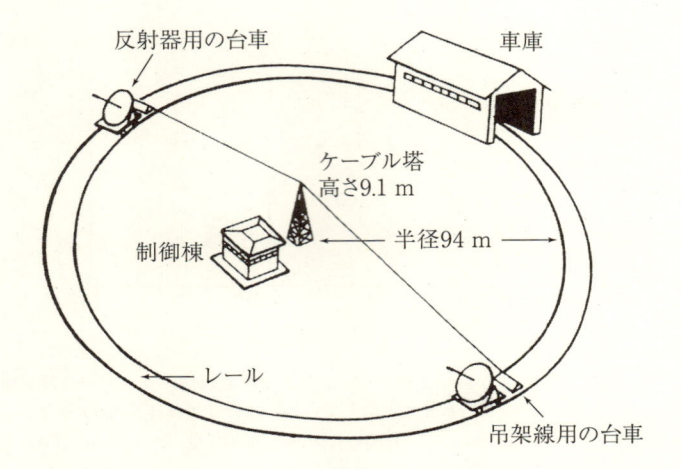

図 7.6　ナラブライにある天体強度干渉計の一般的な配置図．［R. Hanbury Brown, *Sky & Telescope* **28** (1964), 64-69 より改変］

ニーの北方約 370 マイルにあるナラブライ（Narrabri）にこの種の大型干渉計を建設した．この干渉計の一般的な配置は図 7.6 に示されているが，以前引用した Hanbury Brown の著書（p.94）から以下の一節を引用するとそれを最も的確に説明することができる．

　　光電検出器は，幅 5.5 m，直径 188 m の円形のレール上を走る台車に乗せられた 2 つの巨大な反射器の焦点位置に設置された．これらの移動式の台車は，スチールの吊架線ワイヤーからつるされたケーブルによって制御棟に接続された．そのワイヤーの一方は円の中心にある塔の頂上の軸受けに，他方はそれぞれの台車に牽引された小さな炭水車に取りつけられた．反射器は，使わないときは南の区域に建設された車庫に収納された．この車庫の有用ではあるが費用のかかった特徴は，一方の壁面のほぼ全面に走る細長い穴であった．これはケーブルを外さずに，（したがって電気的な接続に影響を与えずに）台車が庫内に停車できるよう設置されたものであった．

図 7.7　オーストラリアのニューサウスウェールズのナラブライ天文台にある円形トラック上の天体強度干渉計の 2 台の集光器．小さな反射鏡のいくつかは 6.5 m の反射器から再コーティングのために取り外された．11 m の長さの梁はそれぞれの反射器の焦点位置で光電検出器を支えている．[R. Hanbury Brown, *Sky & Telescope* **28** (1964), 64-69 より改変．]

　　制御デスク，コンピューター，大型空調装置，各種モーター発電機，スイッチ盤などが設置された制御棟は，良質な熱反射屋根をもった堅牢な造りの 2 階建ての四角い建物であったため，ナラブライの夏でさえ内部の温度を $72 \pm 2\ °F^{10}$ に保つことができた．その建物は，吊架線が屋根を越えて横切ることができるように中心の塔に十分に近接していた．

　　図 7.7 に示されている反射器は直径約 6.5 m の正十二角形であり，それぞれ 30 m^2 の利用可能な反射領域をもっていた．それらは台車によって運搬される回転台の上に設置された．

　　それぞれの反射鏡の焦点距離は約 11 m で，その表面は向かい合う辺の長

10【訳者注】摂氏に換算すると，$22.2 \pm 1.1\ °C$．

さが約 38 cm，厚さが 2 cm の 252 枚の六角形反射鏡のモザイクとなっていた（図 7.7）．32 個の星の角直径がこの装置で測定されたが，この情報は天文学への一大貢献となっている．

ハンブリー・ブラウン-トゥイス効果は天体の直径を求めることに関連して発見され利用されてきたが，それ以来，例えば，高エネルギー物理学，核物理学，原子物理学，そして凝縮系物理学において異なる応用が見出されている[11]．

7.4　黒体放射のエネルギーゆらぎに対するアインシュタインの公式と波動-粒子の二重性

光電検出器が高度に非古典的な振る舞いをしていても，光強度干渉計の動作が古典的波動理論によって記述できるのはなぜかという問題に戻ろう．このテーマをめぐる論争の転機は，E. M. Purcell による短編論文の出版であった[12]．彼は単純な発見的な議論によって，光ビームが光検出器に入射したとき，放出された電子の計数レートにおける統計的なゆらぎは，同じ平均レートで発生する独立な事象のランダム列において期待される値よりも大きいことを示した．この過剰なゆらぎは Hanbury Brown と Twiss によって見つけられた強度ゆらぎにおける相互相関を生み出すが，これは本質的には古典的な波動の寄与である．

Purcell の解析によって明らかにされた光のゆらぎの光電検出における粒子的な寄与と波動的な寄与の存在は，量子力学の基本的な特徴である波動-粒子の二重性の現われと見なすことができる．それは量子力学の定式化のはるか以前に，黒体放射のエネルギーゆらぎを扱ったすばらしい論文のなかで

---

11 例えば，G. Baym, *Acta Phys. Polon.* B **29** (1998), 1839-1884; M. Schellekens, R. Hoppeler, A. Perrin, J. Viana Gomez, D. Boiron, A. Aspect and C. I. Westbrook, *Science* **310** (2005), 648-651; A. Öttl, S. Ritter, M. Köhl and T. Esslinger, *Phys. Rev. Lett.* **95** (2005), 090404 を参照せよ．

12 E. M. Purcell, *Nature* **178** (1956), 1449-1450.

Einstein[13] によって発見されたものだった．Einstein の論文はハンブリー・ブラウン-トゥイス効果の起源に関する Purcell の議論に密接に関連しているので，ここでその核心部分を簡単に紹介しよう．

Einstein は大きな体積 V の共振器における平衡状態の黒体放射を考えた．体積 $v \ll V$ のすべての小領域では，エネルギーはその小領域に入ったり出たりしてゆらぎをもつ．彼はこの領域における微小周波数範囲 $(\nu, \nu + d\nu)$ のゆらぎの大きさを調べ，ゆらぎの評価量としてこの領域におけるエネルギー E の分散，すなわち

$$\overline{(\Delta E)^2} = \overline{(E - \overline{E})^2} \tag{1}$$

を選んだ．ここで，便宜上，アンサンブル平均を表すために括弧 $\langle \ldots \rangle$ ではなく上線(overbar)を使っている[14]．Einstein は最初に熱力学的考察から

$$\overline{(\Delta E)^2} = k_B T^2 \frac{\partial \overline{E}}{\partial T} \tag{2}$$

を示した[15]．ここで，k_B はボルツマン定数，T は絶対温度である．式(2)はしばしば**アインシュタイン・ファウラーの公式**(Einstein-Fowler formula)とよばれる．

さて，黒体放射に対しては，$\overline{E}$ はプランクの法則

$$\overline{E} = Z \frac{h\nu}{e^{h\nu/(k_B T)} - 1} \tag{3}$$

によって与えられる．ここで，h はプランク定数であり，c を真空中での光の速度として

$$Z = \frac{8\pi V \nu^2 d\nu}{c^3} \tag{4}$$

---

13 A. Einstein, *Phys. Z.* **10** (1909), 185-193; 英訳は *The Collected Papers of Albert Einstein*, Vol. 2 (Princeton University Press, Princeton, NJ, 1989), 357-375.

14 【訳者注】この章の本節以降(ただし，問題を除く)では，アンサンブル平均を表す記号が括弧 $\langle \ldots \rangle$ から上線(overbar)に変更されている．これは，この分野で先駆的な研究を行った Mandel の表記法に準拠したものである．なお，本表記法では，波動に対する平均や粒子に対する平均など，物理的に異なる平均操作が区別されず同様に表記されている点に注意されたい．

15 この式の導出については，例えば F. Reiche, *The Quantum Theory* (Methuen, London, 1922), Note 52, 139-140 を参照せよ．

である．Z は周波数範囲 $(\nu, \nu + d\nu)$ の通常の空間 V に関連づけられた，いわゆる位相空間のセルの数を表すことが示されている［付録 I (b) を参照せよ］．平均エネルギー $\overline{E}$ について式(3)を式(2)に代入すると，小領域におけるエネルギーゆらぎの分散の式

$$\overline{(\Delta E)^2} = h\nu\overline{E} + \frac{1}{Z}\overline{E}^2 \qquad (5)$$

を得る．この式は**黒体放射に対するアインシュタインのゆらぎの公式**(Einstein's fluctuation formula for blackbody radiation)として知られる．

Einstein はこの公式からいくつかの注目すべき結論を引き出した．彼は，その当時の大部分の物理学者が信じていたように，もし共振器 V に波動のみが存在するならば，共振器内の場を異なる振幅と位相をもち異なる方向に伝搬する一連の平面波モードに展開できることを指摘した．波動の短時間の干渉が共振器の小領域 v において場のゆらぎを，そしてその結果，エネルギーのゆらぎを作り出す．単純な次元の議論を使って，Einstein はこれらのゆらぎの分散は式(5)のまさに第 2 項目，すなわち式[16]

$$\overline{(\Delta E)^2_{\text{waves}}} = \frac{1}{Z}\overline{E}^2 \qquad (6)$$

で与えられると主張した．Einstein は次に，式(5)の右辺の第 2 項目だけが波動理論に基づいて理解されるので，その理論はゆらぎの起源を十分に説明

---

[16] ゆらぎの公式(5)の右辺の第 2 項の意味を解釈した Einstein の発見的議論は，彼の論文ではたった 8 行を占めるにすぎなかった．波動のゆらぎの分散が $\overline{E}^2$ に比例することを示すもう 1 つの議論は，7.2 節の式(12)に基づき簡単に行うことができる．その式は，多変量ガウス分布（ガウス確率過程）によって記述される場の強度ゆらぎの相関を表しているが，これは黒体放射に対して成り立つものと期待される．その式において $\mathbf{r}_1 = \mathbf{r}_2 = \mathbf{r}$ および $\tau = 0$ とおくと，$\gamma(\mathbf{r}, \mathbf{r}, 0) = 1$ となり，その式は簡単になり（アンサンブル平均を表すために，括弧 $\langle \ldots \rangle$ の代わりに上線を使って）

$$\overline{(\Delta I)^2} = \overline{I}^2$$

と表される．ここで I は瞬時強度である．明らかに I は，瞬間的なエネルギー E の評価量と捉えることができる．α を定数として $E = \alpha I$ と書くと，上式は，

$$\overline{(\Delta E)^2} \sim \overline{E}^2$$

となる．式(6)についての長いが厳密な導出は，H. A. Lorentz, *Les théories statistiques en thermodynamique* (Teubner, Leipzig and Berlin, 1916), 114-120 によって与えられた．

していないと主張した．その体積領域は個々のエネルギーが $h\nu$ である n 個の粒子（量子）を含んでいるとする．もし，それらが独立した古典的な粒子であれば，それらの数のゆらぎはポアソン分布（Poisson distribution）

$$p(n) = \frac{\overline{n}^n \mathrm{e}^{-\overline{n}}}{n!} \tag{7}$$

に従うであろう［付録 IV (a) を参照せよ］．そのような n 個の粒子の全エネルギーは $E = nh\nu$ であるので，

$$n = \frac{E}{h\nu} \tag{8}$$

となる．さて，ポアソン分布の分散は

$$\overline{(\Delta n)^2} = \overline{n} \tag{9}$$

であり，式(8)と(9)から分散 $\overline{[\Delta(E/(h\nu))]^2} = \overline{E}/(h\nu)$，つまり

$$\overline{(\Delta E)^2_{\mathrm{particles}}} = h\nu \overline{E} \tag{10}$$

が導かれる．ここで，エネルギーのゆらぎが粒子によって引き起こされるとの仮定のもとでその式が導出されたことを強調するために，下つき文字"particles" を付けた．式(10)の右辺の式は正確に式(5)の右辺の第 1 項目であることがわかる．したがって，式(6)を使って，式(5)を

$$\overline{(\Delta E)^2} = \overline{(\Delta E)^2_{\mathrm{particles}}} + \overline{(\Delta E)^2_{\mathrm{waves}}} \tag{11}$$

と表現することができる．この結果は波動-粒子の二重性（wave-particle duality）の最初の例であったが，これは約 15 年後に量子力学の著名な特徴となった．

式(11)は，黒体放射で満たされた共振器内のエネルギーのゆらぎの分散を，古典的な粒子と古典的な波動の寄与の和として表現するある種の混合された結果となっている．今日では Einstein の結果を，非古典的な波動もしく

は非古典的な粒子に基づくいくぶん異なる方法で解釈する．例えば，式(8)を使って式(5)を

$$\overline{(\Delta n)^2} = \bar{n} + \frac{1}{Z}\bar{n}^2 \qquad (12)$$

と書き直すことができる．この式の右辺の第2項目の存在は，その粒子が古典的粒子としては振る舞わないことを示している．なぜなら，ポアソン分布に従う古典的粒子には，式(12)ではなく式(9)が適用されるためである．分散を表す式(12)は，実際には，ボーズ粒子(boson)として知られる量子論的粒子が，位相空間のZ個のセルに存在する場合に適用されるよく知られた公式である[付録I(b)を参照せよ]．

以上を背景としてハンブリー・ブラウン-トゥイスの実験に立ち返り，光のゆらぎの光電検出の理論をより一般的に考えることにしよう．

7.5 光のゆらぎの光電検出に関するマンデルの理論

7.5.1 光子計数の統計に対するマンデルの公式

前節で触れたように，光のゆらぎの光電検出の理論をめぐる論争は，主にE. M. Purcellによる簡潔な議論によって解決された．彼は，古典的な光の場のゆらぎの相関が，なぜ光子計数の測定から導き出すことができるのかについて，それが完全にランダムな計数よりも（光のボーズ粒子としての性質に起因して）ゆらぎが過剰になるためであることを示した．

2編の重要な論文[17]においてL. MandelはPurcellの議論をさらに進め，光のゆらぎの光電検出の理論を展開し，それを**光子とランダム波動の確率論的な結合**(stochastic association of photons with random waves)と的確によんだ．Mandelの解析はハンブリー・ブラウン-トゥイス効果に対して明確な説明

---

17 L. Mandel, *Proc. Phys. Soc.* (London) **72** (1958), 1037-1048; 同誌 **74** (1959), 233-243.

を与えたばかりでなく，確率論的な光ビームの光電検出器との相互作用についての一般理論を提供した．Mandel の解析について，簡単に説明しよう．

最初に単一の光検出器に光が入射すると考える．その入射光波は簡単化のために，直線偏光で，ゆらぎのある複素振幅 $V(t)$ をもち，解析信号(2.3節)によって表現されると仮定する．電子が時間間隔 $(t, t + \Delta t)$ の範囲内で放出される確率は瞬時強度 $I(t) = V^*(t)V(t)$ に比例すると考えることは妥当であると思われ，それを例えば半古典論[18]によって示すことができる．つまり，α を光検出器の量子効率を表す定数として，

$$P(t)\Delta t = \alpha I(t)\Delta t \tag{1}$$

とする．式(1)から出発して，Mandel は n 個の電子が時間間隔 $(t, t + T)$ の範囲内で放出される確率が，

$$p(n, t, T) = \frac{1}{n!}[\alpha W(t, T)]^n e^{-\alpha W(t,T)} \tag{2}$$

で与えられることを示した．ここで，

$$W(t, T) = \int_t^{t+T} I(t')\,dt' \tag{3}$$

は検出器に入射する光の時間間隔 $(t, t + T)$ にわたる積分強度である．式(2)の導出は少々長くなる．それは付録 II にまとめられている．

式(2)は，一般にランダムな入射場の1つの実現要素に対して適用される式であるが，これを正しく認識することは重要である．つまり，式(2)の入射場の集合に対する平均が物理的により重要であり，その平均を上線で表記すると，それは

$$\begin{aligned} P(n, t, T) &= \overline{p(n, t, T)} \\ &= \frac{1}{n!}\overline{[\alpha W(t, T)]^n e^{-\alpha W(t,T)}} \end{aligned} \tag{4}$$

---

18 L. Mandel, E. C. G. Sudarshan and E. Wolf, *Proc. Phys. Soc.* (London) **84** (1964), 435-444, Eq.(2.18b).

となる.より明確には,

$$P(n,t,T) = \int_0^\infty \frac{[\alpha W(t,T)]^n}{n!} e^{-\alpha W(t,T)} p(W)\, dW \qquad (5)$$

と表される.ここで,$p(W) \equiv p(W,t,T)$ は式(3)で与えられる積分強度の確率密度であり,変数 t と T はこの積分の中では固定されている.式(5)を**光子計数の統計に対するマンデルの公式**(Mandel's formula for photocount statistics)とよぶ.

この公式は,かなりの一般性をもっている.それは,その統計的特性にかかわらず,そしてその光のゆらぎが統計的に定常であるか否かにかかわらず,任意の直線偏光の入射光に適用される.この公式には,確率が2つの異なる形で含まれていることに注意すべきである.1つ目は入射場の単一の実現要素からの光電子の放出に関係する確率であり,2つ目は入射場の集合に関係するものである.

マンデルの公式の右辺の被積分関数には,式 $[\alpha W(t,T)]^n e^{-\alpha W(t,T)}/n!$ が含まれているが,これは平均が

$$\bar{n} = \alpha W(t,T) \qquad (6)$$

のポアソン分布である.しかし,マンデルの公式は,積分の中に入っている重みづけ係数 $p(W)$ のために,一般にはポアソン分布にはならない.この公式は,確率 $p(W)$ の**ポアソン変換**(Poisson transform)を表しているといえよう.

7.5.2 単一の光検出器による計数の分散

時間間隔 $(t, t+T)$ で記録される計数の分散は,

$$\overline{(\Delta n)^2} = \overline{(n - \bar{n})^2} = \overline{n^2} - \bar{n}^2 \qquad (7)$$

で与えられる．ここで，式(4)で定義される平均化されたポアソン分布 $\overline{p(n,t,T)}$ の最初の2つのモーメント

$$\overline{n} = \sum_{n=0}^{\infty} n\,\overline{p(n,t,T)} \tag{8a}$$

および

$$\overline{n^2} = \sum_{n=0}^{\infty} n^2\,\overline{p(n,t,T)} \tag{8b}$$

は，よく知られた式[19]

$$\overline{n} = \alpha \overline{W(t,T)} \tag{9a}$$

および

$$\overline{n^2} = \alpha \overline{W(t,T)} + \alpha^2 \overline{[W(t,T)]^2} \tag{9b}$$

で与えられる．その結果，式(7)で定義される分散は，

$$\overline{(\Delta n)^2} = \alpha \overline{W(t,T)} + \alpha^2 \overline{[W(t,T)]^2} - \alpha^2 \left[\overline{W(t,T)}\right]^2 \tag{10}$$

もしくは，式(9a)を使って

$$\overline{(\Delta n)^2} = \overline{n} + \alpha^2 \overline{[\Delta W(t,T)]^2} \tag{11}$$

で与えられる．ここで，

$$\overline{[\Delta W(t,T)]^2} = \overline{\left[W(t,T) - \overline{W(t,T)}\right]^2} = \overline{[W(t,T)]^2} - \left[\overline{W(t,T)}\right]^2 \tag{12}$$

は式(3)で定義される積分強度 $W(t,T)$ の分散である．

式(11)は単純に解釈することができる．それは放出された光電子の数のゆらぎの分散には，2つの独立した寄与があると見なせることを示している．つまり，(i)古典的なポアソン分布に従う粒子の数におけるゆらぎ($\overline{n}$ の項)と，

---

[19] 例えば，A. Papoulis, *Probability, Random Variables and Stochastic Processes* (McGraw-Hill, New York, 1965), 145 を参照せよ．

(ii) 古典的な波動 (波動の干渉の項 $\alpha^2 \overline{[\Delta W(t,T)]^2}$) からの寄与である．ここで示したように，任意の放射場に対しても成立するこの結果は，Einstein の有名な結果に厳密に対応している．それは，7.4 節で議論したように，熱平衡の条件のもとで黒体放射を含む共振器内の，ある領域における熱ゆらぎに関係していた．Einstein が導出したこの種のゆらぎの式は，明らかに放射の波動-粒子の二重性を示すものであるが，それは光源から遠くに置かれた点における任意の光ビーム (つまり，熱放射もしくは非熱放射の，定常もしくは非定常の光ビーム) を対象に，ある**時間間隔**毎の計数のゆらぎについても成立することがわかる．

入射ビームの強度が，例えば単一モードレーザーのように安定化されていると，入ってくるビームに強度ゆらぎはないため分散 $\overline{[\Delta W(t,T)]^2}$ は無視してよく，式(11)は古典的粒子の系のように簡単化され $\overline{(\Delta n)^2} = \overline{n}$ となることは興味深い．

一方，もし光が熱放射を起源とするものであれば，光子計数の確率密度 $p(n, t, T)$ はまったく異なるであろう．熱放射光に対しては，入射場の確率密度はガウス型となる (2.1 節の式(9)を参照せよ)．このことは，確率論の基本的なルールを使うことによって，強度の確率分布が指数関数 (M&W, 3.1.4 節を参照せよ)，つまり

$$p(I) = \frac{1}{\bar{I}} \exp(-I/\bar{I}) \tag{13}$$

となることを意味する．マンデルの公式(5)と式(9a)および(13)を使うことによって，もし積分時間 T が光のコヒーレンス時間よりも十分に短ければ，つまり $\Delta \omega$ を入射光の帯域幅として $T \ll 2\pi/\Delta\omega$ であれば，光電子の確率分布は[20]

$$P(n, t, T) = \overline{p(n,t,T)} = \frac{\bar{n}^n}{(\bar{n}+1)^{n+1}} \tag{14}$$

となることが示される．これは位相空間の 1 つのセルに対するボーズ - アイ

---

20 L. Mandel, *Progress in Optics*, E. Wolf ed. (North-Holland, Amsterdam, 1963), Vol. 2, p. 228, Eq.(71b).

ンシュタイン分布(Bose-Einstein distribution)である(付録 IV の式(16),もしくは Morse の議論[21]を参照せよ).

7.5.3 2つの検出器による計数ゆらぎの間の相関

光ビームが2つの光検出器を照射する状況を考えよう.これはすでに確認したように,光強度干渉法において特に興味深い状況である.検出器はそれぞれ点 r_1 および r_2 の近傍に置かれるとする.下つき文字1および2によって,2つの検出器のそれぞれの出力を表記する.

2つの検出器の光子計数のゆらぎ

$$\Delta n_1 = n_1 - \overline{n}_1 \qquad \text{および} \qquad \Delta n_2 = n_2 - \overline{n}_2 \tag{15}$$

の相関 $\overline{\Delta n_1 \Delta n_2}$ を求めよう.確率 $p_j(n_j, t_j, T)$, $j = 1, 2$ は式(2)によって与えられるとすると,関係式

$$\begin{aligned}
\overline{n_1 n_2} &= \sum_{n_1=0}^{\infty} \sum_{n_2=0}^{\infty} n_1 n_2 \overline{p_1(n_1, t_1, T) p_2(n_2, t_2, T)} \\
&\equiv \overline{\sum_{n_1=0}^{\infty} n_1 p_1(n_1, t_1, T) \sum_{n_2=0}^{\infty} n_2 p_2(n_2, t_2, T)}
\end{aligned} \tag{16}$$

が成り立つ.式(8a)および(9a)によると,

$$\overline{n}_1 \equiv \sum_{n_1=0}^{\infty} n_1 \overline{p_1(n_1, t_1, T)} = \alpha_1 \overline{W_1(t_1, T)} \tag{17a}$$

および

$$\overline{n}_2 \equiv \sum_{n_2=0}^{\infty} n_2 \overline{p_2(n_2, t_2, T)} = \alpha_2 \overline{W_2(t_2, T)} \tag{17b}$$

である.つまり,n_1 および n_2 の期待値は2点のそれぞれにおける平均化された積分強度 $\overline{W(t, T)}$ に比例する.したがって,式(17)を使うと,

$$\overline{n}_1 \overline{n}_2 = \alpha_1 \alpha_2 \overline{W_1(t_1, T)} \, \overline{W_2(t_2, T)} \tag{18}$$

---

21 P. M. Morse, *Thermal Physics* (Benjamin, New York, 1962), p.218.

となる．さて，

$$\overline{\Delta n_1 \Delta n_2} = \overline{(n_1 - \bar{n}_1)(n_2 - \bar{n}_2)}$$
$$= \overline{n_1 n_2} - \bar{n}_1 \bar{n}_2 \qquad (19)$$

もしくは，式(16)と(18)を使って

$$\overline{\Delta n_1 \Delta n_2} \equiv \alpha_1 \alpha_2 \overline{[W_1(t_1, T) W_2(t_2, T)]} - \alpha_1 \alpha_2 \overline{W_1(t_1, T)} \ \overline{W_2(t_2, T)}$$

となるので，これは

$$\overline{\Delta n_1 \Delta n_2} = \alpha_1 \alpha_2 \overline{\Delta W_1(t_1, T) \Delta W_2(t_2, T)} \qquad (20)$$

と書くことができる．ここで，

$$\Delta W_j(t_j, T) = W_j(t_j, T) - \overline{W_j(t_j, T)} \qquad (21)$$

は2つの検出器に入射する光の積分強度のゆらぎである．

式(20)は，**2つの検出器における光子計数のゆらぎの相関** $\overline{\Delta n_1 \Delta n_2}$ **は，2つの検出器に入射する古典的な場の積分強度のゆらぎの相関に比例すること**を示している．

もし検出器の積分時間 T が入射光のコヒーレンス時間 $t_c = 2\pi/\Delta\omega$ に比べて小さければ，式(3)から

$$W(t, T) \approx T I(t) \qquad (22)$$

となり，式(20)は簡単化され

$$\overline{\Delta n_1 \Delta n_2} \equiv \alpha_1 \alpha_2 T^2 \overline{\Delta I_1(t_1) \Delta I_2(t_2)} \qquad (23)$$

となる．ここで，$\Delta I(t) = I(t) - \overline{I(t)}$ は強度のゆらぎを表す．表記法の若干の変更を除くと，式(23)の右辺は，これまで見てきたように強度干渉法によって星の角直径を決定する基本量である 7.2 節の式(10)の左辺と同じである．

式(23)は，光電効果の非古典的特性にもかかわらず，照明された2つの光検出器によって放出された電子の数におけるゆらぎの相関の測定から，2つの検出器に入射する古典的場の強度ゆらぎの相関が実際に決定されることを裏づけている．

式(20)には，ハンブリー・ブラウン-トゥイス効果の本質が含まれている．実際には，もちろん信号対雑音比の評価も必要になる．この話題に関する議論については，読者は他の文献を参照されたい[22]．信号対雑音比は光の縮退パラメーター δ [付録 I (c)を参照せよ]にかなり強く依存し，δ が 1 よりも十分に小さい場合にはそれは本質的に δ に比例することがわかっている．付録 I において，室温の熱光源と天体からの光は $\delta \ll 1$ であることを示した．主にこの理由により，当初はこの効果の検証がむずかしかった．レーザー光に対しては，縮退パラメーターは一般に 10^{17} もしくはそれ以上のオーダーと非常に大きくなるので，レーザー光を使ってこの効果を検証することは非常に簡単であろうと期待するかもしれない．しかし，すでに述べたように，実際にはそうではない．高品質のレーザーは，強度ゆらぎ ΔI が無視できるほど小さいビームを発生する．その結果，強度ゆらぎの相関は本質的に存在せず，縮退パラメーターが大きな値をとっても意味がないことになる．しかし，その効果は 7.3 節で触れたいわゆる擬似熱光源を使って簡単に観察することができる．

最後に前述の議論において，入射場を単一のスカラーの波動関数で記述したことを思い出そう．これは，入射場が直線偏光していると仮定することと等価である．異なる偏光状態をもつ光の強度ゆらぎとその光電検出の議論については，Mandel の論文[23]を参照されたい．

---

[22] R. Hanbury Brown and R. Q. Twiss, *Proc. Roy. Soc.* (London), **A242** (1957), 300-324, Section 3 (d) を参照せよ．L. Mandel, in *Progress in Optics*, E. Wolf ed. (North-Holland, Amsterdam, 1963), Vol. II, Section 4.3, pp.181-248 も参照せよ．

[23] L Mandel, *Proc. Phys. Soc.* (London), **81** (1963), 1104-1114.

7.6　光子計数の測定による光の統計的特性の決定[24]

7.5.1 節のマンデルの公式 (5) に戻ろう．これは，入射光の影響のもとで時間間隔 $(t, t + T)$ に n 個の電子が放出される確率を表すもので，

$$P(n, t, T) = \int_0^\infty \frac{[\alpha W(t,T)]^n}{n!} e^{-\alpha W(t,T)} p(W) \, dW \tag{1}$$

と表現される．ここで，

$$W(t, T) = \int_t^{t+T} I(t') \, dt' \tag{2}$$

は時間間隔 $(t, t + T)$ で積分された入射光の強度を表し，α は検出器の光効率である．

原理的には，光子計数分布 $P(n, t, T)$ は測定することができる．この分布を知ることによって，検出器に入射する光の積分強度の確率分布 $p(W)$ がどのようにして導出されるかを考えよう．このことは，事実上，式(1)の右辺に現れるポアソン変換の逆変換を見つけることに等しい．この目的のために，最初に関数

$$F(x) = \int_0^\infty e^{ixW} p(W) e^{-\alpha W} \, dW \tag{3}$$

を導入しよう．$F(x)$ のフーリエ逆変換を行うと，

$$p(W) = \frac{e^{\alpha W}}{2\pi} \int_{-\infty}^\infty F(x) e^{-ixW} \, dx \tag{4}$$

となる．次に式(3)の右辺の指数関数をべき級数に展開する．これは，少なくとも形式的には

$$\begin{aligned} F(x) &= \int_0^\infty \sum_{n=0}^\infty \frac{(ixW)^n}{n!} p(W) e^{-\alpha W} \, dW \\ &= \sum_{n=0}^\infty \frac{(ix)^n}{n!} \int_0^\infty W^n p(W) e^{-\alpha W} \, dW \end{aligned} \tag{5}$$

---

[24] 本節に示す解析は，主に論文 E. Wolf and C. L. Mehta, *Phys. Rev. Lett.* **13** (1964), 705-707 に基づいている．

となる.さて,マンデルの公式(1)は

$$\int_0^\infty W^n p(W) e^{-\alpha W} \, dW = \frac{n!}{\alpha^n} P(n, t, T) \tag{6}$$

と書くことができるので,式(5)は

$$F(x) = \sum_{n=0}^\infty \left(\frac{ix}{\alpha}\right)^n P(n, t, T) \tag{7}$$

となる.$n = 0, 1, 2, \ldots$ に対する光子計数分布 $P(n, t, T)$ を利用して式(7)で定義される関数 $F(x)$ を最初に評価し,次に式(4)を使うことによって,要求されている確率分布 $p(W)$ を求めることができる.

逆変換を求める手続きを,簡単な例によって示そう.光子計数分布 $P(n, t, T)$ はポアソン型,つまり

$$P(n, t, T) = \frac{\bar{n}^n e^{-\bar{n}}}{n!} \tag{8}$$

であるとする.このとき式(7)は

$$\begin{aligned} F(x) &= \sum_{n=0}^\infty \left(\frac{ix}{\alpha}\right)^n \frac{\bar{n}^n e^{-\bar{n}}}{n!} \\ &= e^{-\bar{n}} \sum_{n=0}^\infty \frac{1}{n!} \left(\frac{ix\bar{n}}{\alpha}\right)^n \\ &= e^{\bar{n}[(ix/\alpha)-1]} \end{aligned} \tag{9}$$

となる.式(9)を式(4)に代入すると,$p(W)$ の式

$$p(W) = e^{\alpha W} e^{-\bar{n}} \frac{1}{2\pi} \int_{-\infty}^\infty e^{-ix(W-\bar{n}/\alpha)} \, dx \tag{10}$$

を得る.式(10)の右辺の積分は $2\pi \delta(W - \bar{n}/\alpha)$ であり,δ はディラックのデルタ関数である.したがって

$$p(W) = e^{\alpha W} e^{-\bar{n}} \delta(W - \overline{W}) \tag{11}$$

となり，

$$\overline{W} = \frac{\overline{n}}{\alpha} \tag{12}$$

となる．この結果は，観察された光子計数分布が厳密にポアソン型であるとき，つまり純粋なショット雑音を表す式(8)で与えられるとき，入射光の強度にまったくゆらぎがないという意味で完全に安定化され，W は一定値 $\overline{W} = \overline{n}/\alpha$ をとることを意味している．

問　題

7.1　$V(\mathbf{r}, t)$ は直線偏光の定常な熱放射場の解析信号表現であり，

$$\Delta I(\mathbf{r}, t) = I(\mathbf{r}, t) - \langle I(\mathbf{r}, t) \rangle$$

は点 $\mathbf{r}$ における場の瞬時強度のゆらぎを表している．場の 2 点における光のコヒーレンス度 $\gamma(\mathbf{r}_1, \mathbf{r}_2, \tau)$ の絶対値が，その 2 点における平均強度と強度ゆらぎの相関から求められることを示せ．

7.2　$\langle E \rangle$ は体積 V に含まれる温度 T の黒体放射の周波数範囲 $(\nu, \nu + d\nu)$ における平均エネルギーを表す．
 (i) $h\nu/(k_B T) \ll 1$ のとき，$\langle E \rangle$ はレーリー - ジーンズの法則(Rayleigh-Jeans law)

$$\langle E \rangle = Z k_B T$$

によって与えられ，
 (ii) $h\nu/(k_B T) \gg 1$ のとき，$\langle E \rangle$ はウィーンの法則(Wien's law)

$$\langle E \rangle = Z h\nu e^{-h\nu/(k_B T)}$$

によって与えられることが知られている．ここで，

$$Z = \frac{8\pi V \nu^2 d\nu}{c^3}$$

である．
 (a) エネルギーゆらぎの分散が

$$\langle (\Delta E)^2 \rangle = \begin{cases} \frac{1}{2}\langle E \rangle^2 & h\nu/(k_B T) \ll 1 \text{ のとき} \\ h\nu \langle E \rangle & h\nu/(k_B T) \gg 1 \text{ のとき} \end{cases}$$

で与えられることを示せ．

(b) これら2つの極限におけるゆらぎは，2つの異なる要因によって引き起こされると仮定する．また，一般に，それら2つの要因が共に存在し，それらによって引き起こされるゆらぎの分散は(a)に記載された2つの分散の和となると仮定する．このとき，アインシュタイン-ファウラーの公式を利用して，$\langle E \rangle$ の一般式を求めよ．

7.3 (a) 確率分布

$$p_1(n) = \frac{\mu^n}{(1+\mu)^{n+1}}$$

の平均と分散を求めよ．ここで，μ は正の定数であり，ランダム変数 n はすべての非負の整数をとるものとする．

(b) 温度 T の黒体放射の1つのモードにおいて，エネルギー $h\nu$ の光子の数の確率分布は，

$$p_2(n) = \left(1 - e^{-h\nu/(k_B T)}\right) e^{-nh\nu/(k_B T)}$$

によって与えられることが示されている．ここで，k_B はボルツマン定数である．パラメーター μ の適当な選択により，$p_2(n)$ は $p_1(n)$ の形になることを示せ．

2つの極限

$$h\nu/(k_B T) \ll 1 \quad \text{および} \quad h\nu/(k_B T) \gg 1$$

における $p_2(n)$ の分散も求めよ．

7.4 光検出器に垂直に入射する単一モードの振幅安定化レーザーの時間に依存する強度は，

$$I(t) = \frac{1}{2} I_0 [1 + \cos(\omega_0 t + \theta)]$$

となる．ここで，I_0 と ω_0 は定数であり，θ は $(0, \pi)$ の区間に均一に分布するランダム変数である．時間間隔 T において，光検出器から放出される光電子の数の平均と分散を求めよ．

7.5 平均強度が一定のレーザービームが，光検出器の表面に垂直に入射する．n 個の光電子が時間間隔 $(t, t+T)$ において検出器から放出される確率 $p(n)$ を求めよ．また，結果の物理的重要性を説明せよ．

7.6 確率論的電磁ビームが光電検出器に垂直に入射する．n 個の光電子が時間間隔 $(t, t+T)$ において放出される確率は，位相空間の1つのセルに対する

ボーズ‐アインシュタイン分布

$$P(n) = \frac{\bar{n}^n}{(\bar{n}+1)^{n+1}}$$

となることがわかっている．入射光の積分強度

$$W = \int_t^{t+T} I(t')\,dt'$$

の確率 $p(W)$ を求めよ．

$P(n)$ がポアソン分布

$$P(n) = \frac{\bar{n}^n e^{-\bar{n}}}{n!}$$

の場合について，対応する結果を求めよ．

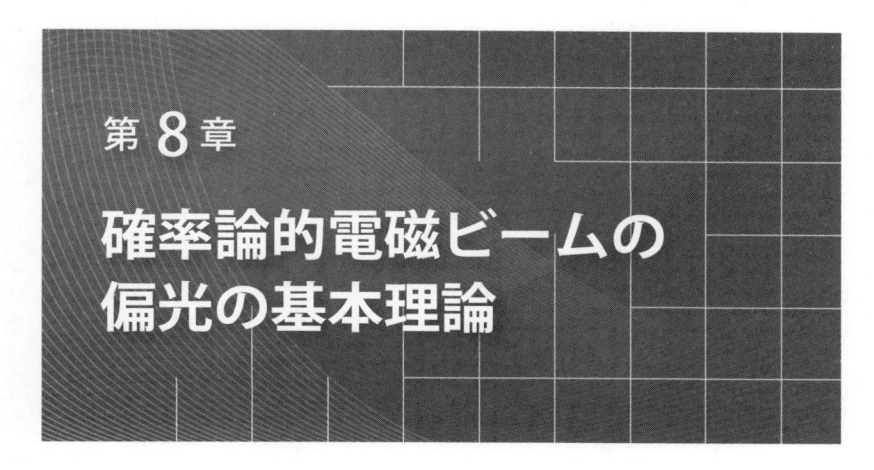

第8章 確率論的電磁ビームの偏光の基本理論

これまでは光の波動場をスカラー場として扱うことにより，その議論を単純化してきた．つまり電磁場のベクトル性に由来する偏光特性を無視してきた．本章と次章では，ベクトル場の中で広範かつ有用な分類に属する確率論的電磁ビーム (stochastic electromagnetic beam) を対象に，ベクトル性を考慮することにより，これまでの理論の拡張について議論する．

8.1 準単色電磁ビームの 2×2 の同時刻相関行列

ある特定の方向を z 方向として，その方向に沿って伝搬する電磁場である電磁ビームを考えよう（図 8.1 を参照せよ）．電場および磁場ベクトルのゆらぎは，少なくとも統計的に広義の定常性をもつ集合によって記述されると仮定する．$E_x(t)$ および $E_y(t)$ をビーム内のある点 P における電場の成分とし，それらは z 方向に垂直で互いに直交する 2 つの方向に沿っているものとする．また，それらは複素解析信号で表現されるものとする（2.3 節を参照せよ）．

ビームは平均周波数が $\overline{\omega}$ の準単色であると仮定すると，E_x と E_y は

$$E_x(t) = a_1(t)e^{i[\phi_1(t)-\overline{\omega}t]}, \quad E_y(t) = a_2(t)e^{i[\phi_2(t)-\overline{\omega}t]} \tag{1}$$

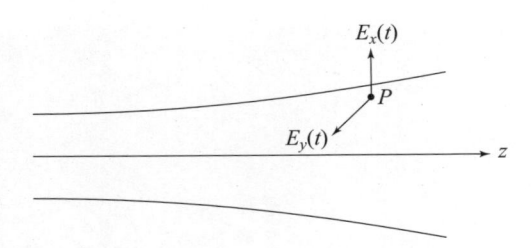

図 8.1 z 方向に沿った電磁ビームの伝搬に関係する記号.

と表現される．準単色信号の包絡線表示に関連して 2.3 節で学んだように，振幅 $a_1(t)$, $a_2(t)$, および位相関数 $\phi_1(t)$, $\phi_2(t)$ は，$\Delta\omega$ を光の実効的な周波数帯域とすると，コヒーレンス時間 $t_c \sim 2\pi/\Delta\omega$ に比べて短い間隔では時間と共にゆっくりと変化する．

点 O における電場の 2 次の相関特性は，2×2 の相関行列

$$\mathbf{J} = \begin{bmatrix} \langle E_x^*(t)E_x(t)\rangle & \langle E_x^*(t)E_y(t)\rangle \\ \langle E_y^*(t)E_x(t)\rangle & \langle E_y^*(t)E_y(t)\rangle \end{bmatrix} \tag{2}$$

によって記述される[1]．ここで，アスタリスクは複素共役を表す．行列 $\mathbf{J}$ は**偏光行列**(polarization matrix)とよばれる(古い文献では，あまり適切ではない名称である「コヒーレンシー行列(coherency matrix)」が使われている)．これは**同時刻**相関行列である．その対角要素は電場の x 成分および y 成分のそれぞれに対応する強度の平均であり，非対角要素は 3.1 節で扱ったスカラー場の相互強度 $J(\mathbf{r}_1, \mathbf{r}_2)$ に似ている．しかし，スカラー場 $V(\mathbf{r}, t)$ の相互強度は同時刻の 2 点 $\mathbf{r}_1$ および $\mathbf{r}_2$ における相関の尺度であるが，この行列の非対角要素はある 1 点における互いに直交する電場の成分 E_x および E_y 間の「同時刻」相関の尺度である．

3.1 節では相互強度が，したがってこの行列の対角要素が，ヤングの干渉

---

[1]【訳者注】光ビームを考える場合，電場の z 成分 $E_z(t)$ は他の成分と比較して無視できるほど小さいので，一般的な 3×3 の相関行列ではなく 2×2 の相関行列が利用される．

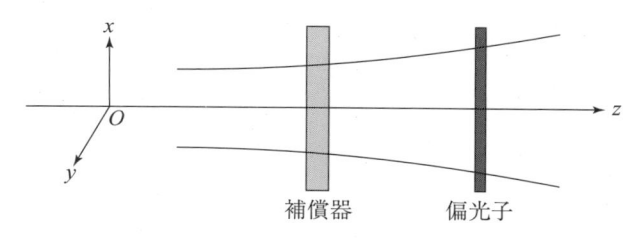

図8.2 補償器と偏光子で構成される系を透過する準単色ビーム.

実験によって決定できることを示した．以下では，偏光行列 **J** の非対角要素も比較的簡単な干渉実験によって決定できることを示そう．

ビームは補償器を通過し，それから偏光子を通過するものとする（図8.2）．

ε_1 および ε_2 を，ビームが面 $z = z_0$ から面 $z = z_1$ に伝搬する際に補償器によって成分 $E_x(t)$ および $E_y(t)$ に導入される位相変化とし，θ を偏光子から出射する電気ベクトルの振動方向と x 軸のなす角とする．重要でない定位相項を除き，さらに補償器と偏光子の表面における反射損失を無視すると，この系から出射する直線偏光の電場ベクトルは，式

$$\mathbf{E}(t, \varepsilon_1, \varepsilon_2, \theta) = \left[E_x(t) e^{i\varepsilon_1} \cos\theta + E_y(t) e^{i\varepsilon_2} \sin\theta \right] \mathbf{i}_\theta \tag{3}$$

で与えられる．ここで，$\mathbf{i}_\theta$ は直線偏光の電場ベクトルの方向に沿った単位ベクトル，すなわち成分 $(\cos\theta, \sin\theta)$ をもつ2次元の単位ベクトルである．

平均強度，より正確にはこの系を透過する光の電気エネルギー密度の期待値は，単位系の選択に依存する比例定数を除き，適当な単位系を使って，

$$I(\varepsilon_1, \varepsilon_2, \theta) = \left\langle \mathbf{E}^*(t, \varepsilon_1, \varepsilon_2, \theta) \cdot \mathbf{E}(t, \varepsilon_1, \varepsilon_2, \theta) \right\rangle \tag{4}$$

で与えられる．式(3)を式(4)に代入すると，

$$\begin{aligned} I(\varepsilon_1, \varepsilon_2, \theta) &\equiv I(\delta, \theta) \\ &= J_{xx} \cos^2\theta + J_{yy} \sin^2\theta \\ &\quad + J_{xy} e^{i\delta} \sin\theta \cos\theta + J_{yx} e^{-i\delta} \cos\theta \sin\theta \end{aligned} \tag{5}$$

を得る．ここで，
$$\delta = \varepsilon_2 - \varepsilon_1 \tag{6}$$
であり，
$$\begin{aligned} J_{xx} &= \langle E_x^*(t) E_x(t) \rangle, \quad J_{xy} = \langle E_x^*(t) E_y(t) \rangle \\ J_{yx} &= \langle E_y^*(t) E_x(t) \rangle, \quad J_{yy} = \langle E_y^*(t) E_y(t) \rangle \end{aligned} \tag{7}$$
は偏光行列 **J** の要素である．関係式
$$J_{yx} = J_{xy}^* \tag{8}$$
が成立すること，つまり，この行列はエルミート性をもつ(Hermitian)ことを記しておく．さらに，この行列は**非負定値**でもある．つまり任意の(実数もしくは複素数の)数 c_1 および c_2 について
$$c_1^* c_1 J_{xx} + c_2^* c_2 J_{yy} + c_1^* c_2 J_{xy} + c_1 c_2^* J_{yx} \geq 0 \tag{9}$$
が成立する．この結果は $\langle |c_1 E_x + c_2 E_y|^2 \rangle \geq 0$ という明らかな事実からすぐに導かれる．この不等式から，もしくはシュワルツの不等式を $J_{xy} = \langle E_x^*(t) E_y(t) \rangle$ に適用しエルミート性の条件(8)を利用すると，簡単に
$$|J_{xy}| \leq \sqrt{J_{xx}} \sqrt{J_{yy}} \tag{10}$$
となることがわかる．

電場の x および y 成分の間の相関を**相関係数**(correlation coefficient)
$$j_{xy} = \frac{J_{xy}}{\sqrt{J_{xx}} \sqrt{J_{yy}}} \tag{11}$$
によって記述することができる．このとき不等式(10)より
$$0 \leq |j_{xy}| \leq 1 \tag{12}$$
となる．極値である $|j_{xy}| = 1$ はゆらぎをもつ電場ベクトルの x および y 成分間に完全な相関があることを，もう一方の極値である $|j_{xy}| = 0$ は，その相関が完全に欠如していることを表している．

位相板と偏光子を使ってさまざまな位相差 δ と傾き角 θ に対応する平均強度を計測すると，式(5)を利用して，2×2 の偏光行列 **J** の4つの要素を決定できる一連の線型方程式を得る[2]．

ゆらぎをもつ電場の諸特性を 2×2 の偏光行列 **J** によって記述する代わりに，古くからの表示法である**ストークスパラメーター**(Stokes parameters)がよく使われる．それらは複素電場の x および y 成分の振幅と位相を含む平均を使って，

$$\left.\begin{aligned} s_0 &= \langle a_1^2(t) \rangle + \langle a_2^2(t) \rangle \\ s_1 &= \langle a_1^2(t) \rangle - \langle a_2^2(t) \rangle \\ s_2 &= 2\langle a_1(t) a_2(t) \cos[\phi_1(t) - \phi_2(t)] \rangle \\ s_3 &= 2\langle a_1(t) a_2(t) \sin[\phi_1(t) - \phi_2(t)] \rangle \end{aligned}\right\} \quad (13)$$

により定義される．

式(13)，(7)，および(1)より，ストークスパラメーターおよび偏光行列 **J** の要素は，式

$$\left.\begin{aligned} s_0 &= J_{xx} + J_{yy} \\ s_1 &= J_{xx} - J_{yy} \\ s_2 &= J_{xy} + J_{yx} \\ s_3 &= i(J_{yx} - J_{xy}) \end{aligned}\right\} \quad (14a)$$

および

$$\left.\begin{aligned} J_{xx} &= \tfrac{1}{2}(s_0 + s_1) \\ J_{yy} &= \tfrac{1}{2}(s_0 - s_1) \\ J_{xy} &= \tfrac{1}{2}(s_2 + is_3) \\ J_{yx} &= \tfrac{1}{2}(s_2 - is_3) \end{aligned}\right\} \quad (14b)$$

によって関係づけられることになる．

---

[2] うまく選択されたパラメーター δ および θ を使った4つの要素を表す式は B&W, p. 621 に与えられている．

ビームが偏光子，補償器，回転子等のような線形の非結像デバイスを通過する際に，その偏光行列 **J** もしくはいわゆる**ストークスベクトル**(Stokes vector) $\mathbf{s} \equiv (s_0, s_1, s_2, s_3)$ が受ける変化を記述する式を簡単に導くことができる．相関行列による定式化では，それらは 2×2 の「透過」行列によって表現される．ストークスパラメーターを使った定式化では，それらはミューラー行列(Mueller matrix)として知られる 4×4 の行列によって表現される．この話題は多くの出版物で扱われているので[3]，それについてはここでは議論しない．

電磁ビームが単色のときは，8.2.4 節で確認するように，ストークスパラメーターは振動する場のベクトルのある種の幾何学的性質を記述するのに特に有用である．

8.2 偏光した光，偏光していない光，および部分偏光した光．偏光度

8.1 節の式(11)で定義された相関度(degree of correlation) j_{xy} の大きさが，$|j_{xy}| = 1$ もしくは $j_{xy} = 0$ という極値をとる波動場は特に興味深い．ここでは，これら 2 つの場合を考えることにしよう．

8.2.1 完全に偏光した光

式

$$|j_{xy}| = 1 \tag{1}$$

---

[3] 例えば，G. E. Parrent and P. Roman, *Nuovo Cimento* **15** (1960), 370-388; E. L. O'Neill, *Introduction to Statistical Optics* (Addison-Wesley, Reading, MA, (1963); Dover, New York, 2004 により再版); E. Collett, *Polarized Light* (Marcel Dekker, New York, 1993), Chapter 5 を参照せよ．

を考えよう．この場合，電場の x 成分と y 成分は完全に相関をもっている．8.1 節の式(11)および(8)より，直ちに

$$\text{Det } \mathbf{J} \equiv J_{xx}J_{yy} - J_{xy}J_{yx}$$
$$= 0 \tag{2}$$

となる．逆に，偏光行列の行列式が 0 になることが，式(1)を意味することはすぐにわかる．つまり，それは電気ベクトルの x 成分と y 成分の間に完全な相関があることを意味する．

行列の初等的な理論より，偏光行列 $\mathbf{J}$ の行列式はビームの伝搬方向を中心に x 軸および y 軸の回転に対して変化しないことが知られている．したがって，ある特定の座標軸に対して，もし電場の x および y 成分が完全に相関をもっていれば，それらは回転された他の座標軸に対しても完全に相関をもつことになる．

式(1)と 8.1 節の式(11)より，8.1 節の式(8)で表される偏光行列のエルミート性を利用して，

$$\mathbf{J} = \begin{bmatrix} J_{xx} & \sqrt{J_{xx}}\sqrt{J_{yy}}\,\mathrm{e}^{\mathrm{i}\alpha} \\ \sqrt{J_{xx}}\sqrt{J_{yy}}\,\mathrm{e}^{-\mathrm{i}\alpha} & J_{yy} \end{bmatrix} \tag{3}$$

が導かれる．ここで，α は実数である．

式(1)，もしくはそれと等価であるが E_x と E_y が完全に相関をもつということは，点 $P(\mathbf{r})$ において**完全に偏光した** (completely polarized) といわれる光を特徴づける．この用語は，この状況と（必然的に決定論的な）単色場の振る舞いの間に形式的な類似性があることにより使われている．このような波動場については 8.2.4 節で議論される．ここでは，その類似性の理由を説明するにとどめる．

単色の電磁場は，すべての点において電場ベクトルの終点が時間と共に楕円上を動くという意味で完全に偏光している（B&W, 1.4.3 節を参照せよ）．

このとき，場は**楕円偏光している**(elliptically polarized)といわれる．また，ある場合には，楕円はもちろん円や直線になるので，それら場合にはそれぞれ**円偏光**(circular polarization) もしくは**直線偏光**(linear polarization) とよばれる．

z の正の方向に沿って伝搬する単色のビームを考えよう．

$$E_x(z,t) = e_1 e^{i(kz-\omega t)}, \qquad E_y(z,t) = e_2 e^{i(kz-\omega t)} \tag{4}$$

を，伝搬方向に垂直な互いに直交する軸に沿った任意の点における（複素）電気ベクトルの成分とする ($k = \omega/c$，c は真空中での光の速度)．この単色波を 2×2 の行列

$$\mathbf{J} \equiv \begin{bmatrix} E_x^* E_x & E_x^* E_y \\ E_y^* E_x & E_y^* E_y \end{bmatrix} \tag{5a}$$

$$\equiv \begin{bmatrix} e_1^* e_1 & e_1^* e_2 \\ e_2^* e_1 & e_2^* e_2 \end{bmatrix} \tag{5b}$$

に関連づけることができるが，この行列はランダムな，つまり必ずしも単色ではない場の偏光行列[8.1節の式(2)]に少し似ている．ただし，この行列の要素にはいかなる平均も含まれていないことに注意すべきである．

この行列の行列式の値が 0 になることは明らかであるが，これは偏光行列が完全に偏光しているビームを表す場合と同様である［式(2)を参照せよ］．この結果は，ある種の等価定理を示唆している．つまり，偏光行列 $\mathbf{J}$ の要素を決定するための補償器と偏光子のみを使った「正準(canonical)」実験では，その偏光行列が式(3)で与えられるランダムな準単色ビームと，その偏光行列が式(5b)で与えられる厳密に単色のビームを区別できない．ここで，式(5b)の要素は，α_1 と α_2 を任意の実定数として

$$e_1 = \sqrt{J_{xx}}\, e^{i\alpha_1}, \qquad e_2 = \sqrt{J_{yy}}\, e^{i\alpha_2} \tag{6}$$

によって与えられる．

8.2.2 自然（偏光していない）光

ここでは相関度が 0 の値をとる場合，つまり x および y 軸の特定の選択にかかわらず

$$j_{xy} = 0 \tag{7}$$

となるもう1つの極限を考える．この特性をもつ光は，例えば多くの天体から地球に届く光のように自然界にきわめて頻繁に現れるため自然光（natural light）といわれる．理由はすぐに説明するが，このような光は**偏光していない**（unpolarized）[4] ともいわれる．

式 (7) の意味を考えよう．この目的のために最初に，ビームの伝搬方向のまわりで座標軸が反時計方向に角度 Θ 回転した場合に，行列 **J** がどのように変化するかを解析しよう．もし，$E_{x'}$ と $E_{y'}$ が回転された座標系 Ox', Oy' での **E** の成分であるとすると（図 8.3 を参照せよ），

$$\left.\begin{array}{l} E_{x'} = E_x \cos\Theta + E_y \sin\Theta \\ E_{y'} = -E_x \sin\Theta + E_y \cos\Theta \end{array}\right\} \tag{8}$$

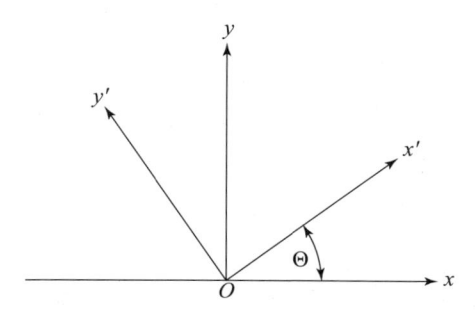

図 8.3 座標軸をビームの伝搬方向について回転させた場合の相関行列 **J** の変化に関係する記号．

---

[4]【訳者注】状況に応じて，「非偏光」とよばれることもある．

を得る．回転された座標系での偏光行列の成分は $J_{k'l'} = \langle E_{k'}^* E_{l'} \rangle$ であり，式 (8) を利用すると，この新しい座標系における偏光行列は

$$\mathbf{J}' \equiv \begin{bmatrix} J_{xx}c^2 + J_{yy}s^2 + (J_{xy} + J_{yx})cs & (J_{yy} - J_{xx})cs + J_{xy}c^2 - J_{yx}s^2 \\ (J_{yy} - J_{xx})cs + J_{yx}c^2 - J_{xy}s^2 & J_{xx}s^2 + J_{yy}c^2 - (J_{xy} + J_{yx})cs \end{bmatrix} \quad (9)$$

となることがわかる．ここで，$c = \cos\Theta$ および $s = \sin\Theta$ である．

相関係数の定義 [8.1 節の式 (11)] とエルミート性の条件 [同節の式 (8)] を利用すると，条件 (7) より，x' および y' 軸の特定の選択にかかわらず，自然光に対して

$$J_{xy} = J_{yx} = 0 \quad (10)$$

が得られる．式 (9) で与えられる変換法則を考慮すると，式 (10) より任意の Θ について $(J_{yy} - J_{xx})\cos\Theta\sin\Theta = 0$, つまり任意の x および y 軸の選択に対して

$$J_{yy} = J_{xx} \quad (11)$$

が得られる．式 (10) と (11) を使うと，**自然光の偏光行列は**

$$\mathbf{J} = J_{xx} \begin{bmatrix} 1 & 0 \\ 0 & 1 \end{bmatrix} \quad (12)$$

となることがわかる．つまり，**J は単位行列に比例する**．式 (10) と (11) が成り立つ場合，変換された偏光行列は Θ には依存しないため，比例係数 J_{xx} もまた軸の選択には依存しない．理由はすぐに明らかになるが，そのようなビームは**偏光していない**ともいわれる．

自然光が図 8.2 に示される系を伝搬すると考えよう．この系は位相遅延 δ を導入する補償器と，x 軸に対して角度 θ をなす電場ベクトルの成分を透過する偏光子によって構成される．このような系から出射する光の強度 $I(\delta, \theta) \equiv I(\varepsilon_1, \varepsilon_2, \theta)$ は 8.1 節の式 (5)，つまり

$$I(\delta, \theta) = J_{xx}\cos^2\theta + J_{yy}\sin^2\theta + J_{xy}e^{i\delta}\sin\theta\cos\theta + J_{yx}e^{-i\delta}\cos\theta\sin\theta \quad (13)$$

で与えられる．式(10)と(11)をこの式に代入すると，透過したビームの強度の式

$$I(\delta, \theta) = J_{xx} \qquad (14)$$

を得る．つまり，入射波の強度の半分だけが透過される．この式は，自然光のビームが補償器と偏光子を透過する場合，この系から出射する光の強度は補償器によって導入される位相遅延と偏光子の傾きのどちらの影響も受けないことを示している．

8.2.3 部分偏光した光と偏光度

これまでに，相関係数 j_{xy} の絶対値が極値である 1 となる光ビームと，もう一方の極値である 0 となる光ビームの両極端の状況を考えた．ここでは，任意の光ビームの偏光行列が，個々の点において，これら 2 種類のビームの和として**一意**に表現できることを示そう．

全強度に対する偏光部分の強度の比は，**偏光度**(degree of polarization)とよばれる．偏光部分の性質(つまり，その偏光楕円の主軸の長さと楕円の傾き)は偏光度と共にビームの**偏光状態**(state of polarization)を表すといわれる．それは一般にビームの伝搬や[5]，例えば固体や粒子系による散乱に伴い変化する．このような変化はビームと相互作用をする物理系についての情報を提供するため，しばしば実際的にかなり興味深い．

では，z 軸に沿って伝搬するビームの偏光行列を

$$\mathbf{J} = \mathbf{J}^{(p)} + \mathbf{J}^{(u)} \qquad (15)$$

と表すことができるかについて考えよう．ここで，右辺の 2 つの行列は完全に偏光した光(上つき文字 p)と完全に偏光していない光(上つき文字 u)を表

---

[5] 自由空間であっても伝搬に伴い偏光度が変化することは，D. F. V. James, *J. Opt. Soc. Amer.* **A11** (1994), 1641-1643 によってはじめて示されたと思われる．

す. 式(3)と(12)によると，その行列は

$$\mathbf{J}^{(p)} = \begin{bmatrix} B & D \\ D^* & C \end{bmatrix}, \qquad \mathbf{J}^{(u)} = A \begin{bmatrix} 1 & 0 \\ 0 & 1 \end{bmatrix} \tag{16}$$

の形となる．ここで，

$$A \geq 0, \quad B \geq 0, \quad C \geq 0 \tag{17}$$

および

$$BC - DD^* = 0 \tag{18}$$

である．偏光行列 $\mathbf{J}$ の要素を表す J_{kl} $(k=x,y;\ l=x,y)$ を使うと，式(15)と(16)より

$$\left.\begin{aligned} A + B &= J_{xx}, & D &= J_{xy} \\ D^* &= J_{yx}, & A + C &= J_{yy} \end{aligned}\right\} \tag{19}$$

が導かれる．B, C および D に着目して式(19)を式(18)に代入すると，行列要素 A に対する方程式

$$(J_{xx} - A)(J_{yy} - A) - J_{xy}J_{yx} = 0 \tag{20}$$

を得る．この方程式は，A が偏光行列 $\mathbf{J}$ の固有値であることを示している．単純な計算により，この方程式の解は

$$A = \frac{1}{2}\left\{\mathrm{Tr}\,\mathbf{J} \pm [(\mathrm{Tr}\,\mathbf{J})^2 - 4\,\mathrm{Det}\,\mathbf{J}]^{\frac{1}{2}}\right\} \tag{21}$$

と表現されることがわかる．ここで，Tr はトレースを Det は行列式を表す．8.1節の式(8)と(9)によると偏光行列はエルミート性をもち非負定値であることから，直接的な計算によっても確かめられるように，2つの固有値 A は必ず非負となる．

最初に式(21)で与えられる解 A のうち，平方根の前に負の符号がついている

$$A = \frac{1}{2}(J_{xx} + J_{yy}) - \frac{1}{2}\sqrt{(J_{xx} + J_{yy})^2 - 4\,\mathrm{Det}\,\mathbf{J}} \tag{22a}$$

8.2 偏光した光，偏光していない光，および部分偏光した光

を考えよう．

この解を式(19)の対角項に代入すると，行列要素 B および C についての式

$$B = \frac{1}{2}(J_{xx} - J_{yy}) + \frac{1}{2}\sqrt{(\text{Tr}\,\mathbf{J})^2 - 4\,\text{Det}\,\mathbf{J}} \tag{22b}$$

および

$$C = \frac{1}{2}(J_{yy} - J_{xx}) + \frac{1}{2}\sqrt{(\text{Tr}\,\mathbf{J})^2 - 4\,\text{Det}\,\mathbf{J}} \tag{22c}$$

を得る．もし，エルミート性の関係式 $J_{yx} = J_{xy}^*$ [8.1 節の式(8)] を使うと，直ちに

$$\left[(\text{Tr}\,\mathbf{J})^2 - 4\,\text{Det}\,\mathbf{J}\right]^{\frac{1}{2}} = \sqrt{(J_{xx} - J_{yy})^2 + 4|J_{xy}|^2} \geq |J_{xx} - J_{yy}| \tag{23}$$

となることがわかる．その結果，式(22)で与えられる行列要素 B および C は，式(17)の 2 つの不等式によって要求されるように必ず非負となる．一方，式(21)で与えられる A について，平方根の前に正の符号がつくもう 1 つの式を利用すると，B および C が負の値になることがすぐに示されるため，それは不等式(17)を満たさない．このように式(17)および(18)で与えられる制約条件の下で，偏光行列 $\mathbf{J}$ は式(15)で与えられる形に一意に展開できることを示した．この結果は，**統計的に定常な任意の光ビームは，個々の点において，完全に偏光したビームと完全に偏光していないビームの 2 つのビームの和と見なすことができる**ことを意味する．

偏光部分の偏光行列 $\mathbf{J}^{(\text{p})}$ [式(16)の最初の行列] と式(22b)および(22c)より，そのトレース $(B + C)$ は式

$$\text{Tr}\,\mathbf{J}^{(\text{p})} = \sqrt{(\text{Tr}\,\mathbf{J})^2 - 4\,\text{Det}\,\mathbf{J}} \tag{24}$$

で与えられることがわかる．式(16)と(21)によると，非偏光部分の偏光行列 $\mathbf{J}^{(\text{u})}$ のトレースは，式

$$\text{Tr}\,\mathbf{J}^{(\text{u})} = \text{Tr}\,\mathbf{J} - \sqrt{(\text{Tr}\,\mathbf{J})^2 - 4\,\text{Det}\,\mathbf{J}} \tag{25}$$

で与えられる．ここで，A については，平方根の記号の前に負の符号のついた式のみが許されるという，前に証明した事実を使った．さて，偏光行列の定義 [8.1 節の式(2)] によると，その行列のトレースは平均電気エネルギー密度に比例し，そのため光の強度 I の評価量と見なすことができる．偏光度は対象となる点における全強度 I に対する偏光部分の強度 $I^{(p)}$ の割合で定義されるため，式(24)および(25)を使うと，式

$$\mathcal{P} \equiv \frac{I^{(p)}}{I} = \sqrt{1 - \frac{4\,\mathrm{Det}\,\mathbf{J}}{(\mathrm{Tr}\,\mathbf{J})^2}} \tag{26}$$

で与えられる．相関行列の行列式とトレースは z 軸を中心とする x および y 軸の回転に対して変化しないので，偏光度 $\mathcal{P}$ は x および y 軸の特定の選択には依存しない．さらに，不等式(23)を考慮して，式(26)より

$$0 \leq \mathcal{P} \leq 1 \tag{27}$$

を簡単に導出することができる．

式(26)に式(2)の関係式を代入すると，以前に「完全に偏光した光」とよんだ光について，式(26)で与えられる偏光度 $\mathcal{P}$ は実際に極値の $\mathcal{P} = 1$ をとることがすぐにわかる．

自然光に対しては，式(12)より $\mathrm{Tr}\,\mathbf{J} = 2J_{xx}$ および $\mathrm{Det}\,\mathbf{J} = J_{xx}^2$ であるので，この場合は，式(26)で与えられる偏光度 $\mathcal{P}$ はもう 1 つの極値である $\mathcal{P} = 0$ をとる．つまり，それは**偏光していない**といわれる．

偏光度が 2 つの極値の間をとるとき，つまり $0 < \mathcal{P} < 1$ のとき，その光は**部分偏光している** (partially polarized) といわれる．

以前に確認したように，偏光行列はエルミート性をもっている [8.1 節の式(8)]．したがって，その行列についてのよく知られた定理を適用すると[6]，それはユニタリー変換（ただし，回転の必要はないが）によって対角化され

---

[6] F. W. Byron and R. W. Fuller, *Mathematics of Classical and Quantum Physics* (Addison-Wesley, Reading, MA, 1969), 再版 Dover, New York, 1992, Vol. 1, p.165, Theorem 4.20.

る．つまり，λ_1 および λ_2 を偏光行列の固有値として，その行列は，

$$\mathbf{J}' = \begin{bmatrix} \lambda_1 & 0 \\ 0 & \lambda_2 \end{bmatrix} \tag{28}$$

となる．さらに，偏光行列は非負定値[8.1 節の式(9)]でもあるので，固有値は必ず非負となる．行列のトレースと行列式は z 軸を中心とする x および y 軸の回転に対して変化しないため[7]，もとの偏光行列 $\mathbf{J}$ の行列式とその対角化された行列[式(28)]の行列式は互いに等しくなければならず，またトレースについても同様のことがいえる．したがって，

$$\mathrm{Det}\,\mathbf{J} = \lambda_1 \lambda_2 \tag{29a}$$

および

$$\mathrm{Tr}\,\mathbf{J} = \lambda_1 + \lambda_2 \tag{29b}$$

であり，その結果，式(26)で与えられる偏光度は単純な形

$$\mathcal{P} = \sqrt{1 - \frac{4\lambda_1\lambda_2}{(\lambda_1 + \lambda_2)^2}}, \tag{30a}$$

つまり

$$\mathcal{P} = \frac{|\lambda_1 - \lambda_2|}{\lambda_1 + \lambda_2} \tag{30b}$$

と表現される．固有値は x および y 軸の選択に依存しないので，偏光度 $\mathcal{P}$ が明確な物理的意味をもつためにそうでなければならないように，$\mathcal{P}$ もまたそれらの軸の選択に依存しないことが明らかである．

---

[7] 例えば，F. W. Byron and R. W. Fuller, 上記の文献, p.119, Theorem 3.13 を参照せよ．

8.2.4 完全偏光の幾何学的重要性．完全に偏光した光のストークスパラメーター．ポアンカレ球

8.2.1 節において，完全に偏光した光は電場ベクトルの x および y 成分が完全に相関をもち，その結果，偏光行列は

$$\mathbf{J} = \begin{bmatrix} e_1^* e_1 & e_1^* e_2 \\ e_2^* e_1 & e_2^* e_2 \end{bmatrix} \tag{31}$$

と表現される性質をもつことがわかった[8.2.1 節の式(5b)]．ここで，e_1 および e_2 は時間に依存しない．また，その行列は，$\omega = \overline{\omega}$ および $k = \overline{k}$ とすると，単色平面波

$$E_x(z,t) = e_1 e^{i(kz-\omega t)}, \quad E_y(z,t) = e_2 e^{i(kz-\omega t)} \tag{32}$$

の偏光行列と区別できないこともわかった．ここでは，式(32)のもつ幾何学的な意味について考えよう．

式(32)は電場ベクトルの直交座標成分を複素形式で表している．物理的に意味のある量は，それらの実部となる

$$E_x^{(r)}(z,t) = |e_1| \cos(\alpha_1 + kz - \omega t) \tag{33a}$$

および

$$E_y^{(r)}(z,t) = |e_2| \cos(\alpha_2 + kz - \omega t) \tag{33b}$$

である．ここで，α_1 および α_2 はそれぞれ e_1 および e_2 の位相である．

関係式

$$p_x = |e_1| \cos(\alpha_1 + kz), \quad q_x = |e_1| \sin(\alpha_1 + kz) \tag{34a}$$

および

$$p_y = |e_2| \cos(\alpha_2 + kz), \quad q_y = |e_2| \sin(\alpha_2 + kz) \tag{34b}$$

を導入すると便利である．式(33a)と(33b)の右辺の余弦項を初等的な三角関数の恒等式を利用して展開すると，電場の各成分は z への依存を表す表記を省略して

$$E_x^{(r)}(t) = p_x \cos(\omega t) + q_x \sin(\omega t) \tag{35a}$$

$$E_y^{(r)}(t) = p_y \cos(\omega t) + q_y \sin(\omega t) \tag{35b}$$

と表現される．2つのスカラーの式(35)を結合して簡単なベクトル式にすると，$\mathbf{p} \equiv (p_x, p_y)$ および $\mathbf{q} \equiv (q_x, q_y)$ として

$$\mathbf{E}^{(r)}(t) = \mathbf{p} \cos(\omega t) + \mathbf{q} \sin(\omega t) \tag{36}$$

を得る．

式(36)は，時間の経過と共に，空間のある固定点における電場ベクトル $\mathbf{E}^{(r)}(t)$ の終点が2つの実ベクトル $\mathbf{p}$ および $\mathbf{q}$ を含む平面内で曲線を描き，それら2つのベクトルの終点を通過することを表している．$\cos(\omega t)$ および $\sin(\omega t)$ は時間 t の周期関数となるため，その曲線は明らかに閉じている．その曲線が一般に楕円となることを示そう．これを確認するために，式(36)を

$$\mathbf{E}^{(r)}(t) = \mathcal{R}e\left\{(\mathbf{p} + i\mathbf{q})e^{-i\omega t}\right\} \tag{37}$$

と書き直す．ここで，$\mathcal{R}e$ は再び実部を表す．ε をスカラーのパラメーターとして，

$$(\mathbf{p} + i\mathbf{q}) = (\mathbf{a} + i\mathbf{b})e^{i\varepsilon} \tag{38}$$

とおく．$\mathbf{p}$, $\mathbf{q}$ および ε を使うと，明らかに

$$\mathbf{a} = \mathbf{p}\cos\varepsilon + \mathbf{q}\sin\varepsilon \tag{39a}$$

$$\mathbf{b} = -\mathbf{p}\sin\varepsilon + \mathbf{q}\cos\varepsilon \tag{39b}$$

となる．ベクトル $\mathbf{a}$ と $\mathbf{b}$ が $|\mathbf{a}| \geq |\mathbf{b}|$ を満たしつつ互いに直交するように，パラメーター ε を選択しよう．この場合，ε は明らかに方程式

$$(\mathbf{p}\cos\varepsilon + \mathbf{q}\sin\varepsilon) \cdot (-\mathbf{p}\sin\varepsilon + \mathbf{q}\cos\varepsilon) = 0 \tag{40}$$

を満たさなければならない．この方程式から，簡単に

$$\tan(2\varepsilon) = \frac{2\mathbf{p} \cdot \mathbf{q}}{\mathbf{p}^2 - \mathbf{q}^2} \tag{41}$$

となることがわかる．

ある特定の点における電場の振る舞いを記述するパラメーターとして，ベクトル $\mathbf{p}$ と $\mathbf{q}$ の6個の直交座標成分ではなく，互いに直交するベクトル $\mathbf{a}$ と $\mathbf{b}$ の時間に依存しない成分と，それに関連したパラメーター ε をとることができる．このとき，式 (37) および (38) より，

$$\mathbf{E}^{(\mathrm{r})}(t) = \mathbf{a}\cos(\omega t - \varepsilon) + \mathbf{b}\sin(\omega t - \varepsilon) \tag{42}$$

となることがわかる．もし，電場を考える点を原点として，x および y 方向がベクトル $\mathbf{a}$ および $\mathbf{b}$ に沿うように直交軸をとると，明らかに

$$E_x^{(\mathrm{r})} = a\cos(\omega t - \varepsilon), \quad E_y^{(\mathrm{r})} = b\sin(\omega t - \varepsilon), \quad E_z = 0 \tag{43}$$

となる ($a = |\mathbf{a}|$, $b = |\mathbf{b}|$)．これらの方程式は x, y 平面内において，半軸 a および b が座標軸 x および y に沿った楕円

$$\frac{\left[E_x^{(\mathrm{r})}\right]^2}{a^2} + \frac{\left[E_y^{(\mathrm{r})}\right]^2}{b^2} = 1 \tag{44}$$

を表す．これは**偏光楕円** (polarization ellipse) として知られている．初等的な幾何学を用いて，$\mathbf{p}$ と $\mathbf{q}$ は楕円の2つの共役半径であることが示される[8]．

その楕円は，2つの回転可能な方向の一方の向きに回転することができる．よく使われる用語では，光が到達する方向を見ている観測者に対して電場ベクトルの終点が時計回りに楕円を描くように見えるとき，偏光は**右回り** (right-handed) であるという．その逆の場合，偏光は**左回り** (left-handed) であ

---

[8] 共役直径 (conjugate diameters) の議論については，例えば，A. Robinson, *An Introduction to Analytical Geometry* (Cambridge University Press, Cambridge, 1940), Vol. I, Section 14.7 を参照せよ．

るという．これらの2つの状況は，スカラー三重積 $[\mathbf{a}, \mathbf{b}, \nabla\varepsilon] = [\mathbf{p}, \mathbf{q}, \nabla\varepsilon]$ の符号で識別される．

式(41)で与えられるもとの量 $\mathbf{p}$ と $\mathbf{q}$，およびパラメーター ε によって，偏光楕円の半軸 a および b を簡単に決定することができる．式(39a)より，

$$a^2 = p^2 \cos^2 \varepsilon + q^2 \sin^2 \varepsilon + 2\mathbf{p} \cdot \mathbf{q} \cos \varepsilon \sin \varepsilon$$
$$= \frac{1}{2}(p^2 + q^2) + \frac{1}{2}(p^2 - q^2)\cos(2\varepsilon) + \mathbf{p} \cdot \mathbf{q} \sin(2\varepsilon) \tag{45}$$

を得る．式(41)より，

$$\sin(2\varepsilon) = \frac{2\mathbf{p} \cdot \mathbf{q}}{\sqrt{(p^2 - q^2)^2 + 4(\mathbf{p} \cdot \mathbf{q})^2}}, \quad \cos(2\varepsilon) = \frac{p^2 - q^2}{\sqrt{(p^2 - q^2)^2 + 4(\mathbf{p} \cdot \mathbf{q})^2}} \tag{46}$$

となる．したがって，

$$a^2 = \frac{1}{2}\left[p^2 + q^2 + \sqrt{(p^2 - q^2)^2 + 4(\mathbf{p} \cdot \mathbf{q})^2} \right] \tag{47a}$$

となる．同様に

$$b^2 = \frac{1}{2}\left[p^2 + q^2 - \sqrt{(p^2 - q^2)^2 + 4(\mathbf{p} \cdot \mathbf{q})^2} \right] \tag{47b}$$

となることがわかる．

$\mathbf{a}$ と $\mathbf{p}$ のなす角度を決定するために，偏光楕円の方程式を

$$E_x^{(r)} = a\cos\phi, \quad E_y^{(r)} = b\sin\phi \tag{48}$$

のようにパラメーター形式で表現する．ここで，ϕ はいわゆる偏心角(eccentricity angle)である(図8.4を参照せよ)．初等的な幾何学によると，角 ϕ は点 $(E_x^{(r)}, E_y^{(r)})$ の極座標角 θ と公式

$$\tan\theta = \frac{b}{a}\tan\phi \tag{49}$$

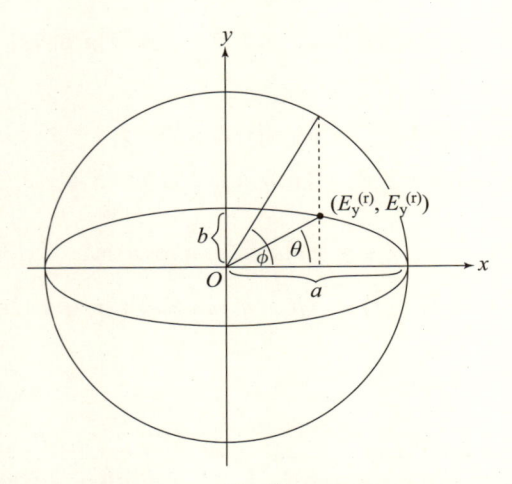

図 8.4 偏光楕円上の点 $(E_x^{(r)}, E_y^{(r)})$ の偏心角 ϕ の意味の説明.

によって関係づけられている．式(43)と(48)を比較すると，この場合は $\phi = \omega t - \varepsilon$ であることがわかる．さて，式(36)によると $t = 0$ のとき，$\mathbf{E}^{(r)}(t) = \mathbf{p}$ であるので，$\mathbf{p}$ の偏心角は $-\varepsilon$ である．その結果，式(49)より，$\mathbf{a}$ と $\mathbf{p}$ のなす角 ψ は公式

$$\tan \psi = \frac{b}{a} \tan \varepsilon \tag{50}$$

で与えられることがわかる．式

$$\frac{q}{p} \equiv \tan \beta \tag{51}$$

で定義される補助角 β を導入しよう．このとき，式(41)と初等的な三角関数の恒等式より，

$$\tan(2\varepsilon) = \tan(2\beta) \cos \gamma \tag{52}$$

となる．ここで，γ はベクトル $\mathbf{p}$ と $\mathbf{q}$ のなす角である．

ここで導いた結果を要約しよう．実ベクトル $\mathbf{p}$ と $\mathbf{q}$ が与えられ[式(36)を参照せよ]，γ がそれらの間の角を表し，β が式(51)で定義される補助角であ

8.2 偏光した光，偏光していない光，および部分偏光した光　219

[図: 楕円と各パラメータ a, b, p, q, ψ, γ を示す]

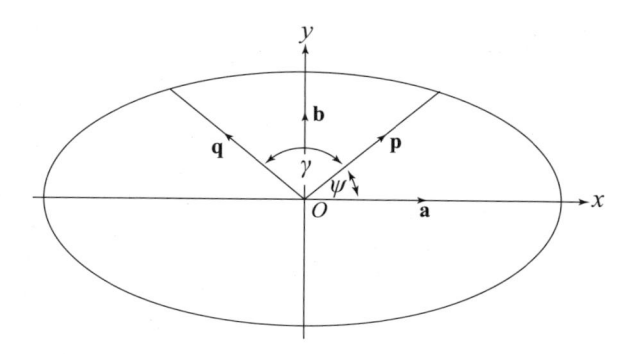

図 8.5　偏光楕円を記述するために使用される各種パラメーターの重要性の説明とそれらの間の便利な関係：

$$\mathbf{E}^{(r)}(t) = \mathbf{p}\cos(\omega t) + \mathbf{q}\sin(\omega t)$$
$$= \mathbf{a}\cos(\omega t - \varepsilon) + \mathbf{b}\sin(\omega t - \varepsilon)$$
$$\tan\psi = \frac{b}{a}\tan\varepsilon$$
$$\tan\beta = \frac{q}{p}$$
$$\tan(2\varepsilon) = \frac{2\mathbf{p}\cdot\mathbf{q}}{\mathbf{p}^2 - \mathbf{q}^2} = \tan(2\beta)\cos\gamma$$

るとすると，楕円の半軸と，その主軸がベクトル $\mathbf{p}$ となす角 ψ は式 (47) および (50) で与えられる（図 8.5 も見よ）．ここで，ε は式 (52) と (41) で与えられる．

楕円が円に縮退する場合とそれが直線に縮退する場合の 2 つの特別な場合が興味深い．最初の場合，その点における電場は**円偏光している** (circularly polarized) といわれる．このとき，$\mathbf{a}$ と $\mathbf{b}$，およびその結果 ε も不定となる．式 (41) によると，

$$\mathbf{p}\cdot\mathbf{q} = \mathbf{p}^2 - \mathbf{q}^2 = 0 \tag{53}$$

となる．楕円が直線に縮退する場合，つまり波動が**直線偏光している** (linearly polarized) 場合，短軸は存在せず ($b^2 = 0$)，式 (47b) は

$$(\mathbf{p}\cdot\mathbf{q})^2 = \mathbf{p}^2\mathbf{q}^2 \tag{54}$$

となる．

　8.1 節の終わりにかけて，いわゆるストークスパラメーター[同節の式(13)]による電磁ビームの古くからの表示法について簡単に触れた．ビームが完全に偏光している特別な場合には，ストークスパラメーターは簡単な式

$$\left.\begin{array}{l} s_0 = |e_1|^2 + |e_2|^2 \\ s_1 = |e_1|^2 - |e_2|^2 \\ s_2 = 2|e_1||e_2|\cos\delta \\ s_3 = 2|e_1||e_2|\sin\delta \end{array}\right\} \tag{55}$$

で与えられる．ここで，

$$\delta = \alpha_2 - \alpha_1 \tag{56}$$

は，(一般には複素数の) 量 e_1 および e_2 の位相 α_1 および α_2 の差である．これらの4つのストークスパラメーターは独立ではなく，式(55)からすぐに導かれるように，等式

$$s_0^2 = s_1^2 + s_2^2 + s_3^2 \tag{57}$$

によって関係づけられている．

　パラメーター s_0 は，ビームの強度に比例する．他の3つのストークスパラメーターは，簡単な形で偏光楕円の傾きを記述する角 ψ $(0 \leq \psi \leq \pi)$ および楕円率と楕円が回転する方向を特徴づける角 χ $(-\pi/2 \leq \chi \leq \pi/2)$ に結びつけられていることが示される．ストークスパラメーター s_1, s_2, s_3 については，関係式

$$s_1 = s_0 \cos(2\chi) \cos(2\psi) \tag{58a}$$

$$s_2 = s_0 \cos(2\chi) \sin(2\psi) \tag{58b}$$

$$s_3 = s_0 \sin(2\chi) \tag{58c}$$

が成り立つ．これらの関係の導出はいくぶん長々しい．それは，他の文献で扱われている (例えば，B&W の 1.4.2 節を参照せよ)．

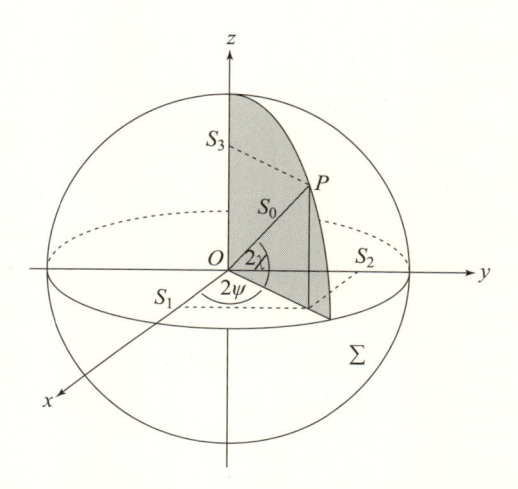

図 8.6 ポアンカレ球．ストークスパラメーター s_1, s_2, s_3 によって与えられる直交座標系をもつ半径 s_0 の球上のすべての点 P は，ある点の偏光状態を表している．角 2χ および 2ψ はベクトル $\overrightarrow{OP}$ の方向を記述する極座標角である［式(58)を参照せよ］．赤道面よりも上の点は右回りの偏光を表し，それよりも下の点は左回りの偏光を表す．直線偏光は赤道面上の点によって表され，円偏光は北極と南極によって表される．

式(58)は偏光した場のすべての可能な状態を簡単に表す幾何学的表現となっている．明らかに，3つのストークスパラメーター［式(58)］は，半径 s_0 の球 Σ 上の点 P の直交座標とみなすことができる．なお，2χ と 2ψ はその点を表す球面角座標である（図 8.6 を参照せよ）．したがって，**任意の点において強度 s_0 をもつ完全に偏光したビームのすべての可能な偏光状態は，（ポアンカレ球**[9]**として知られる）球 Σ 上の 1 点 P に対応し，またその逆も成り立つ**．χ は偏光が右回りか左回りかに応じてそれぞれ正もしくは負となるので，式(58c)より右回りの偏光状態は Σ 上で赤道面（x, y 平面）よりも上に位置する点によって記述され，左回りの偏光状態はその面よりも下に位置する点によって記述されることになる．さらに，直線偏光の光に対しては，式

---

[9]【訳者注】原文では，"Poincaré sphere"．

(56) で定義される位相差 δ は 0，もしくは π の整数倍になる．式(55) の 4 番目の方程式によると，この場合のストークスパラメーター s_3 は 0 である．したがって，直線偏光は赤道面上の点によって記述される．円偏光 $|e_1| = |e_2|$ に対しては，偏光が右回りか左回りかに従って $\delta = \pi/2$ もしくは $-\pi/2$ となるので，右回りの偏光は北極によって記述され ($s_1 = s_2 = 0, s_3 = s_0$)，左回りの偏光は南極によって記述される ($s_1 = s_2 = 0, s_3 = -s_0$)．完全に偏光した光の異なる偏光状態を球面上の点によって表すこの幾何学的な表示法は，Poincaré によるものである．それは，結晶性媒質を通り抜ける光の，偏光状態の変化を測定する結晶光学の分野において特に有用である．

問 題

8.1 (a) J_{xx}, J_{yy}, および J_{xy} を偏光行列の要素として，相関係数

$$j_{xy} = \frac{J_{xy}}{\sqrt{J_{xx}}\sqrt{J_{yy}}}$$

の絶対値が偏光度の値を超えないことを示せ．
(b) 常に $|j_{xy}|$ が偏光度に等しくなるように，x 軸および y 軸を選べることも示せ．

8.2 準単色光ビームのストークスパラメーターが不等式

$$s_1^2 + s_2^2 + s_3^2 \leq s_0^2$$

を満たすことを示せ．

8.3 s_0, s_1, s_2, および s_3 は単色光ビームのストークスパラメーターである．式

$$\frac{s_1^2 + s_2^2 + s_3^2}{s_0^2}$$

はビームの伝搬方向を中心とする座標軸の回転に対して変化しないことを示せ．

8.4 ストークスパラメーターを使った，準単色光ビームの偏光度の式を導出せよ．

8.5 散乱に関する文献では，偏光度を表す式

$$\hat{P}(\mathbf{r}) = \frac{|I_x(\mathbf{r}) - I_y(\mathbf{r})|}{I_x(\mathbf{r}) + I_y(\mathbf{r})}$$

がしばしば用いられる．ここで，I_x と I_y はビームの伝搬軸に垂直な互いに直交する 2 つ方向の電場の(平均)強度を表す．

(a) 偏光行列 **J** が対角行列である場合に限り，$\hat{P}$ は 8.2.3 節で厳密に定義された偏光度 P に等しくなることを示せ．

(b) 確率論的電磁ビームの偏光行列が，ビームの伝搬方向を中心として x および y 軸の回転により対角化される条件を求めよ．

(c) 回転により偏光行列を対角化する条件が満たされていると仮定して，$\hat{P}$ を表す上式における I_x および I_y の意味を議論せよ．

8.6 複素電場の直交座標成分 $E_x \exp(-i\omega t)$ および $E_y \exp(-i\omega t)$ が伝搬方向に垂直な 2 つの直交する方向に沿っている単色平面波を考える．

$$\mathbf{E} = \begin{bmatrix} E_x \\ E_y \end{bmatrix}$$

とする．**E** はジョーンズベクトル(Jones vector)として知られる．

この単色平面波が線形の非結像デバイスを通過すると仮定すると，出射波のジョーンズベクトルは，

$$\mathbf{E}' = \mathbf{L}\mathbf{E}$$

となる．ここで，

$$\mathbf{L} = \begin{bmatrix} a & b \\ c & d \end{bmatrix}$$

は **装置演算子(行列)** [10] として知られる．

以下のそれぞれの場合について，各デバイスの装置演算子を求めよ．

(a) 成分 E_x および E_y の位相 φ_x および φ_y の間に位相差 $\delta = \varphi_y - \varphi_x$ を導入する補償器．

(b) 電場の x 成分を $e^{-\alpha_x}$ 倍減衰させ，電場の y 成分を $e^{-\alpha_y}$ 倍減衰させる吸収器．

(c) 電場を伝搬軸を中心に時計回りに角度 θ 回転させる回転子．

(d) 伝搬軸を中心に x 軸から反時計回りに角度 θ をなす電場の成分のみを透過する偏光子．

10【訳者注】原文では，"instrument operator (matrix)"．

8.7 偏光行列 $\mathbf{J}$ によって記述される準単色光ビームが，線形の非結像デバイスを通過する．

(a) 出射ビームの偏光行列 $\mathbf{J}'$ は，式

$$\mathbf{J}' = \mathbf{L}^{\dagger} \mathbf{J} \mathbf{L}^{T}$$

によって与えられることを示せ．ここで，$\mathbf{L}$ はビームの平均波長における装置行列（前問を参照せよ）であり，$\dagger$ はエルミート共役，T は転置を表す．

(b) 上記の変換を利用して，ビームの平均電気エネルギー密度は，ビームが補償器もしくは回転子を通過する場合に変化しないことを示せ．

ビームが(i)吸収器，および(ii)偏光子を通過した後の，その平均電気エネルギー密度の式も求めよ．

第9章
偏光とコヒーレンスの統一理論

　これまではコヒーレンスと偏光のテーマを互いに独立に扱ってきた．しかし，両者は光ビームのゆらぎの相関という同じ物理現象から生じるものである．すぐにわかるように，コヒーレンスは空間の2点もしくはそれ以上の点の間のゆらぎの相関から生じる．一方，偏光はある1点におけるゆらぎをもつ電場の成分間の相関から生じるものである．

　コヒーレンスに関するZernikeの基礎的論文の出版から60年以上が，またStokesが光ビームの偏光状態を記述するパラメーターを導入してから160年以上が経過した最近になって，コヒーレンスと偏光の現象の統一がなし遂げられた[1]．本節では，この発展について説明し，確率論的電磁ビームにおける相関効果を記述するこのわかりやすい定式化について，その有効性を示す実例を挙げる．

1　E. Wolf, *Phys. Lett. A* **312** (2003), 236-267; *Opt. Lett.* **28** (2003), 1078-1080; H. Roychowdhury and E. Wolf, *Opt. Commun.* **226** (2003), 57-60.

9.1 確率論的電磁ビームの 2×2 の相互スペクトル密度行列

統計的に定常な確率論的電磁ビームのコヒーレンスと偏光を統一する理論の基本量は,いわゆる**電気的相互スペクトル密度行列 $\mathbf{W}(\mathbf{r}_1, \mathbf{r}_2, \omega)$** である.それは形式的に,**電気的相互コヒーレンス行列**

$$\mathbf{\Gamma}(\mathbf{r}_1, \mathbf{r}_2, \tau) = \begin{bmatrix} \langle E_x^*(\mathbf{r}_1, t) E_x(\mathbf{r}_2, t+\tau) \rangle & \langle E_x^*(\mathbf{r}_1, t) E_y(\mathbf{r}_2, t+\tau) \rangle \\ \langle E_y^*(\mathbf{r}_1, t) E_x(\mathbf{r}_2, t+\tau) \rangle & \langle E_y^*(\mathbf{r}_1, t) E_y(\mathbf{r}_2, t+\tau) \rangle \end{bmatrix} \quad (1)$$

のフーリエ変換として導入される.ここで,E_x と E_y は(z 方向にとった)ビームの軸に垂直な,2 つの互いに直交した方向の(複素)電場ベクトルの成分であり,それは解析信号(2.3 節を参照せよ)によって記述される[2].明らかに

$$\begin{aligned}\mathbf{W}(\mathbf{r}_1, \mathbf{r}_2, \omega) &\equiv \begin{bmatrix} W_{xx}(\mathbf{r}_1, \mathbf{r}_2, \omega) & W_{xy}(\mathbf{r}_1, \mathbf{r}_2, \omega) \\ W_{yx}(\mathbf{r}_1, \mathbf{r}_2, \omega) & W_{yy}(\mathbf{r}_1, \mathbf{r}_2, \omega) \end{bmatrix} \\ &= \frac{1}{2\pi} \int_{-\infty}^{\infty} \mathbf{\Gamma}(\mathbf{r}_1, \mathbf{r}_2, \tau) e^{i\omega\tau} \, d\tau \end{aligned} \quad (2)$$

となる.

行列 $\mathbf{\Gamma}$ と $\mathbf{W}$ は 2 点の関数であるが,8.1 節の偏光行列 $\mathbf{J}$ は 1 点の関数である.この拡張はゆらぎをもつ電磁ビームの多くの偏光特性を解明するために非常に重要である.特に,すぐにわかるように,その拡張により自由空間も

---

[2] あまり一般的ではないが,関連する便利な相関行列にいわゆるビームコヒーレンス - 偏光行列(beam coherence-polarization matrix)があり,それは F. Gori, M. Santarsiero, S. Vicalvi, R. Borghi and G. Guattari, *Pure Appl. Opt.* **7** (1998), 941-951 によって導入された.

これら 2 つの行列は,一般的な電場の 3×3 の電気的相関行列の適用範囲を限定したものに相当する(M&W, 6.5.1 節を参照せよ).

準単色信号の包絡線表示から(2.3 節),$|\tau| \ll 2\pi/\Delta\omega$ ($\Delta\omega$ は光の実効的な帯域幅)のとき,$\mathbf{\Gamma}(\mathbf{r}_1, \mathbf{r}_2, \tau)$ は $\mathbf{\Gamma}(\mathbf{r}_1, \mathbf{r}_2, \tau) \approx \mathbf{\Gamma}(\mathbf{r}_1, \mathbf{r}_2, 0) \exp(-i\overline{\omega}\tau)$ によって近似されることがわかる.この近似はスカラー理論を扱った 3.1 節の式(22)によって与えられる近似に対応する.

しくは媒質中をビームが伝搬する際に，偏光度がどのように変化するかを決定できるようになる．

相互スペクトル密度行列 $\mathbf{W}(\mathbf{r}_1, \mathbf{r}_2, \omega)$ を，電場の相互コヒーレンス行列 $\mathbf{\Gamma}(\mathbf{r}_1, \mathbf{r}_2, \tau)$ のフーリエ変換として導入した．しかし，4.1 節で確率論的スカラー場に対して導出された重要な結果との類似性により，相互スペクトル密度行列も相関行列として，つまり

$$\mathbf{W}(\mathbf{r}_1, \mathbf{r}_2, \omega) \equiv [W_{ij}(\mathbf{r}_1, \mathbf{r}_2, \omega)]$$
$$= \begin{bmatrix} \langle E_x^*(\mathbf{r}_1, \omega) E_x(\mathbf{r}_2, \omega) \rangle & \langle E_x^*(\mathbf{r}_1, \omega) E_y(\mathbf{r}_2, \omega) \rangle \\ \langle E_y^*(\mathbf{r}_1, \omega) E_x(\mathbf{r}_2, \omega) \rangle & \langle E_y^*(\mathbf{r}_1, \omega) E_y(\mathbf{r}_2, \omega) \rangle \end{bmatrix} \quad (3)$$
$$(i = x, y;\; j = x, y)$$

と表すことができる．ここで，$E_x(\mathbf{r}, \omega)$ と $E_y(\mathbf{r}, \omega)$ は適切に構成された統計的な集合の要素である[3]．

この行列はコヒーレンスと偏光の統一理論を構築する際に，また多くの問題に応用する際に特に有用である．

9.2 確率論的電磁ビームのスペクトル干渉法則，スペクトルコヒーレンス度，およびスペクトル偏光度

ゆらぎをもつスカラー波動場に関する以前の議論との類似性により，電磁ビームのコヒーレンス状態を，ある適当な干渉実験においてビームが適当な鮮明さをもつ干渉縞を形成する能力と考える．当然ながら，高いコヒーレンス度を高い可視度をもつ干渉縞に，低いコヒーレンス度を低い可視度をもつ干渉縞に結びつける．コヒーレンス状態を明らかにする基本的実験は，も

---

[3] この結果の証明は，J. Tervo, T. Setälä and A. T. Friberg, *J. Opt. Soc. Amer.* **A21** (2004), 2205-2215 の Section 7 に与えられている．

228 第 9 章 偏光とコヒーレンスの統一理論

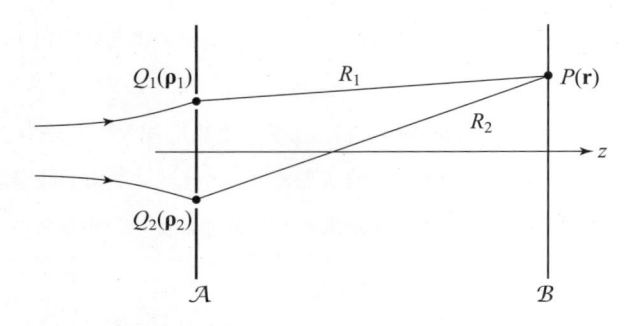

図 9.1 確率論的電磁ビームによるヤングの干渉実験に関係する記号.

ちろんヤングの干渉実験であり，それはスカラー理論の枠内で 3.1 節および 4.2 節で議論した．ここではビームの電磁的特性を考慮して，その実験について議論しよう．解析はスカラー場に対して示したものと類似しているが，コヒーレンスと偏光が部分的コヒーレント電磁ビームの伝搬において果たす役割など，新たな問題も明らかになってくる．これはかなり厄介な問題であり，比較的最近になって明らかにされたものである．

z 軸に沿って伝搬し，$z=0$ にある遮光スクリーン $\mathcal{A}$ に入射する統計的に定常な確率論的電磁ビームを再び考えよう．そのスクリーンには点 $Q_1(\boldsymbol{\rho}_1)$ と $Q_2(\boldsymbol{\rho}_2)$ に 2 つの小さな開口が存在する (図 9.1 を参照せよ)．

ピンホール面 $\mathcal{A}$ と平行に，ある距離隔てた場所に置かれた平面 $\mathcal{B}$ における平均スペクトルエネルギー密度の分布を求めよう．

$\{\mathbf{E}(\mathbf{r},\omega)\}$ を点 $P(\mathbf{r})$ における電気ベクトルの統計的集合を表すものとする．この集合の代表的な実現要素 $\mathbf{E}(\mathbf{r},\omega)$ は，2 つのピンホール上の電場ベクトルの実現要素 $\mathbf{E}(\boldsymbol{\rho}_1,\omega)$ および $\mathbf{E}(\boldsymbol{\rho}_2,\omega)$ を使って，式

$$\mathbf{E}(\mathbf{r},\omega) = K_1 \mathbf{E}(\boldsymbol{\rho}_1,\omega) e^{ikR_1} + K_2 \mathbf{E}(\boldsymbol{\rho}_2,\omega) e^{ikR_2} \tag{1}$$

で与えられる．ここで，R_1 および R_2 はそれぞれ $Q_1(\boldsymbol{\rho}_1)$ および $Q_2(\boldsymbol{\rho}_2)$ から点 $P(\mathbf{r})$ までの距離，K_1 および K_2 はスカラーの場合と同様の係数であり

[3.1 節の式(3)において，$\bar{\lambda}$ を λ に変更]，再びピンホールにおける入射角と回折角は十分に小さいものと仮定する．

さて，点 $P(\mathbf{r})$ における場のスペクトル密度 $S(\mathbf{r},\omega)$ を考えよう．スペクトル密度（スペクトル）を，その点における平均電気エネルギー密度と見なすことができるので，単位系の選択に依存する重要ではない比例係数を除くと，

$$S(\mathbf{r},\omega) = \left\langle \mathbf{E}^*(\mathbf{r},\omega) \cdot \mathbf{E}(\mathbf{r},\omega) \right\rangle \tag{2a}$$

$$= \mathrm{Tr}\, \mathbf{W}(\mathbf{r},\mathbf{r},\omega) \tag{2b}$$

を得る．ここで，Tr は前節で導入した相互スペクトル密度行列 $\mathbf{W}(\mathbf{r},\mathbf{r},\omega)$ のトレースであり，それは一致した点（$\mathbf{r}_1 = \mathbf{r}_2 \equiv \mathbf{r}$）で評価され

$$\mathrm{Tr}\, \mathbf{W}(\mathbf{r},\mathbf{r},\omega) = \left\langle E_x^*(\mathbf{r},\omega) E_x(\mathbf{r},\omega) \right\rangle + \left\langle E_y^*(\mathbf{r},\omega) E_y(\mathbf{r},\omega) \right\rangle \tag{3}$$

となる．式(1)を式(2a)に代入すると，

$$\begin{aligned} S(\mathbf{r},\omega) &= |K_1|^2 S(\boldsymbol{\rho}_1,\omega) + |K_2|^2 S(\boldsymbol{\rho}_2,\omega) \\ &+ K_1^* K_2 \mathrm{Tr}\, \mathbf{W}(\boldsymbol{\rho}_1,\boldsymbol{\rho}_2,\omega) e^{ik(R_2-R_1)} \\ &+ K_1 K_2^* \mathrm{Tr}\, \mathbf{W}(\boldsymbol{\rho}_1,\boldsymbol{\rho}_2,\omega) e^{-ik(R_2-R_1)} \end{aligned} \tag{4}$$

を得る．この式はスカラーの場合と同様に，最初にもし $Q_2(\boldsymbol{\rho}_2)$ 上のピンホールが閉じていれば $K_2 = 0$ であり，このとき式(4)は $S(\mathbf{r},\omega) = S^{(1)}(\mathbf{r},\omega)$ になることに注意すると，物理的により重要な形式に書き直すことができる．ここで，

$$S^{(1)}(\mathbf{r},\omega) = |K_1|^2 S(\boldsymbol{\rho}_1,\omega) \tag{5}$$

である．$S^{(1)}(\mathbf{r},\omega)$ は明らかに，ピンホール $Q_1(\boldsymbol{\rho}_1)$ のみを通って点 $P(\mathbf{r})$ に到達する場のスペクトル密度を表す．もし光がピンホール $Q_2(\boldsymbol{\rho}_2)$ だけを通って点 $P(\mathbf{r})$ に到達するならば，まったく同様の式がスペクトル密度 $S^{(2)}(\mathbf{r},\omega)$ に対しても得られる．これらの式と相互スペクトル密度行列の定義から導か

れる関係式

$$\mathrm{Tr}\,\mathbf{W}(\boldsymbol{\rho}_2,\boldsymbol{\rho}_1,\omega) = [\mathrm{Tr}\,\mathbf{W}(\boldsymbol{\rho}_1,\boldsymbol{\rho}_2,\omega)]^* \tag{6}$$

を使って,式(4)より点 $P(\mathbf{r})$ におけるスペクトル密度の式

$$\begin{aligned} S(\mathbf{r},\omega) &= S^{(1)}(\mathbf{r},\omega) + S^{(2)}(\mathbf{r},\omega) \\ &\quad + 2\sqrt{S^{(1)}(\mathbf{r},\omega)}\sqrt{S^{(2)}(\mathbf{r},\omega)}\,\mathcal{R}e\left[\eta(\boldsymbol{\rho}_1,\boldsymbol{\rho}_2,\omega)\mathrm{e}^{ik(R_2-R_1)}\right] \end{aligned} \tag{7}$$

を得る.ここで,$\mathcal{R}e$ は実部を表し,さらに

$$\eta(\boldsymbol{\rho}_1,\boldsymbol{\rho}_2,\omega) = \frac{\mathrm{Tr}\,\mathbf{W}(\boldsymbol{\rho}_1,\boldsymbol{\rho}_2,\omega)}{\sqrt{\mathrm{Tr}\,\mathbf{W}(\boldsymbol{\rho}_1,\boldsymbol{\rho}_1,\omega)}\sqrt{\mathrm{Tr}\,\mathbf{W}(\boldsymbol{\rho}_2,\boldsymbol{\rho}_2,\omega)}} \tag{8a}$$

$$= \frac{\mathrm{Tr}\,\mathbf{W}(\boldsymbol{\rho}_1,\boldsymbol{\rho}_2,\omega)}{\sqrt{S(\boldsymbol{\rho}_1,\omega)}\sqrt{S(\boldsymbol{\rho}_2,\omega)}} \tag{8b}$$

である.

通常そうであるように,もし $S^{(2)}(\mathbf{r},\omega) \approx S^{(1)}(\mathbf{r},\omega)$ であれば,式(7)は簡単になり

$$\begin{aligned} S(\mathbf{r},\omega) &= 2S^{(1)}(\mathbf{r},\omega)\left\{1 + \mathcal{R}e\left[\eta(\boldsymbol{\rho}_1,\boldsymbol{\rho}_2,\omega)\mathrm{e}^{i\delta}\right]\right\} \\ &= 2S^{(1)}(\mathbf{r},\omega)\left\{1 + |\eta(\boldsymbol{\rho}_1,\boldsymbol{\rho}_2,\omega)|\cos[\alpha(\boldsymbol{\rho}_1,\boldsymbol{\rho}_2,\omega)+\delta]\right\} \end{aligned} \tag{9}$$

と表される.ここで,$\alpha(\boldsymbol{\rho}_1,\boldsymbol{\rho}_2,\omega)$ は η の偏角(位相)であり,

$$\delta = k(R_2 - R_1) \tag{10}$$

は,$Q_1(\boldsymbol{\rho}_1)$ から $P(\mathbf{r})$ および $Q_2(\boldsymbol{\rho}_2)$ から $P(\mathbf{r})$ の伝搬に関係する位相差である.

式(7)は観測面 $\mathcal{B}$ 上の点 $P(\mathbf{r})$ におけるスペクトルが,2つのピンホールからその点に届く2つのビームのスペクトルの和ではなく,明らかに干渉の効果を表す3番目の項の存在により,それとは異なることを示している.そのため式(7)を**確率論的電磁ビームの重ね合わせに対するスペクトル干渉**

法則とよぶ．それはスカラー波動場に対するスペクトル干渉法則と同じ形となっているが[4.2 節の式(5)]，唯一の相違点は式(8a)で定義される係数 $\eta(\boldsymbol{\rho}_1, \boldsymbol{\rho}_2, \omega)$ が，4.2 節の式(6)で定義される係数 $\mu(\boldsymbol{\rho}_1, \boldsymbol{\rho}_2, \omega)$ の代わりに現れていることである．

スペクトル干渉法則[式(9)]より，行路差 $R_2 - R_1$ つまり位相差 δ が変化すると，スペクトル密度 $S(\mathbf{r}, \omega)$ は

$$S_{\max}(\mathbf{r}, \omega) = 2S^{(1)}(\mathbf{r}, \omega)\left\{1 + |\eta(\boldsymbol{\rho}_1, \boldsymbol{\rho}_2, \omega)|\right\} \tag{11a}$$

および

$$S_{\min}(\mathbf{r}, \omega) = 2S^{(1)}(\mathbf{r}, \omega)\left\{1 - |\eta(\boldsymbol{\rho}_1, \boldsymbol{\rho}_2, \omega)|\right\} \tag{11b}$$

の間の値を正弦的に変化することがすぐにわかる．したがって干渉縞の**スペクトル可視度** $\mathcal{V}(\mathbf{r}, \omega)$ は式

$$\begin{aligned}\mathcal{V}(\mathbf{r}, \omega) &\equiv \frac{S_{\max}(\mathbf{r}, \omega) - S_{\min}(\mathbf{r}, \omega)}{S_{\max}(\mathbf{r}, \omega) + S_{\min}(\mathbf{r}, \omega)} \\ &= |\eta(\boldsymbol{\rho}_1, \boldsymbol{\rho}_2, \omega)|\end{aligned} \tag{12}$$

で与えられる．明らかに，

$$0 \leq |\eta(\boldsymbol{\rho}_1, \boldsymbol{\rho}_2, \omega)| \leq 1 \tag{13}$$

であり，$|\eta| = 1$ のときに干渉縞は最も鮮明(可視度 $\mathcal{V} = 1$)であり，$\eta = 0$ のときにはまったく干渉縞は現れない($\mathcal{V} = 0$)．そのため式(8a)で定義される $\eta(\boldsymbol{\rho}_1, \boldsymbol{\rho}_2, \omega)$ を，点 $Q_1(\boldsymbol{\rho}_1)$ および $Q_2(\boldsymbol{\rho}_2)$ におけるゆらぎをもつ電場の(一般的には複素)**スペクトルコヒーレンス度**と見なすことができる．それは実験的に可視度の計測から求めることができる．η の位相もまたスカラーの場合と同様に，干渉縞の極大の位置を求めることによって実験的に求めることができる[4.2 節の式(13)に続く議論を参照せよ]．興味深いことに，コヒーレンス度 $\eta(\boldsymbol{\rho}_1, \boldsymbol{\rho}_2, \omega)$ を定義する式(8a)は，相関行列 $\mathbf{W}$ の対角要素である

$W_{xx}(\boldsymbol{\rho}_1,\boldsymbol{\rho}_2,\omega)$ および $W_{yy}(\boldsymbol{\rho}_1,\boldsymbol{\rho}_2,\omega)$ にのみ依存する．この事実は物理的に，$\hat{\mathbf{x}}$ および $\hat{\mathbf{y}}$ を x および y 方向の単位ベクトルとして，互いに直交する電気ベクトルの成分 $E_x\hat{\mathbf{x}}$ および $E_y\hat{\mathbf{y}}$ は $\hat{\mathbf{x}}\cdot\hat{\mathbf{y}}=0$ により干渉しないことに注目すると理解できる．これは光の電磁理論が確立する前に定式化された古典的なフレネル‐アラゴの干渉法則（Fresnel-Arago interference laws）[4]の本質である．2つの互いに直交する電場の成分が干渉しないことは，もちろんそれらが必ずしも相関をもたないことを意味するわけではない．

非対角要素である W_{xy} および W_{yx} はビームのコヒーレンス特性に寄与しないが，それらはその偏光特性，特に，スペクトル偏光度 $\mathcal{P}(\mathbf{r},\omega)$ を決定する役割を果たす．この重要な量は 8.2.3 節の式(26)と厳密に類似する式によって定義される．ただし，偏光行列 $\mathbf{J}(\mathbf{r})$ を相互スペクトル密度行列 $\mathbf{W}(\mathbf{r}_1,\mathbf{r}_2,\omega)$ に置き換え，$\mathbf{r}_1=\mathbf{r}_2\equiv\mathbf{r}$ とするので

$$\mathcal{P}(\mathbf{r},\omega)=\sqrt{1-\frac{4\,\mathrm{Det}\,\mathbf{W}(\mathbf{r},\mathbf{r},\omega)}{[\mathrm{Tr}\,\mathbf{W}(\mathbf{r},\mathbf{r},\omega)]^2}} \quad (14)$$

となる．ここで，Det は再び行列式を，Tr はトレースを表す．つまり，

$$\mathrm{Det}\,\mathbf{W}(\mathbf{r},\mathbf{r},\omega)=W_{xx}(\mathbf{r},\mathbf{r},\omega)W_{yy}(\mathbf{r},\mathbf{r},\omega)-W_{xy}(\mathbf{r},\mathbf{r},\omega)W_{yx}(\mathbf{r},\mathbf{r},\omega) \quad (15\mathrm{a})$$

および

$$\mathrm{Tr}\,\mathbf{W}(\mathbf{r},\mathbf{r},\omega)=W_{xx}(\mathbf{r},\mathbf{r},\omega)+W_{yy}(\mathbf{r},\mathbf{r},\omega) \quad (15\mathrm{b})$$

となる．偏光度は相関行列 $\mathbf{W}$ のトレースと行列式によって表現されるので，それは一般に行列の対角要素のみならず非対角要素にも依存する．最後に，スペクトルコヒーレンス度は2点の電場の振る舞いに依存するが，スペクトル偏光度は1点のみの電場の振る舞いに依存することを強調しておく．

---

[4] フレネル‐アラゴの干渉法則の説明は，例えば E. Collett, *Am. J. Phys.* **39** (1971), 1483-1495; E. Collett, *Polarized Light: Fundamentals and Applications* (Marcel Dekker, New York, 1993), Chapter 12; もしくは C. Brosseau, *Fundamentals of Polarized Light* (Wiley, New York, 1998), p. 6 を参照せよ．
　コヒーレンスの効果を組み込んだフレネル‐アラゴの干渉法則の導出は，M. Mujat, A. Dogariu and E. Wolf, *J. Opt. Soc. Amer.* **21** (2004), 2414-2417 に与えられている．

9.3 実験による相互スペクトル密度行列の決定

確率論的ビームの電場の相互スペクトル密度行列の要素が，実験的にどのように決定されるかを示そう．

再びヤングの干渉実験を行うとしよう．ただし，周波数 ω 付近で実効的に準単色になるように入射光はフィルターを透過するものとする．9.2 節の式(7)で与えられるスペクトル干渉法則によると，点 $P(\mathbf{r})$ におけるスペクトル密度は

$$S(\mathbf{r}, \omega) = S^{(1)}(\mathbf{r}, \omega) + S^{(2)}(\mathbf{r}, \omega) \\ + 2\sqrt{S^{(1)}(\mathbf{r}, \omega)}\sqrt{S^{(2)}(\mathbf{r}, \omega)}\left|\eta(\boldsymbol{\rho}_1, \boldsymbol{\rho}_2, \omega)\right|\cos\left[\alpha(\boldsymbol{\rho}_1, \boldsymbol{\rho}_2, \omega) + \delta\right] \quad (1)$$

で表される．ここで，δ は位相差 $k(R_2 - R_1)$ である．この式において，$S^{(1)}(\mathbf{r})$ は $Q_1(\boldsymbol{\rho}_1)$ にあるピンホールだけが開いている場合に $P(\mathbf{r})$ で観察される場のスペクトル密度であり，$S^{(2)}(\mathbf{r})$ も同様の意味をもつ．さらに

$$\eta(\boldsymbol{\rho}_1, \boldsymbol{\rho}_2, \omega) \equiv \left|\eta(\boldsymbol{\rho}_1, \boldsymbol{\rho}_2, \omega)\right|e^{i\alpha(\boldsymbol{\rho}_1, \boldsymbol{\rho}_2, \omega)} \\ = \frac{\operatorname{Tr}\mathbf{W}(\boldsymbol{\rho}_1, \boldsymbol{\rho}_2, \omega)}{\sqrt{S(\boldsymbol{\rho}_1, \omega)}\sqrt{S(\boldsymbol{\rho}_2, \omega)}} \quad (2)$$

はピンホール上の電場のスペクトルコヒーレンス度である［9.2 節の式(8b)］．

入射電場の x 成分のみを透過する偏光子 Π_1 および Π_2 がピンホールの前に置かれるとする．ピンホールから出射する光の相互スペクトル密度行列 $[\mathbf{W}(\boldsymbol{\rho}_1, \boldsymbol{\rho}_2, \omega)]^+$ は

$$[\mathbf{W}(\boldsymbol{\rho}_1, \boldsymbol{\rho}_2, \omega)]^+ = \begin{bmatrix} \langle E_x^*(\boldsymbol{\rho}_1, \omega)E_x(\boldsymbol{\rho}_2, \omega)\rangle & 0 \\ 0 & 0 \end{bmatrix} \quad (3)$$

となる．明らかに，

$$\operatorname{Tr}[\mathbf{W}(\boldsymbol{\rho}_1, \boldsymbol{\rho}_2, \omega)]^+ = W_{xx}(\boldsymbol{\rho}_1, \boldsymbol{\rho}_2, \omega) \quad (4)$$

であり,透過光の相互スペクトル密度行列のトレースは,ピンホールに入射する光の相互スペクトル密度行列 **W** の主対角要素 (leading diagonal element) になる.式(4)を使って,式(2)は

$$W_{xx}(\boldsymbol{\rho}_1, \boldsymbol{\rho}_2, \omega) = \sqrt{S_x(\boldsymbol{\rho}_1, \omega)} \sqrt{S_x(\boldsymbol{\rho}_2, \omega)}\, \mu_{xx}(\boldsymbol{\rho}_1, \boldsymbol{\rho}_2, \omega) \tag{5}$$

となる.ここで,右辺の量の下つき文字は,スペクトルとスペクトルコヒーレンス度の値がこの実験配置に関係していることを,つまり x 成分のみが透過する場合に得られる値であることを表している.

同様に,入射ビームの y 成分のみを透過する偏光子がピンホールの前に置かれたならば,式(5)に代わり類似する式

$$W_{yy}(\boldsymbol{\rho}_1, \boldsymbol{\rho}_2, \omega) = \sqrt{S_y(\boldsymbol{\rho}_1, \omega)} \sqrt{S_y(\boldsymbol{\rho}_2, \omega)}\, \mu_{yy}(\boldsymbol{\rho}_1, \boldsymbol{\rho}_2, \omega) \tag{6}$$

が得られる.

行列 $\mathbf{W}(\boldsymbol{\rho}_1, \boldsymbol{\rho}_2, \omega)$ の非対角要素は以下のように求められる.再び,直線偏光子がピンホールの前に置かれるが,$Q_1(\boldsymbol{\rho}_1)$ 上の偏光子は入射光の x 成分を,$Q_2(\boldsymbol{\rho}_2)$ 上の偏光子は y 成分を透過するものとする.さらに,回転子がピンホール $Q_2(\boldsymbol{\rho}_2)$ 上の偏光子の後ろに置かれ,透過した場の成分をビーム軸 [z の正の方向] を中心に時計回りに 90 度回転させるものとする.ピンホールから出射する光の相互スペクトル密度行列は,今度は,

$$[\mathbf{W}(\boldsymbol{\rho}_1, \boldsymbol{\rho}_2, \omega)]^+ = \begin{bmatrix} \langle E_x^*(\boldsymbol{\rho}_1, \omega) E_y(\boldsymbol{\rho}_2, \omega) \rangle & 0 \\ 0 & 0 \end{bmatrix} \tag{7}$$

となる.したがって,この配置では,

$$\mathrm{Tr}\,[\mathbf{W}(\boldsymbol{\rho}_1, \boldsymbol{\rho}_2, \omega)]^+ = W_{xy}(\boldsymbol{\rho}_1, \boldsymbol{\rho}_2, \omega) \tag{8}$$

となる.このとき式(2)は,同様の表記法を使うと,

$$W_{xy}(\boldsymbol{\rho}_1, \boldsymbol{\rho}_2, \omega) = \sqrt{S_x(\boldsymbol{\rho}_1, \omega)} \sqrt{S_y(\boldsymbol{\rho}_2, \omega)}\, \mu_{xy}(\boldsymbol{\rho}_1, \boldsymbol{\rho}_2, \omega) \tag{9}$$

となる.

厳密に類似する光学的配置を使うと，**W** 行列の残りの非対角要素を得ることができ，

$$W_{yx}(\rho_1, \rho_2, \omega) = \sqrt{S_y(\rho_1, \omega)} \sqrt{S_x(\rho_2, \omega)} \, \mu_{yx}(\rho_1, \rho_2, \omega) \tag{10}$$

となることがわかる．スペクトル $S_x(\rho_1, \omega)$ および $S_y(\rho_2, \omega)$ は通常の分光装置を使って測定することができ，そして以前に触れたように（9.2 節の式(13)に続く議論を参照せよ），スペクトルコヒーレンス度 $\mu_{ij}(\rho_1, \rho_2, \omega)$，$(i, j = x, y)$，は干渉実験により決定することができる．このように，2×2 の相互スペクトル密度行列 $\mathbf{W}(\rho_1, \rho_2, \omega)$ の4つすべての要素が，どのようにして測定されるのかが示された．

9.4　ランダムな電磁ビームの伝搬に伴う変化

4.2 節において，光のスペクトルは伝搬に伴い変化する可能性があることを示した．このような変化は，光源のコヒーレンス特性によって誘起されるといえるかもしれない．4.2 節の解析はスカラー理論に基づいていたが，スペクトル変化は光の電磁的特性を考慮する際にも生じることが予想されよう．また，例えばビームの偏光度や，偏光部分についての偏光楕円の大きさ，形，傾きを意味する偏光状態など，伝搬に伴う他の変化も存在することが予想される．本節では，そのような変化について考えるが，それは**相関に誘起される変化**とよばれることもある．**相互スペクトル密度行列**は，略して**相関行列**とよばれることもあるが，この行列を使った取り扱いは，この種の変化を求める上で統一的なアプローチを提供する．これらを明らかにするために，最初にビームの伝搬に伴い，その行列がどのように変化するかを調べよう．

9.4.1 確率論的電磁ビームの相互スペクトル密度行列の伝搬 ― 一般的な公式

$\{\mathbf{E}^{(0)}(\boldsymbol{\rho}', \omega)\}$ および $\{\mathbf{E}(\mathbf{r}, \omega)\}$ を，それぞれ光源面 $z = 0$ 上の点 $Q(\boldsymbol{\rho}')$ における，および半空間 $z > 0$ 中の点 $P(\mathbf{r}) \equiv P(\boldsymbol{\rho}, z)$ におけるゆらぎをもつ電場ベクトルの周波数 ω のスペクトル成分の統計的集合とする（図 9.2 を参照せよ）．この集合は，4.1 節で導入されたものである．このとき，[M&W, 式 (5.6-14) と (5.6-17) を参照せよ]，

$$E_j(\mathbf{r}, \omega) = e^{ikz} \int_{(z=0)} E_j^{(0)}(\boldsymbol{\rho}', \omega) G(\boldsymbol{\rho} - \boldsymbol{\rho}', z; \omega) \, d^2\rho' \tag{1}$$

であり，$j = x$ もしくは y はビームの軸（z 方向）に垂直な互いに直交する方向に沿った電場ベクトルの成分を表す．さらに，

$$G(\boldsymbol{\rho} - \boldsymbol{\rho}', z; \omega) = -\frac{ik}{2\pi z} \exp\left(\frac{ik(\boldsymbol{\rho} - \boldsymbol{\rho}')^2}{2z}\right) \tag{2}$$

は（$k = \omega/c$，c は真空中の光速），光源の点 $Q(\boldsymbol{\rho}')$ から場の点 $P(\mathbf{r} \equiv \boldsymbol{\rho}, z)$ への近軸伝搬を表すグリーン関数である．

E_j について式(1)を 9.1 節の式(3)に代入すると，光源面 $z = 0$ 上に置かれた 2 点における電場ベクトルの 2×2 の相関行列 $\mathbf{W}^{(0)}$ を使って，任意の面

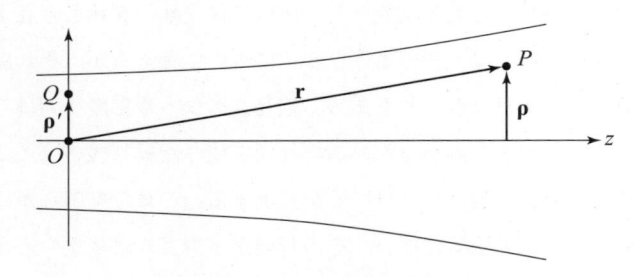

図 9.2 電磁ビームの伝搬に関係する記号．

z (= 定数) > 0 に置かれた 2 点のスペクトル相関行列 $\mathbf{W}$ の式

$$\mathbf{W}(\boldsymbol{\rho}_1, \boldsymbol{\rho}_2, z; \omega) \equiv \iint_{(z=0)} \mathbf{W}^{(0)}(\boldsymbol{\rho}'_1, \boldsymbol{\rho}'_2, \omega) K(\boldsymbol{\rho}_1 - \boldsymbol{\rho}'_1, \boldsymbol{\rho}_2 - \boldsymbol{\rho}'_2, z; \omega) \, \mathrm{d}^2\boldsymbol{\rho}'_1 \mathrm{d}^2\boldsymbol{\rho}'_2 \quad (3)$$

を得る. ここで,

$$K(\boldsymbol{\rho}_1 - \boldsymbol{\rho}'_1, \boldsymbol{\rho}_2 - \boldsymbol{\rho}'_2, z; \omega) = G^*(\boldsymbol{\rho}_1 - \boldsymbol{\rho}'_1, z; \omega) G(\boldsymbol{\rho}_2 - \boldsymbol{\rho}'_2, z; \omega) \quad (4)$$

である. 式(3)は自由空間の伝搬に適用されるが, それを決定論的であろうとランダムであろうと, 任意の線形媒質中での伝搬に一般化することはむずかしくはない[5].

9.4.2 電磁ガウス型シェルモデルビームの相互スペクトル密度行列の伝搬

前節の解析が有用であることを, いくつかの例題によって証明しよう. ここでは, いわゆる**電磁ガウス型シェルモデルビーム**(electromagnetic Schell-model beam)における, 相関に誘起される変化に限定した議論を行う. この電磁ビームは, 5.3 節で扱ったスカラーのガウス型シェルモデルビームを一般化したものである. このようなビームを発生する平面光源の相関行列の要素は

$$W_{ij}^{(0)}(\boldsymbol{\rho}'_1, \boldsymbol{\rho}'_2, \omega) = \sqrt{S_i^{(0)}(\boldsymbol{\rho}'_1, \omega)} \sqrt{S_j^{(0)}(\boldsymbol{\rho}'_2, \omega)} \, \mu_{ij}^{(0)}(\boldsymbol{\rho}'_2 - \boldsymbol{\rho}'_1, \omega),$$
$$(i = x, y; j = x, y) \quad (5)$$

となる. ここで, $\boldsymbol{\rho}'_1$ および $\boldsymbol{\rho}'_2$ は光源面 $z = 0$ における点の 2 次元位置ベクトルを, $S_i^{(0)}(\boldsymbol{\rho}'_1, \omega)$ および $S_j^{(0)}(\boldsymbol{\rho}'_2, \omega)$ はそれぞれ光源面 $z = 0$ における電場ベクトルの i および j 成分のスペクトル密度を, $\mu_{ij}^{(0)}(\boldsymbol{\rho}'_2 - \boldsymbol{\rho}'_1, \omega)$ は $\boldsymbol{\rho}'_1$ におけ

---
[5] 一般化された式は, 擾乱大気中のランダムな電磁ビームの伝搬の研究に応用された. 例えば, H. Roychowdhury, S. A. Ponomarenko and E. Wolf, *J. Mod. Opt.* **52** (2005), 1611-1618; M. Salem, O. Korotkova, A. Dogariu and E. Wolf, *Waves on Random Media* **14** (2004), 513-523; O. Korotkova, M. Salem, A. Dogariu and E. Wolf, *Waves in Random and Complex Media* **15** (2005), 353-364 を参照せよ.

る成分 E_i および ρ'_2 における成分 E_j の間の相関度を表す．これら 2 つの量はガウス関数

$$S_i^{(0)}(\rho', \omega) = A_i^2 \exp[-\rho'^2/(2\sigma_i^2)] \tag{6a}$$

および

$$\mu_{ij}^{(0)}(\rho'_2 - \rho'_1, \omega) = B_{ij} \exp[-(\rho'_2 - \rho'_1)^2/(2\delta_{ij}^2)], \quad (i = x, y; \, j = x, y) \tag{6b}$$

によって与えられる．パラメーター A_i, B_{ij}, σ_i および δ_{ij} は位置に依存しないが，周波数 ω には依存するかもしれない．しかし，それらは必ずしも任意に選ぶことはできない．特に，

$$B_{ij} = 1 \qquad i = j \text{ の場合} \tag{7a}$$

$$|B_{ij}| \leq 1 \qquad i \neq j \text{ の場合} \tag{7b}$$

および

$$B_{ij} = B_{ji}^* \tag{7c}$$

である．なお，アスタリスクは複素共役を表す．さらに，

$$\delta_{ji} = \delta_{ij} \tag{7d}$$

である．制約条件 (7a) は，$j = i$ のときに $\mu_{ij}^{(0)}(\rho'_2 - \rho'_1, \omega)$ は通常の相関係数となり，その値は $\rho'_2 - \rho'_1 = 0$ のときに必ず 1 となることからすぐに導かれる．不等式 (7b) は，相関係数 μ_{ij} が絶対値で 1 を超えられないことから導かれる[6]．関係式 (7c) および (7d) は，$W_{ij}(\mathbf{r}_1, \mathbf{r}_2, \omega) = W_{ji}^*(\mathbf{r}_2, \mathbf{r}_1, \omega)$ より導かれるが，これは相関行列 **W** の定義の直接的な結果である．分散 δ_{ij}^2 および係数 B_{ij} はさらなる制約条件を満たさなければならないが，それは相関行列は必ず非負定値となることから得られる結果である．そのような制約条件はいく

---

[6] O. Korotkova, M. Salem and E. Wolf, *Opt. Commun.* **233** (2004), 225-230 の Appendix A を参照せよ．

つかの論文で議論されている[7]．さらに，光源がビームを発生するために満たさなければならない制約条件(ビーム条件)もある．もし，

$$\sigma_x = \sigma_y \equiv \sigma \tag{8}$$

であれば，その制約条件は

$$\frac{1}{4\sigma^2} + \frac{1}{\delta_{ij}^2} \ll \frac{2\pi^2}{\lambda^2}, \qquad (i = x,y;\, j = x,y) \tag{9}$$

となる[8]．条件(8)が満たされる場合，つまり光源面 $z=0$ 上の各点の電場の x および y 成分のスペクトル密度 $S_x^{(0)}(\rho',\omega)$ および $S_y^{(0)}(\rho',\omega)$ の r.m.s 幅がそれぞれ等しい場合，スペクトル偏光度 $\mathcal{P}^{(0)}(\rho,\omega)$ は ρ に依存しない，つまり，それは光源面のすべての点で同じ値をもつことが付録 III に示されている．

次に，ガウス型シェルモデル光源によって生成されるビームである電磁ガウス型シェルモデルビームを考えよう[9]．その相互スペクトル密度行列 $\mathbf{W}(\rho_1,\rho_2,z;\omega)$ は式(5)および(6)を伝搬法則[式(3)]に代入することによって計算できる．ここで，式(4)で定義される伝搬核 $K(\rho_1-\rho_1',\rho_2-\rho_2',z;\omega)$ に含まれるグリーン関数 $G(\rho-\rho',z;\omega)$ は，近軸近似(2)で与えられる．単純であるが長い計算のあと，式(9)で与えられる制約条件が適用されると仮定して，

$$W_{ij}(\rho_1,\rho_2,z;\omega) = \frac{A_i A_j B_{ij}}{\Delta_{ij}^2(z)} \exp\left[-\frac{(\rho_1+\rho_2)^2}{8\sigma^2 \Delta_{ij}^2(z)}\right] \exp\left[-\frac{(\rho_2-\rho_1)^2}{2\Omega_{ij}^2 \Delta_{ij}^2(z)}\right]$$
$$\times \exp\left[\frac{ik(\rho_2^2-\rho_1^2)}{2R_{ij}(z)}\right] \tag{10}$$

---

[7] F. Gori, M. Santarsiero, G. Piquero, R. Borghi, A. Mondello and R. Simon, *J. Opt. A: Pure Appl. Opt.* **3** (2001), 1-9 および，より一般的な取り扱いを提供している H. Roychowdhury and O. Korotkova, *Opt. Commun.* **249** (2005), 379-385 を参照せよ．

[8] O. Korotkova, M. Salem and E. Wolf, *Opt. Lett.* **29** (2004), 1173-1175.

[9] 電磁ガウス型シェルモデル光源および電磁ガウス型シェルモデルビームを生成する方法は，G. Piquero, F. Gori, P. Roumanini, M. Santarsiero, R. Borghi and A. Mondello, *Opt. Commun.* **208** (2002), 9-16 および T. Shirai, O. Korotkova and E. Wolf, *J. Opt. A: Pure Appl. Opt.* **7** (2005), 232-237 によって記述された．

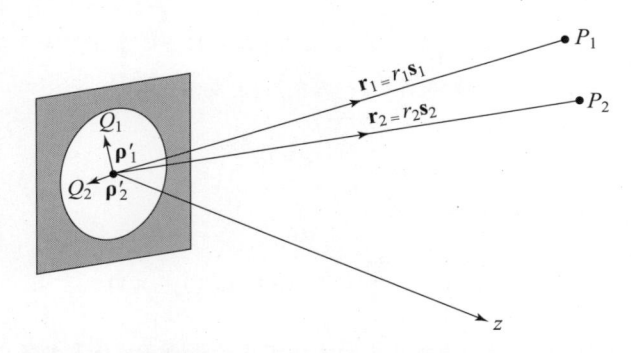

図9.3 電磁ガウス型シェルモデル光源によって生成された遠方場における相関行列の引数に関係する記号.

を得る．ここで，しばしば**ビーム拡がり係数**(beam-expansion coefficient)とよばれる $\Delta_{ij}^2(z)$ および $R_{ij}(z)$ は式

$$\Delta_{ij}^2(z) = 1 + \left(\frac{z}{k\sigma\Omega_{ij}}\right)^2, \qquad \frac{1}{\Omega_{ij}^2} = \frac{1}{4\sigma^2} + \frac{1}{\delta_{ij}^2} \tag{11a}$$

および

$$R_{ij}(z) = \left[1 + \left(\frac{k\sigma\Omega_{ij}}{z}\right)^2\right] z \tag{11b}$$

によって与えられる．特に興味深いのは，場の点が遠方領域にある場合である．式(10)が成り立つならば，(上つき文字 ∞ によって記述する)遠方場の相互スペクトル密度行列の要素は，単位ベクトル $\mathbf{s}_1$ および $\mathbf{s}_2$ によって指定される方向を固定して $kr_1 \to \infty$ および $kr_2 \to \infty$ とすると(図9.3を参照せよ)，式

$$W_{ij}^{(\infty)}(r_1\mathbf{s}_1, r_2\mathbf{s}_2, \omega) = k^2 \cos\theta_1 \cos\theta_2 \frac{A_i A_j B_{ij}}{(a_{ij}^2 - b_{ij}^2)} \exp\{-2k^2[\alpha_{ij} - \beta_{ij}(\mathbf{s}_1 \cdot \mathbf{s}_2)]\}$$
$$\times \frac{\exp[ik(r_2 - r_1)]}{r_1 r_2}, \qquad (i = x, y;\ j = x, y) \tag{12}$$

となる[10]. ここで,

$$\alpha_{ij} = \frac{a_{ij}}{4(a_{ij}^2 - b_{ij}^2)}, \qquad \beta_{ij} = \frac{b_{ij}}{4(a_{ij}^2 - b_{ij}^2)} \tag{13a}$$

および

$$a_{ij} = \frac{1}{2}\left(\frac{1}{2\sigma^2} + \frac{1}{\delta_{ij}^2}\right), \qquad b_{ij} = \frac{1}{2\delta_{ij}^2} \tag{13b}$$

である.

9.4.3 伝搬する確率論的電磁ビームの相関に誘起される変化の例

　式(10)は,式(8)によって与えられる制約条件 $\sigma_x = \sigma_y \equiv \sigma$ を満たす広い分類に属する電磁ガウス型シェルモデルビームについて,その任意の断面 $z (= 定数) > 0$ における2点の相互スペクトル密度行列の要素を与える. すでに触れたように,この制約条件は偏光度が光源面 $z = 0$ におけるすべての点で等しくなることを保証する.

　式(10)で与えられる行列要素を 9.2 節の式(2)および(14)に代入すると,ビームが伝搬する半空間 $z > 0$ におけるスペクトル密度 $S(\mathbf{r}, \omega)$ およびスペクトル偏光度 $\mathcal{P}(\mathbf{r}, \omega)$ の変化を求めることができる. 式(10)を使って,その半空間中の各点における偏光状態として,ビームの偏光部分の偏光楕円の形と傾きの変化を求めることもできる. このような変化について,さっそく議論しよう.

　簡単化のために,光源面における電場の x および y 成分には相関がなく

$$\mu_{xy}^{(0)}(\boldsymbol{\rho}_2' - \boldsymbol{\rho}_1', \omega) = \mu_{yx}^{(0)}(\boldsymbol{\rho}_2' - \boldsymbol{\rho}_1', \omega) = 0 \tag{14}$$

であると仮定する. 式(6b)によると,これは

$$B_{xy} = B_{yx} = 0 \tag{15}$$

10　O. Korotkova, M. Salem and E. Wolf, *Opt. Lett.* **29** (2004), 1173-1175.

を意味し,この場合,式(5)より

$$W_{xy}^{(0)}(\boldsymbol{\rho}_1', \boldsymbol{\rho}_2', \omega) = W_{yx}^{(0)}(\boldsymbol{\rho}_1', \boldsymbol{\rho}_2', \omega) = 0 \tag{16}$$

となるので,相関行列が対角行列となることが明らかである.

式(10)および(7a)によると,ビーム軸に垂直な任意の断面における場の相互スペクトル密度行列の要素は

$W_{xx}(\boldsymbol{\rho}_1, \boldsymbol{\rho}_2, z; \omega)$
$$= \frac{A_x^2}{\Delta_{xx}^2(z)} \exp\left[-\frac{\boldsymbol{\rho}_1^2 + \boldsymbol{\rho}_2^2}{4\sigma^2 \Delta_{xx}^2(z)}\right] \exp\left[-\frac{(\boldsymbol{\rho}_2 - \boldsymbol{\rho}_1)^2}{2\delta_{xx}^2 \Delta_{xx}^2(z)}\right] \exp\left[\frac{ik(\boldsymbol{\rho}_2^2 - \boldsymbol{\rho}_1^2)}{2\Phi_{xx}(z)}\right] \tag{17a}$$

$W_{yy}(\boldsymbol{\rho}_1, \boldsymbol{\rho}_2, z; \omega)$
$$= \frac{A_x^2}{\Delta_{yy}^2(z)} \exp\left[-\frac{\boldsymbol{\rho}_1^2 + \boldsymbol{\rho}_2^2}{4\sigma^2 \Delta_{yy}^2(z)}\right] \exp\left[-\frac{(\boldsymbol{\rho}_2 - \boldsymbol{\rho}_1)^2}{2\delta_{yy}^2 \Delta_{yy}^2(z)}\right] \exp\left[\frac{ik(\boldsymbol{\rho}_2^2 - \boldsymbol{\rho}_1^2)}{2\Phi_{yy}(z)}\right] \tag{17b}$$

$$W_{xy}(\boldsymbol{\rho}_1, \boldsymbol{\rho}_2, z; \omega) = W_{yx}(\boldsymbol{\rho}_1, \boldsymbol{\rho}_2, z; \omega) = 0 \tag{17c}$$

で与えられる.式(17a)および(17b)において,ビーム拡がり係数は式

$$\Delta_{xx}^2(z) = 1 + \frac{1}{(k\sigma)^2}\left(\frac{1}{4\sigma^2} + \frac{1}{\delta_{xx}^2}\right)z^2 \tag{18a}$$

および

$$\Delta_{yy}^2(z) = 1 + \frac{1}{(k\sigma)^2}\left(\frac{1}{4\sigma^2} + \frac{1}{\delta_{yy}^2}\right)z^2 \tag{18b}$$

で与えられ,式(11b)によると

$$\Phi_{xx}(z) = \left(1 + \frac{1}{\Delta_{xx}^2(z) - 1}\right)z \tag{19a}$$

および

$$\Phi_{yy}(z) = \left(1 + \frac{1}{\Delta_{yy}^2(z) - 1}\right)z \tag{19b}$$

となる.これらの式を利用して,いくつかの例題により,伝搬する電磁ガウス型シェルモデルビームにおける相関に誘起される変化を明らかにしよう.

9.2 節の式(2b)および本節の式(17)から,

$$S(\mathbf{r},\omega) = \text{Tr}\,\mathbf{W}(\boldsymbol{\rho},\boldsymbol{\rho},z;\omega) \equiv W_{xx}(\boldsymbol{\rho},\boldsymbol{\rho},z;\omega) + W_{yy}(\boldsymbol{\rho},\boldsymbol{\rho},z;\omega)$$
$$= \frac{A_x^2}{\Delta_{xx}^2(z)}\exp\left[-\frac{\rho^2}{2\sigma^2\Delta_{xx}^2(z)}\right] + \frac{A_y^2}{\Delta_{yy}^2(z)}\exp\left[-\frac{\rho^2}{2\sigma^2\Delta_{yy}^2(z)}\right] \quad (20)$$

を得る.この場合,相関行列は対角行列なので,式(17)を使って行列式

$$\text{Det}\,\mathbf{W}(\boldsymbol{\rho},\boldsymbol{\rho},z;\omega) = W_{xx}(\boldsymbol{\rho},\boldsymbol{\rho},z;\omega)W_{yy}(\boldsymbol{\rho},\boldsymbol{\rho},z;\omega)$$
$$= \frac{A_x^2 A_y^2}{\Delta_{xx}^2(z)\Delta_{yy}^2(z)}\exp\left[-\left(\frac{1}{\Delta_{xx}^2(z)}+\frac{1}{\Delta_{yy}^2(z)}\right)\frac{\rho^2}{2\sigma^2}\right] \quad (21)$$

を得る.

式(20)および(21)を 9.2 節の式(14)に代入すると,ビーム中の任意の点における偏光度の式が求められる.平面 z (= 定数) > 0 におけるその変化の例が,図 9.4 にも示されている.また,光軸に沿ったスペクトル偏光度の振る舞いが,図 9.5 に示されている.これらの図の間にかなりの差異があることは,伝搬に伴う偏光度の変化が光源を記述するパラメーターの値にかなり敏感に依存することを表している.

ビームの伝搬に伴い偏光度が変化するというと,一般に,意外に思われるかもしれない.このような変化が生じる理由は,光源上の 2 つの点における電場ベクトルの x 成分間および y 成分間の相関を記述する相関係数が異なるためである.相関係数が同じでなければ,式(18)で定義される拡がり係数 $\Delta_{xx}^2(z)$ および $\Delta_{yy}^2(z)$ は異なる値をもつ.その結果,式(17)で与えられる相関行列の対角要素である W_{xx} および W_{yy} は異なる割合で拡がることになる.これが 2 つの行列要素の異なる振る舞いを導き,ビームが伝搬すると偏光度に変化を引き起こす結果となるわけである.

一般に,伝搬に伴い偏光度が変化するだけではなく,ビームの偏光部分の偏光楕円の形および傾きもまた変化することが予想される.これは,実際に

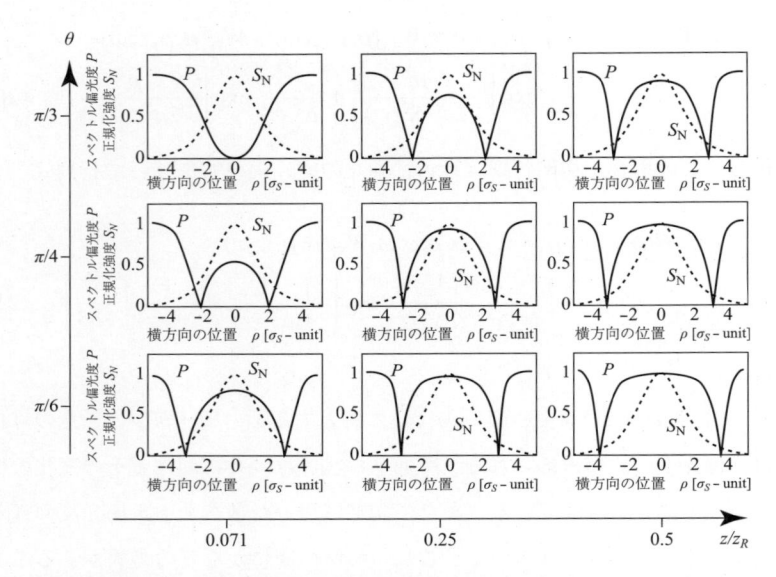

図 9.4 半空間 $z > 0$ を伝搬する確率論的電磁ビームの正規化された強度（スペクトル密度）$S_N(\rho, z; \omega)$ およびスペクトル偏光度 $\mathcal{P}(\rho, z; \omega)$. 光源面 $z = 0$ における場は，要素

$$W_{xx}(\boldsymbol{\rho}'_1, \boldsymbol{\rho}'_2, \omega) = F(\boldsymbol{\rho}'_1, \boldsymbol{\rho}'_2, \omega) \cos^2 \theta$$

$$W_{yy}(\boldsymbol{\rho}'_1, \boldsymbol{\rho}'_2, \omega) = F(\boldsymbol{\rho}'_1, \boldsymbol{\rho}'_2, \omega) \exp\left(-\frac{(\boldsymbol{\rho}'_2 - \boldsymbol{\rho}'_1)^2}{2\delta_{yy}^2}\right) \sin^2 \theta$$

$$W_{xy}(\boldsymbol{\rho}'_1, \boldsymbol{\rho}'_2, \omega) = W_{yx}(\boldsymbol{\rho}'_1, \boldsymbol{\rho}'_2, \omega) = 0$$

をもつ相互スペクトル密度行列によって記述される．ここで，

$$F(\boldsymbol{\rho}'_1, \boldsymbol{\rho}'_2, \omega) = S_0(\omega) \exp\left(-\frac{\rho_1'^2 + \rho_2'^2}{4\sigma_S^2}\right)$$

である．その光源は偏光角 θ および強度の実効幅 σ_S をもつ直線偏光の空間的にコヒーレントな電磁ガウスビームを，ランダム位相スクリーンに入射することによって生成された．パラメーター δ_{yy} はスクリーンの特性に関係する定数である．各種パラメーターの値は，$\sigma_S = 1$ mm, $\delta_{yy} = 0.1$ mm, $\lambda = 632.8$ nm とした．伝搬距離 z はレーリー長（Rayleigh range）$z_R = 2k\sigma_S^2$ ($k = \omega/c$) によって正規化されている．[T. Shirai and E. Wolf, *J. Opt. Soc. Amer.* **A21** (2004), 1907-1916 より転載]

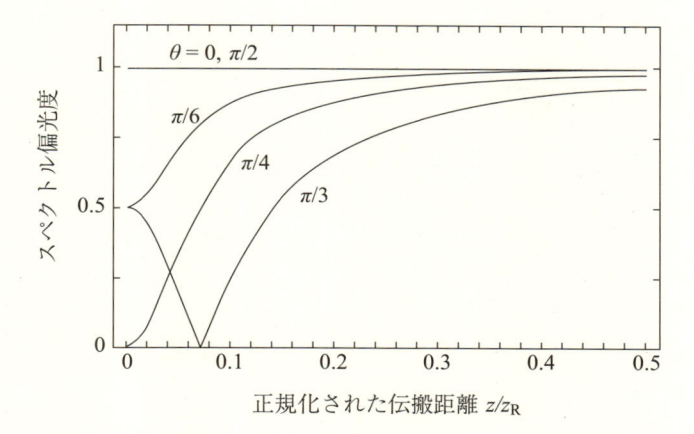

図 9.5 図 9.4 と同じパラメーターをもつ確率論的電磁ビームの光軸（z 軸）に沿ったスペクトル偏光度 $\mathcal{P}(0, z; \omega)$. θ は偏光角であり，伝搬距離 z は入射ビームのレーリー長 $z_R = 2k\sigma_S^2$ によって正規化されている．[T. Shirai and E. Wolf, *J. Opt. Soc. Amer.* **A21** (2004), 1907-1916 より転載]

そのとおりである[11]．関係する式の導出はかなり長いので，ここではそれらの式を列挙するにとどめる．

相関行列の要素を使って，偏光楕円の長半軸および短半軸の 2 乗は

$$a^2(\boldsymbol{\rho}, z; \omega) = \frac{1}{8}\left[\sqrt{(W_{xx} - W_{yy})^2 + 4|W_{xy}|^2} + \sqrt{(W_{xx} - W_{yy})^2 + 4[\mathcal{R}e W_{xy}]^2}\right] \tag{22a}$$

および

$$b^2(\boldsymbol{\rho}, z; \omega) = \frac{1}{8}\left[\sqrt{(W_{xx} - W_{yy})^2 + 4|W_{xy}|^2} - \sqrt{(W_{xx} - W_{yy})^2 + 4[\mathcal{R}e W_{xy}]^2}\right] \tag{22b}$$

によって与えられることがわかっている．ここで，$\mathcal{R}e$ は実部を表す．

---

11 O. Korotkova and E. Wolf, *Opt. Commun.* **246** (2005), 35-43 を参照せよ．

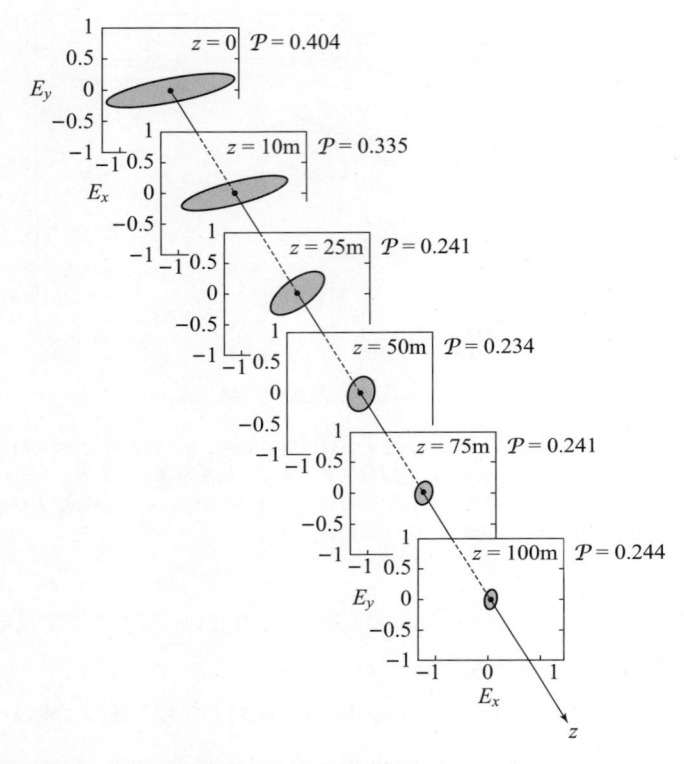

図 9.6 自由空間を伝搬する代表的なガウス型シェルモデルビームの偏光楕円と偏光度の変化. [O. Korotkova and E. Wolf, *Opt. Commun.* **246** (2005), 35-43 より転載]

偏光楕円の長軸が x 軸となす角 θ_0 は,

$$\theta_0(\boldsymbol{\rho}, z; \omega) = \frac{1}{2} \arctan\left[\frac{2\mathcal{R}e\, W_{xy}(\boldsymbol{\rho}, z; \omega)}{W_{xx}(\boldsymbol{\rho}, z; \omega) - W_{yy}(\boldsymbol{\rho}, z; \omega)}\right] \quad (-\pi/2 < \theta_0 \leq \pi/2) \tag{23}$$

によって与えられることがわかっている．これらの式から計算された電磁ガウス型シェルモデルビームの偏光楕円の変化の例が，図 9.6 に与えられている．対応する偏光度の値も，その図に記載されている．

9.4.4 ヤングの干渉実験におけるコヒーレンスに誘起される偏光度の変化[12]

前節では,自由空間を伝搬するガウス型シェルモデルビームについて,相関に誘起される偏光特性の変化を調べた.例えば,ヤングの干渉実験のように 2 つの相関をもったビームが重ね合わせられるときにも,やや似た変化が生じるかもしれない.本節では,ピンホールに入射する光のコヒーレンス度が変化する場合の,ヤングの干渉パターンにおける偏光度の変化について簡単に議論しよう.

z 軸近傍を伝搬する統計的に定常な確率論的電磁ビームを考える.点 $Q_1(\boldsymbol{\rho}_1)$ および $Q_2(\boldsymbol{\rho}_2)$ に小さな開口のある遮光スクリーン $\mathcal{A}$ が平面 $z = 0$ に置かれ,測定は半空間 $z > 0$ においてスクリーン $\mathcal{A}$ と平行に置かれた観測面 $\mathcal{B}$ 上の点 $P(\mathbf{r})$ にて行われるものとする(図 9.1 を参照せよ).

$\{\mathbf{E}(\boldsymbol{\rho}_1, \omega)\}$ および $\{\mathbf{E}(\boldsymbol{\rho}_2, \omega)\}$ を 2 つのピンホール上の電場ベクトルの統計的集合とする.もし,$\{\mathbf{E}(\mathbf{r}, \omega)\}$ が点 $P(\mathbf{r})$ における電場ベクトルの統計的集合を表すならば,この集合の個々の要素に対して,9.2 節の式(1)のように

$$\mathbf{E}(\mathbf{r}, \omega) = K_1 \mathbf{E}(\boldsymbol{\rho}_1, \omega) e^{ikR_1} + K_2 \mathbf{E}(\boldsymbol{\rho}_2, \omega) e^{ikR_2} \tag{24}$$

を得る.ここで,K_1 および K_2 は以前に扱ったものと同じ幾何学的係数である[3.1 節の式(3)(ただし,$\overline{\lambda}$ を λ に置き換える)].各ピンホールにおける入射角と回折角は,再び小さいものと仮定する.

観測面 $\mathcal{B}$ 上の点 $P(\mathbf{r})$ における偏光度を決定するために,最初に相関行列

$$\mathbf{W}(\mathbf{r}, \mathbf{r}, \omega) = [W_{ij}(\mathbf{r}, \mathbf{r}, \omega)] = [\langle E_i^*(\mathbf{r}, \omega) E_j(\mathbf{r}, \omega) \rangle], \quad (i = x, y; \, j = x, y) \tag{25}$$

---

[12] 本節の解析は,論文 H. Roychowdhury and E. Wolf, *Opt. Commun.* **252** (2005), 268-274 に基づいている.

の要素を決定しなければならない．式(24)を式(25)に代入すると，すぐに

$$W_{ij}(\mathbf{r},\mathbf{r},\omega) = |K_1|^2 W_{ij}(\boldsymbol{\rho}_1,\boldsymbol{\rho}_1,\omega) + |K_2|^2 W_{ij}(\boldsymbol{\rho}_2,\boldsymbol{\rho}_2,\omega)$$
$$+ K_1^* K_2 W_{ij}(\boldsymbol{\rho}_1,\boldsymbol{\rho}_2,\omega) e^{ik(R_2-R_1)} + K_1 K_2^* W_{ij}(\boldsymbol{\rho}_2,\boldsymbol{\rho}_1,\omega) e^{-ik(R_2-R_1)}$$
$$(26)$$

を得る．ここで，

$$W_{ij}(\boldsymbol{\rho}_1,\boldsymbol{\rho}_2,\omega) = \langle E_i^*(\boldsymbol{\rho}_1,\omega) E_j(\boldsymbol{\rho}_2,\omega) \rangle, \qquad (i=x,y; j=x,y) \qquad (27)$$

は，その引数がピンホールの置かれた点 $Q_1(\boldsymbol{\rho}_1)$ および $Q_2(\boldsymbol{\rho}_2)$ に対応する相互スペクトル密度行列の要素である．

ピンホールに入射するビームは，9.4.2節で議論した電磁ガウス型シェルモデルビームであるとしよう．ピンホールに入射する電場の x および y 成分のスペクトル密度 $S_j^{(0)}(\boldsymbol{\rho},\omega)$, $(j=x,y)$, は式(6a)によって与えられ，相関係数 $\mu_{ij}^{(0)}(\boldsymbol{\rho}_2-\boldsymbol{\rho}_1,\omega)$ は式(6b)によって与えられる．簡単化のために，ピンホール上の電場ベクトルの x および y 成分のスペクトル密度は等しいと仮定する．このとき，式(6a)では，

$$A_x = A_y \equiv A \qquad (28)$$

となる．一般に，A は周波数 ω に依存する．さらに，相関係数 $\mu_{ij}^{(0)}(\boldsymbol{\rho}_2-\boldsymbol{\rho}_1,\omega)$ を表す式(6b)において

$$B_{ij} = \begin{cases} 1 & i=j \text{ のとき} & (29a) \\ B_0 \text{ (実数)} & j \neq i \text{ のとき} & (29b) \end{cases}$$

および

$$\delta_{xx} = \delta_{yy} \equiv \delta \qquad (30)$$

を仮定する．

ピンホール上の電場の相互スペクトル密度行列は,このとき

$$\mathbf{W}^{(0)}(\boldsymbol{\rho}_1,\boldsymbol{\rho}_2,\omega) = A^2 \exp\left(-\frac{\rho_1^2+\rho_2^2}{4\sigma^2}\right) \\ \times \begin{bmatrix} \exp\left(-\frac{(\boldsymbol{\rho}_2-\boldsymbol{\rho}_1)^2}{2\delta^2}\right) & B_0\exp\left(-\frac{(\boldsymbol{\rho}_2-\boldsymbol{\rho}_1)^2}{2\delta_{xy}^2}\right) \\ B_0\exp\left(-\frac{(\boldsymbol{\rho}_2-\boldsymbol{\rho}_1)^2}{2\delta_{xy}^2}\right) & \exp\left(-\frac{(\boldsymbol{\rho}_2-\boldsymbol{\rho}_1)^2}{2\delta^2}\right) \end{bmatrix} \quad (31)$$

で与えられることがすぐに示される.ここで,関係式 $\delta_{yx} = \delta_{xy}$ を使用した[9.4.2 節の式(7d)].式(31)を 9.2 節の式(8a)に代入すると,2 つのピンホール上の電場のスペクトルコヒーレンス度は

$$\eta^{(0)}(\boldsymbol{\rho}_1,\boldsymbol{\rho}_2,\omega) = \exp\left(-\frac{(\boldsymbol{\rho}_2-\boldsymbol{\rho}_1)^2}{2\delta^2}\right) \quad (32)$$

で与えられることがわかる.

もし,ピンホールが z 軸に対して対称に置かれたならば,$\boldsymbol{\rho}_2 = -\boldsymbol{\rho}_1$ であり,スペクトルコヒーレンス度の式(32)は

$$\eta^{(0)}(\boldsymbol{\rho}_1,-\boldsymbol{\rho}_1,\omega) = \exp\left(-\frac{2\rho_1^2}{\delta^2}\right) \quad (33)$$

となる.

各ピンホール上の偏光度の式は,式(31)を 9.2 節の一般式(14)に代入するとすぐに得られる.その結果,

$$\mathcal{P}^{(0)}(\boldsymbol{\rho}_\alpha,\omega) \equiv B_0 \quad (\alpha = 1,2) \quad (34)$$

となる.この式は偏光度がピンホールの位置にかかわらず同じ値 B_0 をもつことを示しているため,$\mathcal{P}^{(0)}$ の $\boldsymbol{\rho}_\alpha$ に対する依存性を削除し

$$\mathcal{P}^{(0)}(\omega) \equiv \mathcal{P}_0 \ (= B_0) \quad (35)$$

と記述する.干渉縞パターン上の点におけるスペクトル偏光度 $\mathcal{P}(\mathbf{r},\omega)$ を求めるために,その面上の点 $P(\mathbf{r})$ における行列 $\mathbf{W}$ の要素を求める必要があ

る．式(31)を式(26)に代入すると，2つのピンホールを対称に置いた場合，つまり $\rho_2 = -\rho_1$ の場合，

$$W_{ij}(\mathbf{r},\mathbf{r},\omega) = \begin{cases} A^2 \exp\left(-\dfrac{\rho_1^2}{2\sigma^2}\right)\left[|K_1|^2 + |K_2|^2 + 2\mathcal{R}e(K_1^* K_2 e^{ik(R_2-R_1)})\exp\left(-\dfrac{2\rho_1^2}{\delta^2}\right)\right] \\ \qquad\qquad i = j \text{ のとき} \qquad\qquad\qquad\qquad\qquad (36a) \\[1em] A^2 \exp\left(-\dfrac{\rho_1^2}{2\sigma^2}\right)\left[|K_1|^2 + |K_2|^2 + 2\mathcal{R}e(K_1^* K_2 e^{ik(R_2-R_1)})\exp\left(-\dfrac{2\rho_1^2}{\delta_{ij}^2}\right)\right]\mathcal{P}_0 \\ \qquad\qquad i \ne j \text{ のとき} \qquad\qquad\qquad\qquad\qquad (36b) \end{cases}$$

を得る．

観測面上の点 $\mathbf{r}$ における周波数 ω の場のスペクトル密度を表す関係式

$$S_j(\mathbf{r},\omega) = |K_j|^2 A^2 \exp\left(-\dfrac{\rho_1^2}{2\sigma^2}\right), \qquad (j = 1, 2) \qquad (37)$$

を導入すると便利である．このとき，式(36)は

$$W_{ij}(\mathbf{r},\mathbf{r},\omega) = \begin{cases} S_1(\mathbf{r},\omega) + S_2(\mathbf{r},\omega) + 2\sqrt{S_1(\mathbf{r},\omega)}\sqrt{S_2(\mathbf{r},\omega)} \\ \qquad\qquad \times \cos[k(R_2-R_1)]\exp\left(-\dfrac{2\rho_1^2}{\delta^2}\right) \\ \qquad\qquad i = j \text{ のとき} \qquad\qquad\qquad\qquad (38a) \\[1em] S_1(\mathbf{r},\omega) + S_2(\mathbf{r},\omega) + 2\sqrt{S_1(\mathbf{r},\omega)}\sqrt{S_2(\mathbf{r},\omega)} \\ \qquad\qquad \times \cos[k(R_2-R_1)]\exp\left(-\dfrac{2\rho_1^2}{\delta_{ij}^2}\right)\mathcal{P}_0 \\ \qquad\qquad i \ne j \text{ のとき} \qquad\qquad\qquad\qquad (38b) \end{cases}$$

と書き換えることができる．式(38)を9.2節の式(14)に代入すると，干渉パ

ターンが形成される平面 $\mathcal{B}$ における偏光度の式

$$\mathcal{P}(\mathbf{r},\omega) = \frac{\begin{aligned}&S_1(\mathbf{r},\omega) + S_2(\mathbf{r},\omega)\\&+ 2\sqrt{S_1(\mathbf{r},\omega)}\sqrt{S_2(\mathbf{r},\omega)}\cos[k(R_2-R_1)]\exp\left(-\frac{2\boldsymbol{\rho}_1^2}{\delta_{xy}^2}\right)\end{aligned}}{\begin{aligned}&S_1(\mathbf{r},\omega) + S_2(\mathbf{r},\omega)\\&+ 2\sqrt{S_1(\mathbf{r},\omega)}\sqrt{S_2(\mathbf{r},\omega)}\cos[k(R_2-R_1)]\exp\left(-\frac{2\boldsymbol{\rho}_1^2}{\delta^2}\right)\end{aligned}}\mathcal{P}_0 \tag{39}$$

を得る[13]. 式(33)によると, 分母の最後の項にある指数因子は2つのピンホール上の光のスペクトルコヒーレンス度 $\eta^{(0)}(\boldsymbol{\rho}_1,-\boldsymbol{\rho}_1,\omega)$ である. したがって, 式(39)は

$$\mathcal{P}(\mathbf{r},\omega) = \frac{\begin{aligned}&S_1(\mathbf{r},\omega) + S_2(\mathbf{r},\omega)\\&+ 2\sqrt{S_1(\mathbf{r},\omega)}\sqrt{S_2(\mathbf{r},\omega)}\cos[k(R_2-R_1)]\exp\left(-\frac{2\boldsymbol{\rho}_1^2}{\delta_{xy}^2}\right)\end{aligned}}{\begin{aligned}&S_1(\mathbf{r},\omega) + S_2(\mathbf{r},\omega)\\&+ 2\sqrt{S_1(\mathbf{r},\omega)}\sqrt{S_2(\mathbf{r},\omega)}\cos[k(R_2-R_1)]\eta^{(0)}(\boldsymbol{\rho}_1,-\boldsymbol{\rho}_1,\omega)\end{aligned}}\mathcal{P}_0 \tag{40}$$

と書き換えることができる.

平面 $\mathcal{B}$ 上の点 $P(\mathbf{r})$ に到達する光のスペクトル密度 $S_1(\mathbf{r},\omega)$ および $S_2(\mathbf{r},\omega)$ は, しばしば近似的に同じ $S_2(\mathbf{r},\omega) \approx S_1(\mathbf{r},\omega)$ になる. このとき, 式(40)は簡単になり

$$\mathcal{P}(\mathbf{r},\omega) = \frac{1 + \cos[k(R_2-R_1)]\exp\left(-\frac{2\boldsymbol{\rho}_1^2}{\delta_{xy}^2}\right)}{1 + \cos[k(R_2-R_1)]\eta^{(0)}(\boldsymbol{\rho}_1,-\boldsymbol{\rho}_1,\omega)}\mathcal{P}_0 \tag{41}$$

と表される. この式は, **検出面 $\mathcal{B}$ 上の偏光度はピンホール上の光の偏光度 $\mathcal{P}_0$ ばかりではなく, 2つのピンホール上の電場間のスペクトルコヒーレンス度 $\eta^{(0)}$ と, 一方のピンホール上の電場の x 成分ともう一方のピンホール**

---

[13]【訳者注】組版上の都合により, 長い分数式については, 分子と分母のそれぞれを折り返して表示している. 式(40)についても同様.

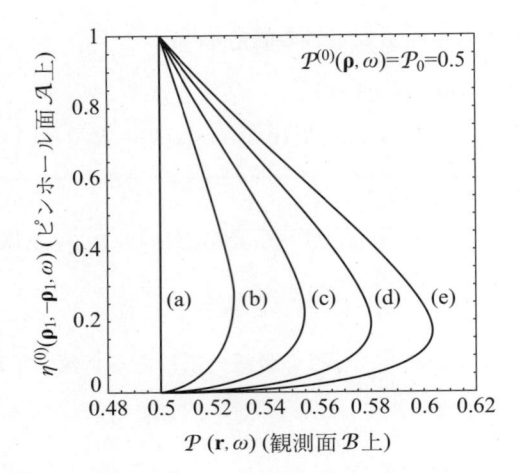

図 9.7　観測面 $\mathcal{B}$ 内の光軸上の点におけるスペクトル偏光度 $\mathcal{P}(\mathbf{r},\omega)$ の振る舞い．個々のピンホール上の偏光度 $\mathcal{P}_0$ は固定されているが，ピンホール間のスペクトルコヒーレンス度 $\eta^{(0)}(\boldsymbol{\rho}_1,-\boldsymbol{\rho}_1,\omega)$ は変化する．曲線は一方のピンホール上の電場の x 成分と他方のピンホール上の電場の y 成分間の相関を表すパラメーター δ_{xy} の異なる値に関係づけられている．パラメーターの値は，$\mathcal{P}_0 = 0.5$, $z = 10\,\mathrm{cm}$, $\rho_1 = 2\,\mathrm{mm}$,

(a) $\delta_{xy} = \delta$

(b) $\delta_{xy} = \dfrac{\delta}{4}\left(3 + \dfrac{1}{\sqrt{\mathcal{P}_0}}\right) = 1.1\delta$

(c) $\delta_{xy} = \dfrac{\delta}{2}\left(1 + \dfrac{1}{\sqrt{\mathcal{P}_0}}\right) = 1.2\delta$

(d) $\delta_{xy} = \dfrac{\delta}{4}\left(1 + \dfrac{3}{\sqrt{\mathcal{P}_0}}\right) = 1.3\delta$

(e) $\delta_{xy} = \dfrac{\delta}{\sqrt{\mathcal{P}_0}} = 1.4\delta$

とした．[H. Roychowdhury and E. Wolf, *Opt. Commun.* **252** (2005), 268-274 による]

上の電場の y 成分間の相関を特徴づけるパラメーター δ_{xy} に依存することを示している．この結果は，確率論的電磁ビームの偏光とコヒーレンスの間には，捉えにくい複雑な関係が存在することを表している．

図 9.7 は，個々のピンホール上の偏光度 $\mathcal{P}_0$ を一定に保ちつつピンホール

間のスペクトルコヒーレンス度 $\eta^{(0)}(\boldsymbol{\rho}_1, -\boldsymbol{\rho}_1, \omega)$ を変化させた場合の，観測面 $\mathcal{B}$ 上の軸上点[14](つまり，ビーム軸上)におけるスペクトル偏光度 $\mathcal{P}$ の振る舞いを示している．

ヤングの干渉実験における偏光度に及ぼすピンホール上の光のコヒーレンス度の効果は，実験的に評価され確認された[15]．

9.5　一般化されたストークスパラメーター[16]

8.1 節では，ランダムな電磁ビームのストークスパラメーターを導入した．それらは，偏光行列 **J**，つまり 1 点における電場の互いに直交する成分間の同時刻相関を使って，その節の式(14a)によって定義された．空間-周波数領域における対応する量を，同様の式によって定義することも可能であり便利である．つまり，相互スペクトル密度行列を使って

$$\left.\begin{aligned}
s_0(\mathbf{r}, \omega) &= W_{xx}(\mathbf{r}, \mathbf{r}, \omega) + W_{yy}(\mathbf{r}, \mathbf{r}, \omega) \\
s_1(\mathbf{r}, \omega) &= W_{xx}(\mathbf{r}, \mathbf{r}, \omega) - W_{yy}(\mathbf{r}, \mathbf{r}, \omega) \\
s_2(\mathbf{r}, \omega) &= W_{xy}(\mathbf{r}, \mathbf{r}, \omega) + W_{yx}(\mathbf{r}, \mathbf{r}, \omega) \\
s_3(\mathbf{r}, \omega) &= i\left[W_{yx}(\mathbf{r}, \mathbf{r}, \omega) - W_{xy}(\mathbf{r}, \mathbf{r}, \omega)\right]
\end{aligned}\right\} \quad (1a)$$

もしくは，より明確に電場のスペクトル成分を使って

$$\left.\begin{aligned}
s_0(\mathbf{r}, \omega) &= \langle E_x^*(\mathbf{r}, \omega) E_x(\mathbf{r}, \omega) \rangle + \langle E_y^*(\mathbf{r}, \omega) E_y(\mathbf{r}, \omega) \rangle \\
s_1(\mathbf{r}, \omega) &= \langle E_x^*(\mathbf{r}, \omega) E_x(\mathbf{r}, \omega) \rangle - \langle E_y^*(\mathbf{r}, \omega) E_y(\mathbf{r}, \omega) \rangle \\
s_2(\mathbf{r}, \omega) &= \langle E_x^*(\mathbf{r}, \omega) E_y(\mathbf{r}, \omega) \rangle + \langle E_y^*(\mathbf{r}, \omega) E_x(\mathbf{r}, \omega) \rangle \\
s_3(\mathbf{r}, \omega) &= i\left[\langle E_y^*(\mathbf{r}, \omega) E_x(\mathbf{r}, \omega) \rangle - \langle E_x^*(\mathbf{r}, \omega) E_y(\mathbf{r}, \omega) \rangle\right]
\end{aligned}\right\} \quad (1b)$$

14　軸外れ点における偏光度の振る舞いは，Y. Li, H. Lee and E. Wolf, *Opt. Commun.* **265** (2006), 63-72 において議論されている．
15　F. Gori, M. Santarsiero, R. Borghi and E. Wolf, *Opt. Lett.* **31** (2006), 688-690.
16　本節に示されている結果は，論文 O. Korotkova and E. Wolf, *Opt. Lett.* **30** (2005), 198-200 に基づいている．

と定義する．これらの 4 つのパラメーターは，**スペクトルストークスパラメーター**(spectral Stokes parameters)とよばれる．光がフィルターを透過し ω 近傍の周波数をもつ準単色になれば，それらは通常のストークスパラメーターと同様の方法で実験的に決定することができる．

9.4.1 節では，確率論的電磁ビームの相互スペクトル密度行列が，伝搬に伴いどのように変化するかを示した．本節では，スペクトルストークスパラメーターがビームの伝搬に伴い，どのように変化するかを簡単に考えよう．しかし，このためには 1 点に依存する通常のストークスパラメーターを，2 点に依存する量に一般化する必要がある．そのような一般化されたストークスパラメーター(generalized Stokes parameters)は，式 (1) において，右辺の 2 つの等しい空間変数 $(\mathbf{r}, \mathbf{r})$ を 2 つの異なる空間変数 $(\mathbf{r}_1, \mathbf{r}_2)$ に置き換えることによって導入される．このように，式 (1a) に代わって，

$$\left.\begin{aligned} S_0(\mathbf{r}_1, \mathbf{r}_2, \omega) &= W_{xx}(\mathbf{r}_1, \mathbf{r}_2, \omega) + W_{yy}(\mathbf{r}_1, \mathbf{r}_2, \omega) \\ S_1(\mathbf{r}_1, \mathbf{r}_2, \omega) &= W_{xx}(\mathbf{r}_1, \mathbf{r}_2, \omega) - W_{yy}(\mathbf{r}_1, \mathbf{r}_2, \omega) \\ S_2(\mathbf{r}_1, \mathbf{r}_2, \omega) &= W_{xy}(\mathbf{r}_1, \mathbf{r}_2, \omega) + W_{yx}(\mathbf{r}_1, \mathbf{r}_2, \omega) \\ S_3(\mathbf{r}_1, \mathbf{r}_2, \omega) &= i\left[W_{yx}(\mathbf{r}_1, \mathbf{r}_2, \omega) - W_{xy}(\mathbf{r}_1, \mathbf{r}_2, \omega)\right] \end{aligned}\right\} \quad (2a)$$

を得る．より具体的には，

$$\left.\begin{aligned} S_0(\mathbf{r}_1, \mathbf{r}_2, \omega) &= \langle E_x^*(\mathbf{r}_1, \omega) E_x(\mathbf{r}_2, \omega)\rangle + \langle E_y^*(\mathbf{r}_1, \omega) E_y(\mathbf{r}_2, \omega)\rangle \\ S_1(\mathbf{r}_1, \mathbf{r}_2, \omega) &= \langle E_x^*(\mathbf{r}_1, \omega) E_x(\mathbf{r}_2, \omega)\rangle - \langle E_y^*(\mathbf{r}_1, \omega) E_y(\mathbf{r}_2, \omega)\rangle \\ S_2(\mathbf{r}_1, \mathbf{r}_2, \omega) &= \langle E_x^*(\mathbf{r}_1, \omega) E_y(\mathbf{r}_2, \omega)\rangle + \langle E_y^*(\mathbf{r}_1, \omega) E_x(\mathbf{r}_2, \omega)\rangle \\ S_3(\mathbf{r}_1, \mathbf{r}_2, \omega) &= i\left[\langle E_y^*(\mathbf{r}_1, \omega) E_x(\mathbf{r}_2, \omega)\rangle - \langle E_x^*(\mathbf{r}_1, \omega) E_y(\mathbf{r}_2, \omega)\rangle\right] \end{aligned}\right\} \quad (2b)$$

となる．

ビームが自由空間を伝搬するならば，相互スペクトル密度行列 $\mathbf{W}(\mathbf{r}_1, \mathbf{r}_2, \omega)$ は，9.4.1 節の式 (3) に従い最初の面 $z = 0$ から伝搬する．一般化されたスペクトルストークスパラメーターを表す式 (2a) より，直ちにこれらのパラメー

ターは同じ法則，つまり

$$S_\alpha(\mathbf{r}_1, \mathbf{r}_2, \omega) = \iint_{z=0} S_\alpha^{(0)}(\boldsymbol{\rho}_1', \boldsymbol{\rho}_2', \omega) K(\boldsymbol{\rho}_1 - \boldsymbol{\rho}_1', \boldsymbol{\rho}_2 - \boldsymbol{\rho}_2', z; \omega) \, \mathrm{d}^2\rho_1' \, \mathrm{d}^2\rho_2', \quad (\alpha = 0, 1, 2, 3) \tag{3}$$

に従って伝搬することがわかる．ここで，$\mathbf{r}_1 = (\boldsymbol{\rho}_1, z)$，$\mathbf{r}_2 = (\boldsymbol{\rho}_2, z)$ であり，伝搬関数 $K(\boldsymbol{\rho}_1 - \boldsymbol{\rho}_1', \boldsymbol{\rho}_2 - \boldsymbol{\rho}_2', z; \omega)$ は 9.4.1 節の式 (4) および (2) で与えられる．

式 (3) において $\mathbf{r}_1 = \mathbf{r}_2 \equiv \mathbf{r}$ とおくと，その式は $\mathbf{r} \equiv (\boldsymbol{\rho}, z)$ として

$$s_\alpha(\mathbf{r}, \omega) = S_\alpha(\mathbf{r}, \mathbf{r}, \omega) = \iint_{z=0} S_\alpha^{(0)}(\boldsymbol{\rho}_1', \boldsymbol{\rho}_2', \omega) K(\boldsymbol{\rho} - \boldsymbol{\rho}_1', \boldsymbol{\rho} - \boldsymbol{\rho}_2', z; \omega) \, \mathrm{d}^2\rho_1' \mathrm{d}^2\rho_2' \tag{4}$$

となる．この式は，平面 $z = 0$ 上のすべての 2 点における一般化されたスペクトルストークスパラメーター $S_\alpha^{(0)}$ を使って，半空間 $z > 0$ 中の任意の点における通常のスペクトルストークスパラメーター $s_\alpha(\mathbf{r}, \omega)$ を表している．明らかに，光源面上のすべての点において通常のスペクトルストークスパラメーター $s_\alpha(\mathbf{r}, \omega)$ がわかっていたとしても，それは半空間 $z > 0$ 全体でこれらのパラメーターを決定するためには十分ではない．実際には，光源面 $z = 0$ において同じストークスパラメーター $s_\alpha(\boldsymbol{\rho}, \omega)$ をもつ 2 つの確率論的電磁ビームが，半空間 $z > 0$ 全体で異なる偏光度をもつビームを作り出すこともある[17]．

一般化されたスペクトルストークスパラメーターは，相互スペクトル密度行列のように，確率論的電磁ビームのスペクトル特性，偏光特性，およびコヒーレンス特性を解明するために利用できることは明らかである．

自由空間を伝搬する電磁ガウス型シェルモデル光源の，スペクトルストークスパラメーターの変化の例が図 9.8 に示されている．これらは，式 (4) お

---

17 この種の例は M. Salem, O. Korotkova and E. Wolf, *Opt. Lett.* **31** (2006), 3025-3027 に与えられている．2 つのビームの偏光度の相違は光源面 $z = 0$ における場のコヒーレンス度の相違によるものであるが，これは通常のストークスパラメーター s_j には含まれない情報である．

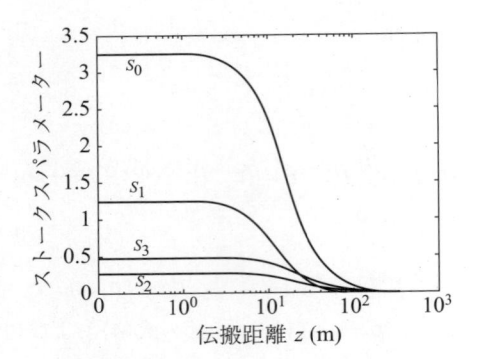

図 9.8 自由空間を伝搬する電磁ガウス型シェルモデルビームのストークスパラメーター s_0, s_1, s_2 および s_3 の変化.光源を記述するパラメーターは,$\omega = 3 \times 10^{15}$ Hz ($\lambda = 632.8$ nm), $A_x = 1.5$, $A_y = 1$, $\delta = \arg B_{xy} = \pi/6$, $|B_{xy}| = 0.35$, $\sigma = 1$ cm, $\delta_{yy} = 0.2$ mm, $\delta_{xy} = 0.25$ mm および $\delta_{xx} = 0.15$ mm とした.[O. Korotkova and E. Wolf, *Opt. Lett.* **30** (2005), 198-200 より転載]

よび (2a) から計算された.

自由空間ばかりではなく,決定論的もしくはランダムな任意の線形媒質におけるスペクトルストークスパラメーターの伝搬についても同様の計算が実行できる.このときは式 (4) において,その媒質の伝搬に適した核 (kernel) を使わなくてはならない.

問題

9.1 非偏光で互いに相関のない,統計的に定常な 2 つの確率論的ビームが z 軸に沿って半空間 $z > 0$ を伝搬する.$\{\mathbf{E}^{(A)}(\mathbf{r}, \omega)\}$ および $\{\mathbf{E}^{(B)}(\mathbf{r}, \omega)\}$ は,個々のビームを表す統計的集合である.さらに,x および y を z 方向に垂直な互いに直交した方向として

$$W_{ij}^{(A)} = \langle E_i^{(A)*} E_j^{(A)} \rangle, \quad W_{ij}^{(B)} = \langle E_i^{(B)*} E_j^{(B)} \rangle$$

および

$$W_{ij}^{(A,B)} = \langle E_i^{(A)*} E_j^{(B)} \rangle, \qquad (i = x, y; j = x, y)$$

とする.括弧 $\langle \ldots \rangle$ はアンサンブル平均を表す.

(a) 全体の場の相互スペクトル密度行列を表す式を導出せよ.

(b) 全体の場は部分偏光になるかもしれないことを示せ．全体の場はどのような条件で非偏光になるか．

9.2 z 方向に沿った軸をもつ熱放射光のビームが，z (= 定数) 平面内の点 $P_1(\boldsymbol{\rho}_1)$ および $P_2(\boldsymbol{\rho}_2)$ に置かれた 2 つの検出器に入射する．そのビームの 2×2 の相互スペクトル密度行列は変数 $\boldsymbol{\rho}_1$ および $\boldsymbol{\rho}_2$ について対称であると仮定して，強度ゆらぎ $\Delta I(\boldsymbol{\rho}_j, \omega) = I(\boldsymbol{\rho}_j, \omega) - \langle I(\boldsymbol{\rho}_j, \omega) \rangle$ $(j = 1, 2)$ の相関が

$$\langle \Delta I(\boldsymbol{\rho}_1, \omega) \Delta I(\boldsymbol{\rho}_2, \omega) \rangle = \mathrm{Tr}\,[\mathbf{W}^\dagger(\boldsymbol{\rho}_1, \boldsymbol{\rho}_2, \omega) \mathbf{W}(\boldsymbol{\rho}_1, \boldsymbol{\rho}_2, \omega)]$$

で与えられることを示せ．ここで，$\mathbf{W}(\boldsymbol{\rho}_1, \boldsymbol{\rho}_2, \omega)$ はビームの相互スペクトル密度行列であり，ダガー($\dagger$)はエルミート共役を表す．

9.3 平面 2 次電磁ガウス型シェルモデル光源のコヒーレンス度を表す式を導出せよ．

9.4 電磁ガウス型シェルモデルビームの断面の任意の 2 点におけるコヒーレンス度は，自由空間で伝搬距離が増加するに従い 1 に近づくことを示せ．

9.5 $z = 0$ 平面に置かれ，x 方向に振動する直線偏光のガウス型シェルモデル光源によって生成されるビームを考える．そのスペクトル密度は

$$S_x^{(0)}(\omega) = A^2 \mathrm{e}^{-(\omega - \bar{\omega})^2/(2\sigma^2)}, \quad S_y^{(0)}(\omega) = B^2 \mathrm{e}^{-(\omega - \bar{\omega})^2/(2\sigma^2)}$$

であり，電場の相関係数は

$$\mu_{xx}^{(0)}(\boldsymbol{\rho}_1, \boldsymbol{\rho}_2, \omega) = \mathrm{e}^{-(\boldsymbol{\rho}_1 - \boldsymbol{\rho}_2)^2/(2\delta_x^2)}$$
$$\mu_{yy}^{(0)}(\boldsymbol{\rho}_1, \boldsymbol{\rho}_2, \omega) = \mathrm{e}^{-(\boldsymbol{\rho}_1 - \boldsymbol{\rho}_2)^2/(2\delta_y^2)}$$
$$\mu_{xy}^{(0)}(\boldsymbol{\rho}_1, \boldsymbol{\rho}_2, \omega) = 0$$

とする．これらの式において，A，B，σ，δ_x および δ_y は位置と周波数に依存せず，光源は σ に比べて大きいと仮定する．式

$$s(\mathbf{r}, \omega) = \frac{S(\mathbf{r}, \omega)}{\int_0^\infty S(\mathbf{r}, \omega)\,\mathrm{d}\omega}$$

を点 $\mathbf{r}$ における正規化されたスペクトル密度とする．遠方領域の点における $s(\mathbf{r}, \omega)$ の式を導出せよ．

$A = 1$，$\sigma = 0.2\bar{\omega}$ および $\delta = 0.5\,\mathrm{mm}$ のとき，光源面の法線となす角が $\theta = 0°$ および $\theta = 0.3°$ の方向における正規化された光源スペクトルと正規化された遠方領域のスペクトルをプロットせよ．

ビーム軸に対して対称に置かれた2点に対する光源面上の電場のコヒーレンス度 $\eta^{(0)}(\boldsymbol{\rho}_1, \boldsymbol{\rho}_2, \omega)$ を求め，それを間隔 $|\Delta\boldsymbol{\rho}| = 2|\boldsymbol{\rho}_1| = 2|\boldsymbol{\rho}_2|$ の関数としてプロットせよ．

9.6 平面 $z = 0$ に置かれた平面2次光源によって生成され，z 軸に沿って半空間 $z > 0$ に伝搬する確率論的電磁ビームを考える．光源面上の電場の互いに直交する2つの成分のスペクトル密度 $S_x^{(0)}(\omega)$ および $S_y^{(0)}(\omega)$ は位置に依存しないと仮定されている．

半空間 $z > 0$ の中の点 $\mathbf{r}$ における場のスペクトル密度は

$$S(\mathbf{r}, \omega) = S_x^{(0)}(\omega) M_x(\mathbf{r}, \omega) + S_y^{(0)}(\omega) M_y(\mathbf{r}, \omega)$$

と表されることを示せ．また，$M_x(\mathbf{r}, \omega)$ および $M_y(\mathbf{r}, \omega)$ を表す式を導出せよ．点 $\mathbf{r}$ が遠方領域にあるとき，これらの式はどのように単純化されるか．

もし，光源面における電場の成分 E_x および E_y に相関がなければ，上式は

$$S(\mathbf{r}, \omega) = S_x^{(0)}(\omega)[M_x(\mathbf{r}, \omega) + \alpha(\mathbf{r}, \omega) M_y(\mathbf{r}, \omega)]$$

と表されることを示せ．ここで，

$$\alpha(\omega) = \frac{1 - \mathcal{P}^{(0)}(\omega)}{1 + \mathcal{P}^{(0)}(\omega)}$$

であり，$\mathcal{P}^{(0)}(\omega)$ は光源面上の場の偏光度である．

9.7 σ_0 は単位行列を，σ_1, σ_2 および σ_3 はいわゆるパウリのスピン行列 (Pauli spin matrices) を表している．4つの行列は

$$\sigma_0 = \begin{bmatrix} 1 & 0 \\ 0 & 1 \end{bmatrix}, \quad \sigma_1 = \begin{bmatrix} 1 & 0 \\ 0 & -1 \end{bmatrix}, \quad \sigma_2 = \begin{bmatrix} 0 & 1 \\ 1 & 0 \end{bmatrix}, \quad \sigma_3 = \begin{bmatrix} 0 & i \\ -i & 0 \end{bmatrix}$$

で定義される．

(a) 式
$$\mathrm{Tr}\,(\sigma_j \cdot \sigma_k) = 2\delta_{jk} \qquad (j, k = 0, 1, 2, 3)$$

を示せ．ここで，δ_{jk} はクロネッカーの記号 ($k = j$ のとき，$\delta_{jk} = 1$; $k \neq j$ のとき，$\delta_{jk} = 0$) である．

(b) 上記の関係式を利用して，スペクトルストークスパラメーターと相互スペクトル密度行列は式

$$s_j(\mathbf{r}, \omega) = \mathrm{Tr}\,\{\mathbf{W}(\mathbf{r}, \mathbf{r}, \omega) \cdot \sigma_j\}$$

および

$$\mathbf{W}(\mathbf{r},\mathbf{r},\omega) = \frac{1}{2}\sum_{j=1}^{3}\{s_j(\mathbf{r},\omega)\sigma_j\}$$

によって関係づけられることを示せ.

9.8 $s_j(\mathbf{r},\omega)$ $(j=0,1,2,3)$ は,準単色定常光ビームのスペクトルストークスパラメーターである.行列

$$\mathbf{S}(\mathbf{r},\omega) \equiv \begin{bmatrix} s_0(\mathbf{r},\omega) \\ s_1(\mathbf{r},\omega) \\ s_2(\mathbf{r},\omega) \\ s_3(\mathbf{r},\omega) \end{bmatrix}$$

はビームの(スペクトル)ストークスベクトルを表すといわれる.

ビームは線形の非結像デバイスを通過すると考える.$\mathbf{S}'(\mathbf{r},\omega)$ を出射ビームのストークスベクトルを表すものとする.このとき,

$$\mathbf{S}'(\mathbf{r},\omega) = \mathbf{M}(\mathbf{r},\omega)\mathbf{S}(\mathbf{r},\omega)$$

となる.ここで,$\mathbf{M}$ は(スペクトル)ミューラー行列として知られる 4×4 の行列である.

ミューラー行列の要素を,問題 8.6 で定義した装置行列の要素によって表現せよ.

9.9 光源面 $z=0$ から半空間 $z>0$ に伝搬する 2 つの確率論的電磁ビームは,光源面で同じストークスパラメーターをもっていたとしても,半空間全体で異なる偏光度をもつかもしれないことを示せ.(ヒント:光源を記述する際に,一般化されたストークスパラメーターを使用せよ.)

付録 I
位相空間のセルと縮退パラメーター

(a) 準単色光波の位相空間のセル（1.4 節）

1.4 節の終わりにかけて，コヒーレンス体積の概念には放射の量子論において対応するものがあり，それは**位相空間のセル**として知られていることについて触れた．この付録では位相空間のセルを定義し，関連する概念である放射の縮退パラメーターをあわせて導入する．

最初に，波長 λ の単色平面波を考えよう．ド・ブロイの関係式（de Broglie relation）の 1 つによると（B&W, Appendix II），それを運動量 $\mathbf{p}$ の光子に関係づけることができる．その大きさは

$$p = \frac{h}{\lambda} \tag{1}$$

であり，ここで h はプランク定数である．$\mathbf{r} \equiv (x, y, z)$ は光子の位置を記述するものとする[1]．初等的な量子力学によると，光子の位置と運動量は，ハイ

---

[1] 光子の位置は波長程度の距離よりも正確に記述することはできないが，ここでは光子の局在に関する厄介な問題を無視する．

ゼンベルクの不確定性関係（Heisenberg uncertainty relation）[2]

$$\Delta x\, \Delta p_x \geq h, \qquad \Delta y\, \Delta p_y \geq h, \qquad \Delta z\, \Delta p_z \geq h \tag{2}$$

によって許される以上の精度では，同時に測定することはできない．

位相空間（phase space）とよばれる6次元の空間を導入しよう．この空間では，点は6つの変数 x, y, z, p_x, p_y, p_z の値によって記述される．不等式(2)を考慮すると，自然なかたちで，この空間は

$$\Delta x\, \Delta y\, \Delta z\, \Delta p_x\, \Delta p_y\, \Delta p_z = h^3 \tag{3}$$

で表される大きさの体積要素に分割される．この体積要素は**セル**（cell）とよばれる．明らかに，同じスピン状態（同じ偏光）の光子が式(3)で示される領域よりも大きくない位相空間の領域にあると，それらは**本質的に識別不可能**となる．

1.4節において古典的な波動理論に基づく考察からコヒーレンス体積の概念を導入したが，その概念がある制約条件のもとで，式(3)により与えられる通常の空間の体積 $\Delta x\, \Delta y\, \Delta z$ となることを示そう．その制約条件は，光学的な配置と光の帯域幅により積 $\Delta p_x\, \Delta p_y\, \Delta p_z$ に課せられるものである．少し異なる言い方をすると，**コヒーレンス体積とは光子が本質的に識別不可能となる空間の領域である**ことを示す．ここで述べたことの正当性を説明するために，準単色平面熱光源 σ によって生成される場の遠方領域を考え，そこに存在する光子の運動量の各成分における不確定性を最初に評価しよう．その光源は**一辺の長さ**が $2a$ であり，平面 $z=0$ に置かれ半空間 $z>0$ に放射するものとする．2ϕ は遠方領域にある点 Q から光源を見込む角を表し，簡単化のためにその角は小さく，点 Q は σ の法線上でそこから距離 R の位置に置かれると仮定する（図I.1）．光子が放出される光源上の点に関する情報は

---

[2] 不確定性関係(2)の右辺は，h ではなく，しばしば係数 $\hbar/2$ ($\hbar = h/(2\pi)$) を使って記述される．その係数の値は不確定性 Δx, Δp_x 等の厳密な定義に依存する．ここでの目的に対しては，不等式(2)が成り立つような定義が便利である．

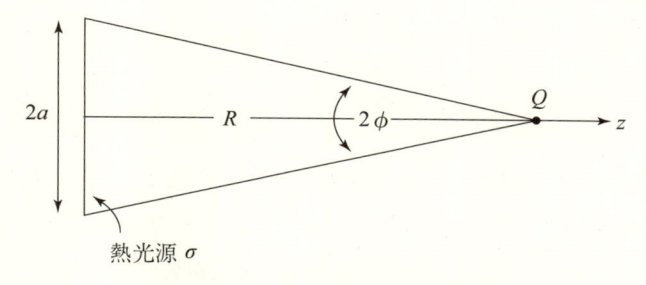

(a) 準単色光波の位相空間のセル (1.4 節)　263

図 I.1　付録 I の式(5)の導出に関係する記号.

ないため，Q に到達する光子の運動量の x および y 成分には不確定性 Δp_x および Δp_y が存在する．明らかに，これらの不確定性は光子の運動量 **p** の x および y 軸への射影，つまり

$$\Delta p_x = \Delta p_y \approx 2p\phi \tag{4}$$

となる．式(1)を使い，ϕ が十分に小さいと仮定すると，

$$\begin{aligned}\Delta p_x = \Delta p_y &\approx 2p\phi \\ &= \frac{2h}{\overline{\lambda}}\phi \approx \frac{2h}{\overline{\lambda}}\frac{a}{R}\end{aligned} \tag{5}$$

を得る．ここで，$\overline{\lambda}$ は放出された光の平均波長である．ϕ は小さいと仮定されたので，運動量の z 成分の不確定性は主に波長における不確定性に起因するものとなる．$\Delta\lambda$ を光の実効的な波長範囲とすると，式(1)より

$$\Delta p_z = \frac{h}{\overline{\lambda}^2}\Delta\lambda \tag{6}$$

となる．したがって，式(5)と(6)から

$$\Delta p_x \Delta p_y \Delta p_z = h^3 \frac{\Delta\lambda}{\overline{\lambda}^4}\frac{S}{R^2} \tag{7}$$

を得る．ここで，$S = (2a)^2$ は光源の大きさのオーダーである．この式を位相空間のセルを表す式(3)に代入すると，光源から放出される光子が本質的

に識別不可能となる点 Q のまわりの空間の体積は

$$\Delta x \, \Delta y \, \Delta z = \frac{R^2}{S}\left(\frac{\overline{\lambda}}{\Delta \lambda}\right)\overline{\lambda}^3 \tag{8}$$

となる．式(8)を1.4節の式(2a)と比較すると，右辺は完全に古典的な理論に基づく考察によって導かれたコヒーレンス体積の式に等しいことがわかる．このようにコヒーレンス体積の量子力学的な重要性について，前述の主張が正しかったことがわかった．

(b) 共振器内の放射の位相空間のセル（7.4 および 7.5 節）

　位相空間のセルの概念は，もともとは光ビームに対してではなく，むしろ熱的に隔離された共振器内の熱放射，つまり黒体放射に対して導入された．それは例えば7.5節で議論される光のゆらぎの光電検出の理論において重要な役割を果たす．この付録では，この状況に対する位相空間のセルの数を表す式を導出する．

　式(3)を使って，共振器の体積 V に含まれる，ある有限の運動量の範囲にある光子に関係づけられた位相空間のセルの数 Z を計算しよう．明らかに，

$$Z = \frac{2}{h^3}\int dp_x \, dp_y \, dp_z \, dx \, dy \, dz \tag{9}$$

である．ここで，積分は光子を含む位相空間の全領域にわたる．積分の前の係数2は，2つのスピンの状態を区別しなければならないことに由来する．

　そのエネルギーが

$$E = h\nu \quad \text{と} \quad E + dE = h(\nu + d\nu)$$

の範囲に入っている同じスピンの光子を考える．対応する運動量の大きさは，

$$p = \frac{E}{c} = \frac{h\nu}{c} \quad \text{と} \quad p + dp = \frac{h(\nu + d\nu)}{c}$$

(b) 共振器内の放射の位相空間のセル (7.4 および 7.5 節)　265

の範囲に入る．ここで，c は真空中の光の速度である．

　平衡状態での放射を考えているので，光子の伝搬に優先的な方向はない．これにより，以下のような簡単な方法で，その運動量からの式(9)の積分への寄与を決定することが可能となる．下の図に示される運動量空間における球の殻を考えよう．

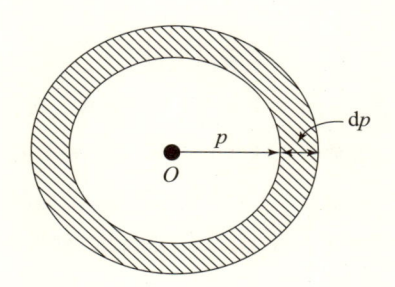

殻から式(9)への寄与は，明らかに

$$\int dp_x\, dp_y\, dp_z = 4\pi p^2 dp$$

$$= 4\pi \left(\frac{h\nu}{c}\right)^2 \frac{h}{c} d\nu$$

$$= 4\pi \frac{h^3}{c^3} \nu^2 d\nu \tag{10}$$

となる．

　通常の空間(配位空間[3]ともよばれる)からの寄与は，

$$\int dx\, dy\, dz = V \tag{11}$$

となる．

　式(10)と(11)を式(9)に代入すると，位相空間におけるセルの数 Z を表す式

$$Z = \frac{2}{h^3} 4\pi \frac{h^3}{c^3} \nu^2 d\nu V,$$

---

[3]【訳者注】原文では，"configuration space"．

つまり

$$Z = \frac{8\pi V}{c^3} \nu^2 d\nu \tag{12}$$

を得る．

共振器内で光子が識別不可能となる領域の大きさは，式(12)において $Z=1$ とすると，式

$$V = \frac{1}{8\pi}\left(\frac{\lambda}{\Delta\lambda}\right)\lambda^3 \tag{13}$$

で与えられる．ここで，関係式 $\nu = c/\lambda$ を使った．式(13)は，8π を立体角 $\Delta\Omega'$ に置き換えると，熱放射光のコヒーレンス体積を表す1.4節の式(2b)と同じ形である．さて，立体角 $\Delta\Omega'$ は，共振器内の放射が対象となる領域に到達する際にとり得るすべての方向によって形成される立体角を表している．7.4節で触れたように，Einstein は黒体放射のエネルギーゆらぎに関する基礎的論文において，熱的に隔離された共振器内の放射は，立体角 4π を満たすすべての可能な方向に伝搬する平面波の混合とみなすことができると指摘した．もし，波動が非偏光であること，つまり個々の波動が2つの互いに独立した偏光状態(例えば，左および右回りの円偏光)で構成されていることをあわせて考慮するならば，式(13)における係数 $1/(8\pi)$ の起源を直ちに理解することができる．したがって，この付録の(a)で議論した場合と同様に，位相空間のセルにおける光子の識別不可能性の概念から導出された式(13)は，古典的な波動理論に基づくコヒーレンス体積の式に完全に一致する．

最後に，位相空間のセルの概念はしばしば物理学の文献に，いろいろと形を変えて現れることについて触れておこう．例えば，**基本光束**[4] (von Laue による概念)とよばれることもあるが，これは「1つの振動モードの体積」という用語と同様に，位相空間の単一セルを満たす放射を意味する．また，**光ビームの自由度** (degrees of freedom of a light beam) もしくは**ジーンズ数** (Jeans'

---

[4]【訳者注】原文では，"elementary bundle of rays"．

number)として言及されることもある[5]．これらは位相空間のセルの数に対する代替用語に過ぎない[6]．

(c) 縮退パラメーター

例えば，光のゆらぎの光電検出の理論において直面するいくつかの状況の解析では(7.5節)，位相空間のセルに含まれる光子の平均個数を見積もっておくことは重要である．この量は，放射の**縮退パラメーター**(degeneracy parameter)として知られる．これから示すように，それは熱放射光とレーザー光でかなりの違いがある．

平衡状態の温度 T の黒体放射に対して，周波数 ν における縮退パラメーター δ の値は式[7]

$$\delta = \frac{1}{e^{h\nu/(k_B T)} - 1} \quad (14)$$

で与えられる．ここで，k_B はボルツマン定数である．図I.2は式(14)から計算された，いろいろな温度および波長 $\lambda = c/\nu$ に対する黒体放射の縮退パラメーターの値を示している．温度 $T = 3{,}000$ K の白熱光源からの周波数 $\nu = 5 \times 10^{14}$ Hz ($\lambda = 6 \times 10^{-5}$ cm)の光については

$$\delta \sim 3 \times 10^{-4} \quad (15)$$

となり，これはこの光が高度に非縮退 ($\delta \ll 1$) であることを示している．この周波数で $\delta \sim 1$ となるためには，温度が 3×10^4 K のオーダーである必要がある．

状況はレーザー光に対してはまったく異なっている．これを確認するために，1 mW の出力パワーをもち，断面積 1 mm^2 のビームを発生し，平均波長

---

[5]【訳者注】これらの用語は，例えば A. Landé, *Principles of Quantum Mechanics* (Cambridge University Press, London, 1937), §32, 33 で議論されている．

[6] これに関連して，D. Gabor, in *Progress in Optics*, Vol. I, E. Wolf ed. (North-Holland, Amsterdam, 1961), Section V, p.146 (および以下) も参照せよ．

[7] L. Mandel, *J. Opt. Soc. Amer.* **51** (1961), 797-798 を参照せよ．

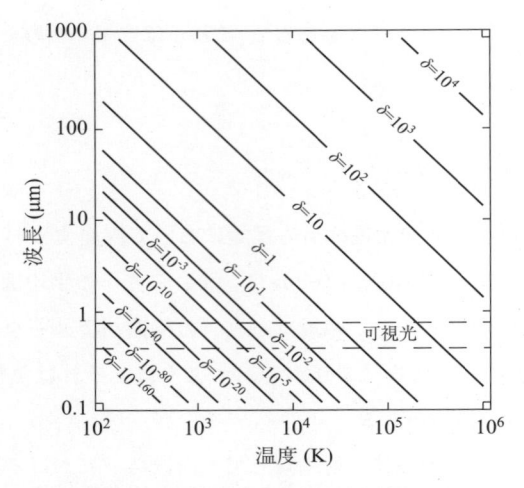

図 I.2 いろいろな温度および波長に対する黒体放射の縮退パラメーター．[W. Martienssen and E. Spiller, *Amer. J. Phys.* **32** (1964), 919-926 から転載]

$\bar{\lambda} = 6 \times 10^{-5}$ cm ($\bar{\nu} = 5 \times 10^{14}$ Hz) をもつレーザーを考えよう．この光ビームでは，光子1個のエネルギーを使って表現された単位体積あたりの光子数は

$$\rho = \frac{光子}{体積} = \frac{(ビームのパワー)}{(h\nu)(c)(ビームの断面積)}$$

$$= \frac{(1 \times 10^{-3} \text{ J/s})}{(3.3 \times 10^{-19} \text{ J})(3 \times 10^8 \text{ m/s})(1 \times 10^{-6} \text{ m}^2)}$$

$$= 10^{13} \text{ 光子/m}^3$$

$$= 10^7 \text{ 光子/cm}^3 \tag{16}$$

となる．十分に短い時間間隔ではそのようなレーザーは十分に安定しており，その出射光のコヒーレンス体積は $\Delta V \sim 1.9 \times 10^3$ cm^3 となることを以前に確認した[1.4節の式(7)]．したがって，この場合の縮退パラメーターは

$$\delta = \rho \cdot \Delta V \sim (10^7 \text{光子/cm}^3) \times 1.9 \times 10^3 \text{ cm}^3 = 1.9 \times 10^{10} \tag{17}$$

となる．そのため，この光は高度に縮退している($\delta \gg 1$)．式(17)と(15)を比較すると，黒体放射とレーザービームの縮退の間には，大きさで14桁というかなりの相違があることがわかる．

付録 II

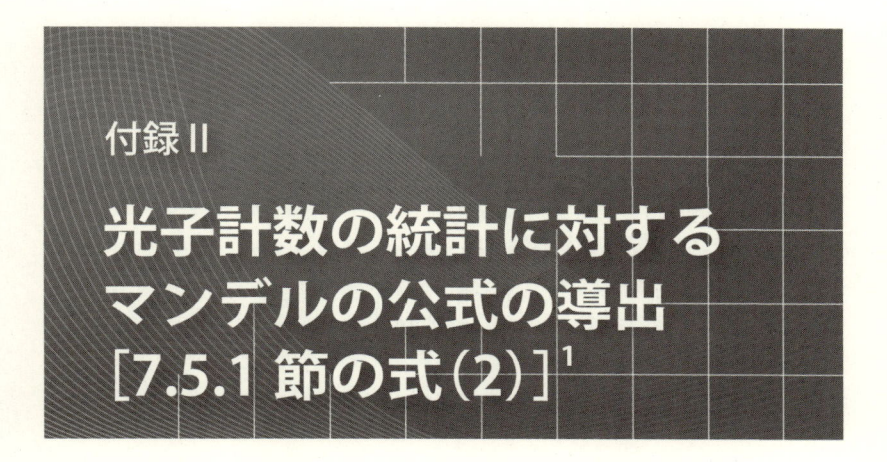

光子計数の統計に対するマンデルの公式の導出 [7.5.1 節の式(2)][1]

ゆらぎをもつ複素振幅 $V(t)$ で表される直線偏光の準単色波が,量子効率 α の光検出器に入射すると考えよう.7.5.1 節の式(1)によると,電子が時間間隔 $(t, t+T)$ において放出される確率は $P(t)\Delta t = \alpha I(t)\Delta t$ で与えられる.

区間 $(t, t+T)$ を,それぞれの継続時間が Δt となるような $T/\Delta t$ 個の短い区間に分割しよう.ここで,その短い区間に対して

$$t_i = t + i\Delta t \quad (i = 0, 1, 2, \ldots, T/\Delta t) \tag{1}$$

と番号づけをしておく.区間 $(t, t+T)$ において n 回の計数を得る確率は,時刻 t_{r_1},時刻 t_{r_2},…,時刻 t_{r_n} において,それぞれ 1 個の計数を得る確率の積に,残りの $(T/\Delta t) - n$ 区間において計数が得られない確率をかけ算し,すべての可能な計数列にわたり和をとったものとなる.つまり

$$p(n, t, T) = \lim_{\Delta t \to 0} \sum_{r_1=0}^{T/\Delta t} \sum_{r_2=0}^{T/\Delta t} \cdots \sum_{r_n=0}^{T/\Delta t} \frac{1}{n!} \alpha^n I(t_{r_1}) I(t_{r_2}) \cdots I(t_{r_n}) (\Delta t)^n$$
$$\times \prod_{i=0}^{T/\Delta t} [1 - \alpha I(t_i)\Delta t] \bigg/ \prod_{j=1}^{n} [1 - \alpha I(t_{r_j})\Delta t] \tag{2}$$

---

[1] 本付録の解析は,本質的に L. Mandel in *Progress in Optics*, Vol. II, E. Wolf ed. (North-Holland, Amsterdam, 1963), p.242-248 によって与えられた導出に従う.

である．$\Delta t \to 0$ のとき，式(2)の分母の積は

$$\prod_{j=1}^{n}[1-\alpha I(t_{r_j})\Delta t] \to 1 - nO(\Delta t) \tag{3}$$

となる．これは明らかに，n が有限であれば 1 に近づく．また，添え字 r_1, r_2, $\cdots$, r_n についての多重和は分離可能になり，

$$\left(\sum_{r_i=0}^{T/\Delta t} \alpha I(t_{r_i})\Delta t\right)^n$$

に等しくなる．これは，$\Delta t \to 0$ のとき，

$$\left[\alpha \int_t^{t+T} I(t')\,dt'\right]^n$$

に近づく．残りの積は

$$\begin{aligned}\prod_{i=0}^{T/\Delta t}[1-\alpha I(t_i)\Delta t] = {} & 1 - \left[\sum_{i=0}^{T/\Delta t} \alpha I(t_i)\Delta t\right] \\ & + \frac{1}{2!}\left[\sum_{i=0}^{T/\Delta t} \alpha I(t_i)\Delta t\right]^2 - \frac{1}{2!}\sum_{i=0}^{T/\Delta t} \alpha^2 I^2(t_i)(\Delta t)^2 \\ & - \frac{1}{3!}\left[\sum_{i=0}^{T/\Delta t} \alpha I(t_i)\Delta t\right]^3 + \frac{1}{3!}\sum_i\sum_j \alpha^3 I(t_i)I^2(t_j)(\Delta t)^3 \\ & + \cdots \end{aligned} \tag{4}$$

と表現される．括弧 $[\ldots]$ の中の項はすべて Δt について 0 次であるが，他の項は Δt について 1 次および高次の項であるので $\Delta t \to 0$ のときに無視できるようになる．その結果，$\Delta t \to 0$ のとき，

$$\begin{aligned}\prod_{i=0}^{T/\Delta t}[1-\alpha I(t_i)\Delta t] & \to \exp\left[-\sum_{i=0}^{T/\Delta t}\alpha I(t_i)\Delta t\right] \\ & \to \exp\left[-\alpha \int_t^{t+T} I(t')\,dt'\right]\end{aligned} \tag{5}$$

となる．したがって，式(2)は光子計数の統計に対するマンデルの公式

$$p(n,t,T) = \frac{1}{n!} \left[\alpha \int_t^{t+T} I(t') \, dt' \right]^n \exp\left[-\alpha \int_t^{t+T} I(t') \, dt' \right] \qquad (6)$$

を与える．式(6)は明らかに，パラメーター $\alpha \int_t^{t+T} I(t') \, dt'$ をもつ n についてのポアソン分布である．

付録III
電磁ガウス型シェルモデル光源の偏光度

9.4 節の式(5)および(6)によると，ガウス型シェルモデル光源の相互スペクトル密度行列は式

$$W_{ij}^{(0)}(\boldsymbol{\rho}_1,\boldsymbol{\rho}_2,\omega) = \sqrt{S_i^{(0)}(\boldsymbol{\rho}_1,\omega)}\sqrt{S_j^{(0)}(\boldsymbol{\rho}_2,\omega)}\,\mu_{ij}^{(0)}(\boldsymbol{\rho}_2-\boldsymbol{\rho}_1,\omega), \quad (i=x,y;\,j=x,y) \tag{1}$$

で与えられる．ここで，スペクトル密度は

$$S_i^{(0)}(\boldsymbol{\rho},\omega) = A_i^2 \exp[-\rho^2/(2\sigma_i^2)], \tag{2}$$

および相関係数は

$$\mu_{ij}^{(0)}(\boldsymbol{\rho}_2-\boldsymbol{\rho}_1,\omega) = B_{ij} \exp[-(\boldsymbol{\rho}_2-\boldsymbol{\rho}_1)^2/(2\delta_{ij}^2)] \tag{3}$$

であり，係数 B_{ij} は 9.4 節の式(7)によって与えられる制約条件を満たしている．

9.2 節の式(14)によると，光源面上の位置ベクトル $\boldsymbol{\rho}$ によって指定される点の電場のスペクトル偏光度は，一般式

$$\mathcal{P}^{(0)}(\boldsymbol{\rho},\omega) = \sqrt{1 - \frac{4\,\text{Det}\,\mathbf{W}(\boldsymbol{\rho},\boldsymbol{\rho},\omega)}{[\text{Tr}\,\mathbf{W}(\boldsymbol{\rho},\boldsymbol{\rho},\omega)]^2}} \tag{4}$$

によって与えられる. $\rho_2 = \rho_2 \equiv \rho$ のとき, 式 (1) は

$$W_{ij}^{(0)}(\rho, \rho, \omega) = \sqrt{S_i^{(0)}(\rho, \omega)} \sqrt{S_j^{(0)}(\rho, \omega)} \mu_{ij}^{(0)}(0, \omega), \quad (i = x, y; j = x, y) \quad (5)$$

となる. $\mu_{yx}^{(0)}(0, \omega) = \mu_{xy}^{(0)*}(0, \omega)$ を使い, アスタリスクを複素共役を表すものとすると,

$$\begin{aligned}\text{Det } \mathbf{W}^{(0)}(\rho, \rho, \omega) &= W_{xx}^{(0)} W_{yy}^{(0)} - W_{xy}^{(0)} W_{yx}^{(0)} \\ &= S_x^{(0)}(\rho, \omega) S_y^{(0)}(\rho, \omega)[1 - |\mu_{xy}^{(0)}(0, \omega)|^2]\end{aligned} \quad (6)$$

となる.

さらに, 式(5)と $\mu_{ii}(0, \omega) = 1$ $(i = x, y)$ より,

$$\text{Tr } \mathbf{W}(\rho, \rho, \omega) = S_x^{(0)}(\rho, \omega) + S_y^{(0)}(\rho, \omega) \quad (7)$$

となる.

式(6)と(7)を式(4)に代入すると, 平面 $z = 0$ における偏光度を表す式

$$\mathcal{P}^{(0)}(\rho, \omega) \equiv \sqrt{1 - \frac{4 S_x^{(0)}(\rho, \omega) S_y^{(0)}(\rho, \omega)}{[S_x^{(0)}(\rho, \omega) + S_y^{(0)}(\rho, \omega)]^2}[1 - |\mu_{xy}^{(0)}(0, \omega)|^2]} \quad (8)$$

を得る. 式(2)と(3)をこの式に代入すると, 偏光度を表す式

$$\mathcal{P}^{(0)}(\rho, \omega) = \sqrt{1 - \frac{4 A_x^2 A_y^2 \exp\left[-\frac{1}{2}\rho^2\left(\frac{1}{\sigma_x^2} + \frac{1}{\sigma_y^2}\right)\right]}{\left[A_x^2 \exp\left(-\frac{\rho^2}{2\sigma_x^2}\right) + A_y^2 \exp\left(-\frac{\rho^2}{2\sigma_y^2}\right)\right]^2}(1 - |B_{xy}|^2)} \quad (9)$$

を得る.

もし,

$$\sigma_y = \sigma_x \quad (10)$$

であれば, 式(9)は簡単になり

$$\mathcal{P}^{(0)}(\rho, \omega) = \sqrt{1 - \frac{4 A_x^2 A_y^2}{(A_x^2 + A_y^2)^2}(1 - |B_{xy}|^2)} \quad (11)$$

と表される．この式は**条件(10)が満たされるとき**，つまり光源面 $z = 0$ において電場の x および y 成分のスペクトル密度の r.m.s. 幅が等しいとき，偏光度 $\mathcal{P}^{(0)}(\rho, \omega)$ は ρ に依存しない，つまりそれは光源上のすべての点で等しいことを意味する．さらに，もし $|B_{xy}| = 1$ であれば，式(3)より $|\mu_{xy}(0, \omega)| = 1$ となり，これは**電場の x および y 成分は光源上の各点で完全に相関をもつ**ことを意味する．このとき式(11)は $\mathcal{P}^{(0)}(\rho, \omega) = 1$ となる．つまり偏光度は光源上の各点で 1 になり，この場合，**電場は光源上で完全に偏光している**ことを表す．

付録IV
重要な確率分布

この付録では，最も重要な確率分布のいくつかを簡単に考え，それらの主な性質を要約する．

(a) 二項（ベルヌーイ）分布とその極限的場合のいくつか

二項分布（binomial distribution）はベルヌーイ分布（Bernoulli distribution）としても知られるが，これは古典物理学において直面する最も重要な確率分布のひとつである．ポアソン分布やガウス（正規）分布[1]などの他のよく知られた分布は，その分布の極限的場合と見なすことができる．

二項分布は，例えばサイコロ投げを連続するなどの繰り返し実験に適用される．P を単一の試行において発生するある事象の確率とする．N 回の独立した試行において，正確に n 回成功する確率 $p_N(n, P)$, $(n = 0, 1, 2, \cdots, N)$ を求めよう．成功した結果を S と，失敗を F と表記する．N 回の試行において正確に n 回の成功を得る1つの可能性は，列

$$\underbrace{S\ S\ S}_{n\ 回} \quad \underbrace{F\ F\ F\ F\ F\ F}_{N-n\ 回} \tag{1}$$

---

1 【訳者注】原文では，"Gaussian (normal) distribution"．

によって示される結果であろう．いわゆる独立事象に対する積の法則(product rule)により[2]，このような結果の確率は

$$\underbrace{P \times P \times P \ldots}_{n\,回} \times \underbrace{Q \times Q \times Q \ldots}_{N-n\,回} = P^n Q^{N-n} = P^n (1-P)^{N-n} \tag{2}$$

となる．ここで，$Q = 1 - P$ は単一試行において発生する事象の失敗の確率を表す．

実際には，ある特定の可能性の列(1)に興味があるわけではなく，P や Q の**順序にかかわらず**，nP と $(N-n)Q$，つまり n 回の成功と $N-n$ 回の失敗をもつすべての可能性に興味がある．そのような可能性の数は，明らかに N 個の箱の中に n 個の粒子を分配する可能なすべての方法の数と同じになる．つまり，この数は**二項係数**(binomial coefficient)

$$^N C_n \equiv \binom{N}{n} = \frac{N!}{(N-n)!\,n!} \tag{3}$$

に等しい．式(2)と(3)を使って，N 回の試行において n 回の成功となる確率は

$$p_N(n, P) = {}^N C_n P^n (1-P)^{N-n} \qquad (0 \le n \le N) \tag{4}$$

となることがわかる．この式は**二項分布**を表している．

この分布の最初の2つのモーメントが

$$\overline{n} \equiv \sum_{n=0}^{N} n\, p_N(n, P) = NP \tag{5a}$$

および

$$\overline{n^2} \equiv \sum_{n=0}^{N} n^2\, p_N(n, P) = NP(Q + NP) \tag{5b}$$

となり，分散が

$$\sigma^2 \equiv \overline{(n - \overline{n})^2} = NPQ \tag{5c}$$

---

[2] 例えば，J. F. Kenney and E. S. Keeping, *Mathematics of Statistics, Part Two*, second edition (D. Van Nostrand, New York, 1951), p. 10 を参照せよ．

となることは簡単に示される．

試行回数が非常に多く ($N \to \infty$)，かつ単一試行における成功確率が非常に小さい ($P \to 0$) ことを同時に満たす極限では，平均が式(5a)で与えられる条件のもとで，式(4)で与えられる二項分布はポアソン分布

$$p(n) = \frac{\bar{n}^n \mathrm{e}^{-\bar{n}}}{n!} \tag{6}$$

になることが示される[3]．もちろん，$\bar{n}$ はその分布の平均である．

ポアソン分布は $N \gg 1$ と $n \ll \bar{n}$ を同時に満たすときに，二項分布に対するよい近似になっていることがわかる．

ポアソン分布の2次のモーメントと分散が，式

$$\overline{n^2} = \bar{n} + \bar{n}^2 \tag{7a}$$

および

$$\sigma^2 = \bar{n} \tag{7b}$$

で与えられることはすぐに確かめられる．

二項分布のもうひとつの重要な極限的場合は，ガウス分布（正規分布としても知られる）

$$p(n) = \frac{1}{\sigma\sqrt{2\pi}} \mathrm{e}^{-(n-\bar{n})^2/(2\sigma^2)} \tag{8}$$

であり，ここでは平均 $\bar{n}$ と分散 σ^2 を使って表現されている．これは形式的には，ある制約条件のもとで $N \to \infty$ としたときに，二項分布から導くことができる[4]．

---

[3] J. F. Kenney and E. S. Keeping, *Mathematics of Statistics, Part One*, third edition (D. Van Nostrand, New York, 1954), p. 153.

[4] 例えば，A. Papoulis and S. Unnikrishna Pillai, *Probability, Random Variables and Stochastic Processes*, fourth edition (McGraw-Hill, Boston, 2002), pp. 156-157, Theorem 5.2 を参照せよ．

(b) ボーズ - アインシュタイン分布

前に触れたように,式(3)で定義される二項係数 ^NC_n は,N 個の箱の中に n 個の粒子を分配する問題との類似性から理解される.粒子は物理的に明確なもの,つまり互いに識別できるものとみなされる.

7.4 節の終わりにかけて,付録 I で議論された位相空間のセルの概念に直面した.その領域では,光子と他のいくつかの粒子はハイゼンベルクの量子力学的不確定性の原理の結果として互いに識別することはできない.これらの状況下では二項分布が適用されないことは明らかである.この状況を解析しよう.

このような n 個の粒子が位相空間の 1 つのセルに配置される確率は,以前と同様に式(2)で与えられる.しかし,式(3)で与えられる二項係数 ^NC_n は,n 個の**識別可能な**粒子が分配される方法の数を表現するものであるため,これはもはや適切ではない.このとき,式(4)の代わりに

$$p_N(n, P) = K_N P^n (1-P)^{N-n} \tag{9}$$

を利用する.ここで係数 K_N は,確率 p_N が適切に正規化されるように選ばれなければならない.この係数は n にも依存すると思われそうであるが,より正確な解析を行うと実際にはそうではないことがわかる.

式(9)は

$$\sum_{n=0}^{N} p_N(n, P) = 1 \tag{10}$$

を満たすように正規格化されなければならない.式(9)を式(10)に代入すると,すぐに

$$K_N = \frac{1-\alpha}{1-\alpha^N} \frac{1}{Q^N} \tag{11}$$

を得る.ここで,以前のように $Q = 1 - P$ であり,

$$\alpha = \frac{P}{Q} \tag{12}$$

である．式(11)を式(9)に代入すると，p_N に対する式

$$p_N(n, P) = \frac{1-\alpha}{1-\alpha^N} \frac{1}{Q^N} P^n Q^{N-n} = \frac{1-\alpha}{1-\alpha^N} \alpha^n \tag{13}$$

を得る．ここで，粒子の数が $N \gg 1$ を満たすように非常に大きいと考え，形式的に $N \to \infty$ の極限を考える．式(13)が有限の極限値になるためには，明らかに $\alpha < 1$ でなければならない．このとき式(13)は，$p_N(n, P)$ の代わりに $p(n)$ と書くと，

$$p(n) = (1-\alpha)\alpha^n \tag{14}$$

となる．式(14)はいわゆる**位相空間の1つのセルに対するボーズ‐アインシュタイン分布**の表し方のひとつである．

簡単な計算を行うと，この分布の平均，2次のモーメント，分散は

$$\bar{n} \equiv \sum_{n=0}^{\infty} np(n) = \frac{\alpha}{1-\alpha} \tag{15a}$$

$$\overline{n^2} \equiv \sum_{n=0}^{\infty} n^2 p(n) = \bar{n} + 2\bar{n}^2 \tag{15b}$$

$$\sigma^2 \equiv \overline{(n-\bar{n})^2} = \bar{n} + \bar{n}^2 \tag{15c}$$

となる．式(15a)を使って，式(14)を

$$p(n) = \frac{\bar{n}^n}{(\bar{n}+1)^{n+1}} \tag{16}$$

と表すことができる．これは位相空間の1つのセルに対するボーズ‐アインシュタイン分布の，よく知られた表し方である[5]．

---

[5] 位相空間の複数のセルに対するボーズ‐アインシュタイン分布は，例えば，L. Mandel, *Proc. Phys. Soc.* (London), **74** (1959), 233-243 に与えられている．

人名索引

A

Ádám, A.
　——, Jánossy, L. and Varga, P.　178
Agarwal, G. S.　86
Ambrosini, G.
　——, Spagnola, G. Schirripa, Paoletti, D. and Vicalvi, S.　60
Aspect, A.
　Schellekens, M., Hoppeler, R., Perrin, A., Gomez, J. Viana, Boiron, D., —— and Westbrook, C. I.　182

B

Basano, L.
　——, Ottonello, P., Rottigni, G. and Vicari, M.　図 4.9, 99
Baym, G.　182
Boiron, D.
　Schellekens, M., Hoppeler, R., Perrin, A., Gomez, J. Viana, ——, Aspect, A. and Westbrook, C. I.　182
Borghi, R.
　Gori, F., Santarsiero, M., —— and Wolf, E.　253
　Gori, F., Santarsiero, M., Piquero, G., ——, Mondello, A. and Simon, R.　239
　Gori, F., Santarsiero, M., Vicalvi, S., —— and Guattari, G.　226
　Piquero, G., Gori, F., Roumanini, P., Santarsiero, M., —— and Mondello, A.　239
Born, M.
　—— and Wolf, E.　xix, xx, 25, 26, 42, 47, 54, 58, 59, 図 3.9, 70, 85, 89, 98, 146, 203, 205, 220, 261
Brannen, E.
　—— and Ferguson, H. I. S.　178
Brosseau, C.　xx, 232

Brown, R. Hanbury　169, 図 7.1, 図 7.4, 図 7.6, 図 7.7
　——, Jennison, R. C. and Gupta, M. K. Das　170
　—— and Twiss, R. Q.　170, 図 7.2, 176, 図 7.3, 図 7.5, 179, 193
Byron, F. W.
　—— and Fuller, R. W.　212, 213

C

Carter, W. H.
　—— and Wolf, E.　図 5.10, 160
　Wolf, E. and ——　図 5.9
Collett, E.　xx, 204, 232
　Wolf, E. and ——　図 5.11

D

Dacic, Z.
　—— and Wolf, E.　図 5.16
DeSantis, P.
　——, Gori, F., Guattari, G. and Palma, C.　図 5.12, 図 5.13
Dogariu, A.
　—— and Wolf, E.　160
　Korotkova, O., Salem, M., —— and Wolf, E.　237
　Mujat, M., —— and Wolf, E.　232
　Popescu, G. and ——　90
　Salem, M., Korotkova, O., —— and Wolf, E.　237

E

Einstein, A.　175, 183
Esslinger, T.
　Öttl, A., Ritter, S., Köhl, M. and ——　182

F

Faklis, D.

Morris, G. M. and ——　　図 5.18, 図 5.19
Ferguson, H. I. S.
　　Brannen, E. and ——　　　　　178
Fischer, D. G.
　　—— and Wolf, E.　　　　　　160
　　Visser, T. D., —— and Wolf, E.　160, 図 6.4
Foley, J. T.
　　—— and Zubairy, M. S.　　　図 5.14
　　Wolf, E., —— and Gori, F.　　158
Fresnel, A. J.　　　　　　　　　　54
Friberg, A. T.
　　Tervo, J., Setälä, T. and ——　227
Fuller, R. W.
　　Byron, F. W. and ——　　212, 213

G
Gabor, D.　　　　　　　　　　　267
Gbur, G.
　　—— and Wolf, E.　　　　　　160
George, N.
　　Shirley, L. G. and ——　　　　155
Goldman, S.　　　　　　　　　　36
Gomez, J. Viana
　　Schellekens, M., Hoppeler, R., Perrin, A., ——, Boiron, D., Aspect, A. and Westbrook, C. I.　　　　　182
Goodman, J. W.　　　　　　19, 155
Gopal, E. S. R.
　　Kandpal, H. C., Wasan, A., Vaishya, J. S. and ——　　　　86, 図 4.3
Gori, F.
　　DeSantis, P., ——, Guattari, G. and Palma, C.　　図 5.12, 図 5.13
　　——, Palma, C. and Santarsiero, M.　158
　　——, Santarsiero, M., Borghi, R. and Wolf, E.　　　　　　　　　253
　　——, Santarsiero, M., Piquero, G., Borghi, R., Mondello, A. and Simon, R.　　　　　　　　239
　　——, Santarsiero, M., Vicalvi, S., Borghi, R. and Guattari, G.　226
　　Piquero, G., ——, Roumanini, P., Santarsiero, M., Borghi, R. and Mondello, A.　　　　　　239
　　Santarsiero, M. and ——　　図 4.2
　　Wolf, E., Foley, J. T. and ——　158
Guattari, G.

DeSantis, P., Gori, F., —— and Palma, C.　図 5.12, 図 5.13
Gori, F., Santarsiero, M., Vicalvi, S., Borghi, R. and ——　　　226
Gupta, M. K. Das
　　Brown, R. Hanbury, Jennison, R. C. and ——　　　　　　　　170

H
Hoppeler, R.
　　Schellekens, M., ——, Perrin, A., Gomez, J. Viana, Boiron, D., Aspect, A. and Westbrook, C. I.　182
Huygens, C.　　　　　　　　　　54

J
Jacobson, D. L.
　　——, Werner, S. A. and Rauch, H.　86
James, D. F. V.　　　　　　　　209
　　——, Kandpal, H. C. and Wolf, E.　91, 図 4.6
　　—— and Wolf, E.　　　　　　90
　　Wolf, E. and ——　　　　　　132
Jannson, J.
　　——, Jannson, T. and Wolf, E.　図 6.3
Jannson, T.
　　Jannson, J., —— and Wolf, E.　図 6.3
Jánossy, L.
　　Ádám, A., —— and Varga, P.　178
Jeans, J. H.　　　　　　　　　　267
Jennison, R. C.
　　Brown, R. Hanbury, —— and Gupta, M. K. Das　　　　　　170
Joshi, K. C.
　　Kandpal, H. C., Saxena, K., Mehta, D. S., Vaishya, J. S. and ——　93, 図 4.7

K
Kandpal, H. C.
　　James, D. F. V., —— and Wolf, E.　91, 図 4.6
　　——, Saxena, K., Mehta, D. S., Vaishya, J. S. and Joshi, K. C.　93, 図 4.7
　　——, Wasan, A., Vaishya, J. S. and Gopal, E. S. R.　　86, 図 4.3
　　Titus, S. S. K., Wasan, A., Vaishya, J. S. and ——　　　　　90
Keeping, E. S.

Kenney, J. F. and —— 278, 279
Kenney, J. F.
    —— and Keeping, E. S. 278, 279
Khintchine, A. 36
Köhl, M.
    Öttl, A., Ritter, S., —— and Esslinger, T. 182
Korotkova, O.
    ——, Salem, M., Dogariu, A. and Wolf, E. 237
    ——, Salem, M. and Wolf, E. 238, 239, 241
    —— and Wolf, E. 245, 図 9.6, 253, 図 9.8
    Roychowdhury, H. and —— 239
    Salem, M., ——, Dogariu, A. and Wolf, E. 237
    Salem, M., —— and Wolf, E. 255
    Shirai, T., —— and Wolf, E. 239
Kumar, V. N.
    —— and Rao, D. N. 90

L

Lee, H.
    Li, Y., —— and Wolf, E. 253
Li, Y.
    ——, Lee, H. and Wolf, E. 253
Lorentz, H. A. 184

M

Mandel, L. 19, 図 2.2, 186, 190, 193, 267, 269, 281
    ——, Sudarshan, E. C. G. and Wolf, E. 187
    —— and Wolf, E. xix, xx, 2, 19, 26, 30, 79, 90, 106, 107, 111, 131, 161, 168, 190, 226, 236
Martienssen, W.
    —— and Spiller, E. 177, 図 I.2
Mehta, C. L. 168
    Wolf, E. and —— 194
Mehta, D. S.
    Kandpal, H. C., Saxena, K., ——, Vaishya, J. S. and Joshi, K. C. 93, 図 4.7
Michelson, A. A. 61, 図 3.15, 174
Miller, K. S. 168
Mondello, A.
    Gori, F., Santarsiero, M., Piquero, G., Borghi, R., —— and Simon, R. 239

Piquero, G., Gori, F., Roumanini, P., Santarsiero, M., Borghi, R. and —— 239
Morris, G. M.
    —— and Faklis, D. 図 5.18, 図 5.19
Morse, P. M. 191
Mujat, M.
    ——, Dogariu, A. and Wolf, E. 232

N

Nussenzveig, H. M. 34

O

O'Neill, E. L. 204
Öttl, A.
    ——, Ritter, S., Köhl, M. and Esslinger, T. 182
Ottonello, P.
    Basano, L., ——, Rottigni, G. and Vicari, M. 図 4.9, 99

P

Palma, C.
    DeSantis, P., Gori, F., Guattari, G. and —— 図 5.12, 図 5.13
    Gori, F., —— and Santarsiero, M. 158
Paoletti, D.
    Ambrosini, G., Spagnola, G. Schirripa, —— and Vicalvi, S. 60
Papas, C. H. 107, 147
Papoulis, A. 189
    —— and Pillai, S. Unnikrishna 279
Parrent, G. E.
    —— and Roman, P. 204
Pease, F. G. 図 3.10, 62, 図 3.11, 174
Perrin, S.
    Schellekens, M., Hoppeler, R., ——, Gomez, J. Viana, Boiron, D., Aspect, A. and Westbrook, C. I. 182
Pillai, S. Unnikrishna
    Papoulis, A. and —— 279
Piquero, G.
    Gori, F., Santarsiero, M., ——, Borghi, R., Mondello, A. and Simon, R. 239
    ——, Gori, F., Roumanini, P., Santarsiero, M., Borghi, R. and Mondello, A. 239
Poincaré, H. 222

Ponomarenko, S. A.
　Roychowdhury, H., —— and Wolf, E.
　　237
Popescu, G.
　—— and Dogariu, A.　　　　　　90
Purcell, E. M.　　　　　　　　　182

R

Rao, D. N.
　Kumar, V. N. and ——　　　　　90
Rauch, H.　　　　　　　　　　　86
　Jacobson, D. L., Werner, S. A. and ——
　　86
Rayleigh, Lord　　　　　　　　107
Reiche, F.　　　　　　　　　　183
Ritter, S.
　Öttl, A., ——, Köhl, M. and Esslinger, T.
　　182
Robinson, A.　　　　　　　　　216
Rohlfs, K.　　　　　図 3.13, 図 3.14
Roman, P.
　Parrent, G. E. and ——　　　　204
Rottigni, G.
　Basano, L., Ottonello, P., —— and
　　Vicari, M.　　　　　図 4.9, 99
Roumanini, P.
　Piquero, G., Gori, F., ——, Santarsiero,
　　M., Borghi, R. and Mondello, A.
　　239
Roychowdhury, H.
　—— and Korotkova, O.　　　　239
　——, Ponomarenko, S. A. and Wolf, E.
　　237
　—— and Wolf, E.　5, 137, 225, 247, 図
　　9.7

S

Salem, M.
　Korotkova, O., —— and Wolf, E.　238,
　　239, 241
　Korotkova, O., ——, Dogariu, A. and
　　Wolf, E.　　　　　　　　　237
　——, Korotkova, O. and Wolf, E.　255
　——, Korotkova, O., Dogariu, A. and
　　Wolf, E.　　　　　　　　　237
Santarsiero, M.
　Gori, F., Palma, C. and ——　　158
　Gori, F., ——, Borghi, R. and Wolf, E.
　　253

Gori, F., ——, Piquero, G., Borghi, R.,
　Mondello, A. and Simon, R.　239
Gori, F., ——, Vicalvi, S., Borghi, R. and
　Guattari, G.　　　　　　　　226
Piquero, G., Gori, F., Roumanini, P.,
　——, Borghi, R. and Mondello, A.
　239
—— and Gori, F.　　　　　　図 4.2
Saxena, K.
　Kandpal, H. C., ——, Mehta, D. S.,
　　Vaishya, J. S. and Joshi, K. C.　93,
　　図 4.7
Schellekens, M.
　——, Hoppeler, R., Perrin, A., Gomez, J.
　　Viana, Boiron, D., Aspect, A. and
　　Westbrook, C. I.　　　　　　182
Schumba, E. F.　　　　　　　　103
Setälä, T.
　Tervo, J., —— and Friberg, A. T.　227
Shirai, T.
　——, Korotkova, O. and Wolf, E.　239
　—— and Wolf, E.　　　図 9.4, 図 9.5
Shirley, L. G.
　—— and George, N.　　　　　155
Silverman, R. A.　　　　　　　160
Simon, R.
　Gori, F., Santarsiero, M., Piquero, G.,
　　Borghi, R., Mondello, A. and ——
　　239
Spagnola, G. Schirripa
　Ambrosini, G., ——, Paoletti, D. and
　　Vicalvi, S.　　　　　　　　　60
Spiller, E.
　Martienssen, W. and ——　177, 図 I.2
Stokes, G. G.　　　　　iv, 203, 225, 254
Sudarshan, E. C. G.
　Mandel, L., —— and Wolf, E.　　187
Svelto, O.　　　　　　　　　　　19

T

Tervo, J.
　——, Setälä, T. and Friberg, A. T.　227
Thompson, B. J.
　—— and Wolf, E.　　　　60, 図 3.9
Titus, S. S. K.
　——, Wasan, A., Vaishya, J. S. and
　　Kandpal, H. C.　　　　　　　90
Twiss, R. Q.
　Brown, R. Hanbury and ——　170, 図
　　7.2, 176, 図 7.3, 図 7.5, 179, 193

V

Vaishya, J. S.
  Kandpal, H. C., Saxena, K., Mehta, D.
    S., —— and Joshi, K. C. 93, 図 4.7
  Kandpal, H. C., Wasan, A., —— and
    Gopal, E. S. R. 86, 図 4.3
  Titus, S. S. K., Wasan, A., —— and
    Kandpal, H. C. 90
Van Cittert, P. H. 54, 170
Varga, P.
  Ádám, A., Jánossy, L. and —— 178
Vicalvi, S.
  Ambrosini, G., Spagnola, G. Schirripa,
    Paoletti, D. and —— 60
  Gori, F., Santarsiero, M., ——, Borghi,
    R. and Guattari, G. 226
Vicari, M.
  Basano, L., Ottonello, P., Rottigni, G.
    and —— 図 4.9, 99
Visser, T. D.
  ——, Fischer, D. G. and Wolf, E. 160,
    図 6.4

W

Wasan, A.
  Kandpal, H. C., ——, Vaishya, J. S. and
    Gopal, E. S. R. 86, 図 4.3
  Titus, S. S. K., ——, Vaishya, J. S. and
    Kandpal, H. C. 90
Werner, S. A.
  Jacobson, D. L., —— and Rauch, H. 86
Westbrook, C. I.
  Schellekens, M., Hoppeler, R., Perrin,
    A., Gomez, J. Viana, Boiron, D.,
    Aspect, A. and —— 182
Wiener, N. 36
Wolf, E. xix, 図 4.8, 132, 図 5.17, 137, 225
  Born, M. and —— xix, xx, 25, 26, 42,
    47, 54, 58, 59, 図 3.9, 70, 85, 89,
    98, 146, 203, 205, 220, 261
  Carter, W. H. and —— 図 5.10, 160
  Dacic, Z. and —— 図 5.16
  Dogariu, A. and —— 160
  Fischer, D. G. and —— 160
  Gbur, G. and —— 160
  Gori, F., Santarsiero, M., Borghi, R. and
    —— 253
  James, D. F. V. and —— 90
  James, D. F. V., Kandpal, H. C. and ——
    91, 図 4.6

Jannson, J., Jannson, T. and —— 図 6.3
Korotkova, O., Salem, M., Dogariu, A.
  and —— 237
Korotkova, O., Salem, M. and —— 238,
  239, 241
Korotkova, O. and —— 245, 図 9.6,
  253, 図 9.8
Li, Y., Lee, H. and —— 253
Mandel, L., Sudarshan, E. C. G. and
  —— 187
Mandel, L. and —— xix, xx, 2, 19, 26,
  30, 79, 90, 106, 107, 111, 131, 161,
  168, 190, 226, 236
Mujat, M., Dogariu, A. and —— 232
Roychowdhury, H. and —— 5, 137,
  225, 247, 図 9.7
Roychowdhury, H., Ponomarenko, S. A.
  and —— 237
Salem, M., Korotkova, O. and —— 255
Salem, M., Korotkova, O., Dogariu, A.
  and —— 237
Shirai, T., Korotkova, O. and —— 239
Shirai, T. and —— 図 9.4, 図 9.5
Thompson, B. J. and —— 60, 図 3.9
Visser, T. D., Fischer, D. G. and ——
  160, 図 6.4
—— and Carter, W. H. 図 5.9
—— and Collett, E. 図 5.11
——, Foley, J. T. and Gori, F. 158
—— and James, D. F. V. 132
—— and Mehta, C. L. 194

Y

Young, T. iv

Z

Zernike, F. iv, xvii, 54, 71, 170, 225
Ziman, J. M. 159
Zubairy, M. S.
  Foley, J. T. and —— 図 5.14

事項索引

A
analytic signal	26
autocorrelation function	29
—— centered ——	29
average	
ensemble ——	17

B
beam coherence-polarization matrix	226
Bernoulli distribution	277
binomial distribution	277
blackbody radiation	13
Bochner's theorem	30
Born approximation	146
Bose-Einstein distribution	191

C
cell of phase space	13
centered autocorrelation function	29
central limit theorem	19
coherence	
—— area	8
—— length	7
—— time	6
—— volume	11
longitudinal ——	113
spatial ——	7
temporal ——	6
transverse ——	113
coherence function	
equal-time ——	48
coherency matrix	200
coherent-mode representation	80
complex	
—— analytic signal	26
—— degree of coherence	44
conjugate diameters	216
correlation	
—— coefficient	202
—— induced spectral changes	86
covariance function	29
cross-correlation function	31
cross-spectral	
—— density	37

D
degeneracy parameter	105, 267
degree of coherence	
complex ——	44
equal-time ——	48
spectral ——	85
degree of polarization	209
distribution theory	34

E
eccentricity angle	217
Einstein's formula for blackbody radiation	184
Einstein-Fowler formula	183
ensemble average	17
ergodicity	23
expectation value	17

F
first-order Born approximation	146
Fourier spectroscopy	69
Fresnel-Arago interference laws	232
frozen model of turbulent atmosphere	154
FTIR	69

G
Gaussian random process	168
moment theorem	169
multivariate ——	169
Gaussian Schell-model	
—— beam	116
generalized function theory	34
generalized structure function	159

H
Hermitian	202
Huygens-Fresnel principle	42

I
instrument operator (matrix)	223
interference	
spectral ——	84
interferogram	69

J
Jones vector	223

L
Lambertian source	103
locally homogeneous media	160

M
Mandel's	
—— formula for photocount statistics	188
moment theorem for Gaussian random process	169
Mueller matrix	204
multivariate Gaussian random process	169
mutual coherence function	43
mutual intensity	48

N
Narrabri (intensity interferometer)	180
natural light	207
non-negative definite	85

P
Pauli spin matrices	258
phase space, cell of	13
Planck's law	13
Poincaré sphere	221
Poisson transform	188
polarization	
—— ellipse	216
—— matrix	200
circular ——	206
linear ——	206
polarized (light)	
circularly ——	219
completely ——	205
elliptically ——	206
linearly ——	219
partially ——	212

power spectrum	35
probability density	18

Q
quasi-homogeneous	
—— medium	160
—— source	118
quasi-monochromatic light	1

R
radiant intensity	112
Rayleigh diffraction integral	107
reciprocity relation for scattering	163

S
sample function	17
scaling law	136
Schell-model	
—— beam	116
—— source	114
smoothing	36
source	
Gaussian Schell-model ——	116
quasi-homogeneous ——	118
Schell-model ——	114
spectral	
—— degree of coherence	85
—— density	35
—— interference law	84
—— invariance	137
—— radiant intensity	112
—— visibility	89
correlation-induced —— changes	86
spectrum	35
power ——	35
Wiener ——	35
spin matrices	258
state of polarization	209
stationarity	5
—— in the wide sense	31
stationary random process	22
statistical similarity	5
statistical stationarity	5
statistically stationary	3
steady-state	2, 5, 22
stochastic association of photons with random waves	186
Stokes parameters	203
generalized ——	254
Stokes vector	204

structure	
—— factor	159
—— function	159

T

thermal light	xvii, 7

U

unpolarized (light)	207

V

van Cittert-Zernike theorem	54
visibility	47
spectral ——	89
VLA (Very Large Array)	66

W

wave-particle duality	185
Wiener-Khintchine theorem	36
generalized ——	38

Z

Zernike's propagation law for mutual intensity	71

あ

アインシュタイン-ファウラーの公式	183
アンサンブル平均	17, 20, 22
位相空間のセル	13, 184, 261
一般化構造関数	159
一般関数論	34
インターフェログラム	69
ウィーナー-ヒンチンの定理	36
一般化された ——	38
FTIR 技術	69
エルゴート性	23
エルミート性（をもつ）	202

か

開口合成望遠鏡	66
解析信号	26
ガウス確率過程	168
多変量 ——	169
モーメント定理	169
ガウス確率過程のモーメント定理	169
ガウス型シェルモデル	
—— 光源	273
—— ビーム	116, 239, 257
確率密度	18

単一モードレーザーの ——	19
熱放射光の ——	19
可視度	47, 231
スペクトル ——	89, 231
干渉	4
—— 法則	44
スペクトル ——	84
干渉計	
電波強度 ——	171
光強度 ——	178
マイケルソン ——	6
マイケルソン天体 ——	62
完全に空間的にコヒーレントな場	90
期待値	17
狭帯域	
—— 信号	28
狭帯域信号の包絡線	28
共分散関数	29
共役直径	216
局所的均一媒質	160
巨大アレイ	66
空間-周波数領域の実現要素	81
空間的平均化	155
グリーン関数	146
広義の定常性	31, 36
光源	
ガウス型シェルモデル ——	116
シェルモデル ——	114, 118
準均一 ——	118
光子とランダム波動の確率論的な結合	186
構造	
—— 因子	159
—— 関数	159
黒体放射	13
黒体放射に対するアインシュタインの公式 184	
コヒーレンシー行列	200
コヒーレンス	
空間的 ——	7, 47
時間	6
体積	11
長	7
領域	8
時間的 ——	6, 47
縦方向の ——	113
横方向の ——	113
コヒーレンス関数	
同時刻 ——	48
コヒーレンス度	
スペクトル ——	85, 113, 122, 231

同時刻 ——	48
複素 ——	44
コヒーレンス理論	
2次の ——	43
4次の ——	43
コヒーレントモード表示	80
コントラスト	47

さ

散乱	
ガウス型の相関をもつ媒質による ——	158
—— の積分方程式	146
準均一媒質による ——	165
粒子系による ——	155
散乱における相反関係	163
シェルモデル	
—— 光源	114
—— ビーム	116
自己相関関数	29
中心化 ——	29
自然光	207
自分自身との相関	35
縮退パラメーター	105, 177, 267
準均一	
—— 光源	118
—— 散乱体	161
—— 媒質	160
準単色光	1, 2
擾乱大気の凍結モデル	154
ジョーンズベクトル	223
信号, 狭帯域 ——	28
スケーリング則	136
ストークスパラメーター	203, 220
一般化された ——	254
ストークススペクトル	204, 259
スピン行列	258
スペクトル	35, 37
ウィーナー ——	35
—— 可視度	89, 231
—— 干渉法則	84, 231
—— コヒーレンス度	85, 113, 122, 231
—— の不変性	137
—— 偏光度	232, 273
—— 放射強度	112
—— 密度	35, 85, 111
相関に誘起される —— 変化	86
パワー ——	35
相関	
光子計数のゆらぎの ——	192

—— 係数	202
—— に誘起されるスペクトル変化	86, 133
相互強度	48, 71
相互強度に対するゼルニケの伝搬法則	71
相互コヒーレンス関数	43, 73
相互スペクトル	
—— 密度	37, 78, 110
—— 密度行列	226
相互相関関数	31, 37, 81
装置演算子 (行列)	223

た

第1次ボルン近似	146
多変量ガウス確率過程	169
単色の実現要素	82
単色場の集合	82
中心化自己相関関数	29
中心極限定理	19
超関数論	34
定常確率過程	22
定常状態	2, 5, 22
定常性	5
広義の ——	31, 36
透過行列	204
等価光源	127
統計的定常性	5
統計的に定常	3
統計的類似性	5, 29, 44

な

ナラブライ (強度干渉計)	180
二項分布	277
熱放射光	xvii, 7, 19

は

パウリのスピン行列	258
波動-粒子の二重性	185
パワースペクトル	35
ハンブリー・ブラウン-トゥイス効果	176
ビームコヒーレンス-偏光行列	226
ビーム条件	239
ビーム半径	129
非負定値	85, 202
標本関数	17
ヒルベルト変換	26
ファン・シッター-ゼルニケの定理	54
遠方領域形式	57
フーリエ分光法	69
複素	

―― 解析信号 26
―― コヒーレンス度 44
部分偏光(した光) 212
プランクの法則 13
フレネル‐アラゴの干渉法則 232
平滑化 36
平均
    アンサンブル ―― 17, 20, 22
    時間 ―― 4, 17
平均化, 空間的 ―― 155
ベルヌーイ分布 277
偏光
    円 ―― 206
    直線 ―― 206
    ―― 行列 200, 209
    ―― 楕円 216
偏光(した光)
    円 ―― 219
    完全に ―― 205, 214
    楕円 ―― 206
    直線 ―― 219
    部分 ―― 212
偏光していない(光) 207
偏光状態 209
偏光度 209, 232, 273
    スペクトル ―― 232, 273
偏心角 217
ポアソン変換 188
    ポアソン逆変換 194
ポアンカレ球 221
ホイヘンス‐フレネルの原理 42, 55
放射強度 112, 122
ボーズ‐アインシュタイン分布 191, 281
ポテンシャル散乱の積分方程式 146
ボホナーの定理 30
ボルン近似 146

ま

マイケルソン
    ―― 干渉計 6
    ―― 天体干渉計 62
マンデル
    光子計数の統計に対する ―― の公式
    188
ミューラー行列 204, 259

や

ヤングの干渉実験 7, 41, 61, 83, 228

ら

ランバート光源 103, 120
レーリー回折積分 107, 108

著者紹介

Emil Wolf（エミール・ウォルフ）
Wilson Professor of Optical Physics
Department of Physics & Astronomy
University of Rochester
Rochester, NY 14627-0170, USA

訳者紹介

白井　智宏（シライ　トモヒロ）
独立行政法人　産業技術総合研究所
光技術研究部門　光画像計測グループ
グループリーダー

1994年北海道大学大学院工学研究科博士後期課程修了．博士（工学）．ロチェスター大学（USA），オークランド大学（NZ），中央フロリダ大学（USA）などの客員研究員を歴任．専門は統計光学，補償光学，生体医用光学．

光のコヒーレンスと偏光理論　　　　　　Ⓒ T. Shirai 2009
2009年10月10日　初版第一刷発行

著　者　　エミール・ウォルフ
訳　者　　白　井　智　宏
発行人　　加　藤　重　樹
発行所　　京都大学学術出版会
　　　　　京都市左京区吉田河原町15-9
　　　　　京大会館内（〒606-8305）
　　　　　電　話　（075）761-6182
　　　　　FAX　（075）761-6190
　　　　　URL　http://www.kyoto-up.or.jp
　　　　　振　替　01000-8-64677

ISBN 978-4-87698-927-0　　　　印刷・製本　㈱クイックス東京
Printed in Japan　　　　　　　　定価はカバーに表示してあります